Birgit Inken Fingerle, Rudolf Mumenthaler

Innovationsmanagement in Bibliotheken

Praxiswissen

Birgit Inken Fingerle, Rudolf Mumenthaler

Innovationsmanagement in Bibliotheken

DE GRUYTER
SAUR

ISBN 978-3-11-033870-6
e-ISBN (PDF) 978-3-11-033885-0
e-ISBN (EPUB) 978-3-11-039600-3
ISSN 2193-0198

Library of Congress Cataloging-in-Publication Data
A CIP catalog record for this book has been applied for at the Library of Congress.

Bibliografische Information der Deutschen Nationalbibliothek
Die Deutsche Nationalbibliothek verzeichnet diese Publikation in der
Deutschen Nationalbibliografie; detaillierte bibliografische Daten
sind im Internet über http://dnb.dnb.de abrufbar.

Coverabbildung: Alexander Bedrin/iStock/Thinkstock
Zeichnungen: Angela Holzmann, aha Design, München; Oliver Köjer, Duisburg
Satz: Medien Profis GmbH, Leipzig
Druck und Bindung: Strauss GmbH, Mörlenbach
♾ Gedruckt auf säurefreiem Papier
Printed in Germany

www.degruyter.com

Inhalt

Verwendete Marginalien

Zum besseren Verständnis der Inhalte werden im Buch unterschiedliche Bildsymbole (Marginalien) am Seitenrand des Textes verwendet. Diese haben folgende Bedeutung:

Zitat
Interessante Zitate zum Innovationsmanagement finden Sie hier.

Selbsttest
Dieses Symbol kennzeichnet Tests, mit denen Sie Ihre eigene Innovationsmanagement-Praxis überprüfen können.

Fallbeispiel
Aufschlussreiche Fallbeispiele zum Innovationsmanagement in Bibliotheken finden sich bei verschiedenen Themen.

Handwerkszeug
Direkt in der Praxis einsetzbares Handwerkszeug wird mit diesem Symbol gekennzeichnet.

Strategie
Inhalte, die sich auf strategische Aspekte beziehen, finden Sie hier.

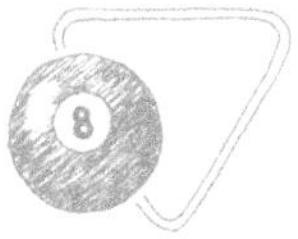

Checkbox
Hier erhalten Sie Checklisten für Ihr Innovationsmanagement

Tipps & Tricks
Für das Innovationsmanagement in der Praxis finden Sie hier Tipps und Tricks.

Übung
Mit diesem Symbol sind Übungen gekennzeichnet, die einem Transfer der Inhalte aus dem Buch in die Praxis dienen.

Wichtig
Dieses Symbol weist auf wichtige Informationen hin.

Abbildungsverzeichnis

Einleitung

Innovation ist in den Bibliotheken angekommen. Als Forderung von Trägern, als Erwartung der Nutzerinnen und Nutzer – aber in erster Linie als eigener Anspruch der Bibliotheken an sich selbst. „Innovation aus Tradition“ heißt sogar ein Buchtitel über Bibliotheken, wobei schon die Kombination dieser beiden gegensätzlichen Begriffe zeigt, dass man über das Wesen der Innovation trefflich streiten kann. Was ist nun wirklich innovativ? Was verstehen Bibliotheken unter Innovation? Ist dies mit dem Verständnis des Begriffs in anderen Branchen vergleichbar?

Klar scheint, dass Bibliotheken es heute als wichtig erachten, die eigene Rolle und Funktion zu hinterfragen und an die Bedarfe und Bedürfnisse ihrer Kundinnen und Kunden anzupassen. Offensichtlich ist auch, dass sich diese Bedürfnisse in hohem Tempo verändern und dass sich durch neue Formen der Informationsnutzung auch die Wünsche und Erwartungen an Bibliotheken laufend verändern. Bibliotheken haben erkannt, dass sie sich verändern müssen, wenn sie auch in Zukunft eine wichtige Rolle bei der Informationsversorgung spielen wollen. Darüber herrscht weitgehend Konsens.

Entsprechend ist in den letzten Jahren auch das Thema Innovationsmanagement aktuell geworden. Dabei geht es um Methoden und Techniken, aber auch um Haltungen und Bewusstsein, wie sich Bibliotheken verändern und wie sie ihr Angebot entwickeln können. In anderen Branchen hat man schon seit einiger Zeit solche Methoden und Techniken entwickelt, hat Erfahrungen gesammelt, wie Innovation funktioniert und was sie behindert. Aus diesen Erfahrungen können Bibliotheken als Spätstarter auf diesem Gebiet einiges lernen.

Dieses Buch in der Reihe Praxiswissen soll Bibliotheken bei diesem Vorhaben unterstützen. Wir zeigen auf, was man unter Innovation allgemein versteht und wie sie in Bibliotheken aussehen kann. Wir erläutern, was Innovationsmanagement bedeutet und wie es in Bibliotheken umgesetzt werden kann. Dabei haben wir auch die hochgezogene Augenbraue von Skeptikern im Blick, mit der man gerne fragt – Bibliotheken und Innovation, passt das überhaupt zusammen? Oder: kann man Innovation denn managen? Wir sind überzeugt, dass Innovationsmanagement auch in Bibliotheken funktioniert und dass es einen entscheidenden Erfolgsfaktor darstellt, um für die Zukunft gewappnet zu sein.

Beim Innovationsmanagement geht es unserer Ansicht nach nicht einfach darum, Innovation zu organisieren und zu verwalten. Natürlich spielen Strukturen und Prozesse eine nicht unbedeutende Rolle. Wir werden jedoch ein besonderes Augenmerk auf die Innovationskultur legen. Ohne eine Innovationskultur, in der sich die Menschen, die zentrale Ressource für Innovationen, entfalten können, ist der Versuch zur Innovation fast von vornherein zum Scheitern verurteilt. Aus dem Change Management wissen wir, dass es am allerschwierigsten ist, eine betriebliche Kultur zu verändern. Strukturen und Prozesse kann man neu organisieren, aber eine neue Kultur muss man über längere Zeit entwickeln und pflegen. Wie man Mitarbeiterinnen und Mitarbeiter sowie Kundinnen und Kunden in die Entwicklung neuer Dienstleistungen einbezieht, wie man Kreativität fördert und diese gezielt für die Produktentwicklung einsetzt oder wie man mit Risiken und gescheiterten Projekten umgeht, ist entsprechend ein Roter Faden in diesem Buch.

Dieses Buch ist als Arbeitsinstrument für die Bibliothekspraxis gedacht. Nach der Klärung von Begrifflichkeiten und Theorie zu Innovation und Innovationsmanagement stellen wir zahlreiche Methoden dar, die in verschiedenen Phasen des Aufbaus eines Innovationsmanagements oder bei der Durchführung von Innovationsprojekten nützlich sind. Es ist eine Art Baukasten, aus dem Sie das heraussuchen können, was für Sie gerade aktuell ist und was zu Ihrer Bibliothek passt. An verschiedenen Stellen verweisen wir auf Dokumente und Vorlagen, die Sie bearbeiten können. Diese sind beim Zusatzmaterial für das Buch auf der Website http://www.degruyter.com/view/product/212678 abgelegt.

Die Ausführungen basieren auf Praxiserfahrungen der Autorin und des Autors als Innovationsverantwortliche in Bibliotheken, als Veranstalter von Workshops und als Dozierende und Vortragende an Hochschulen und auf Kongressen. Zudem illustrieren wir diese Ausführungen durch Fallbeispiele aus der Praxis, die von Innovationsverantwortlichen in Bibliotheken selbst verfasst wurden. Den Kolleginnen und Kollegen möchten wir an dieser Stelle herzlich für ihre Unterstützung danken: Franziska Regner, Sina Schröder, Matthias Nepfer, Klaus Ceynowa, Petra Redmond, Charlotte Frauchiger, Bettina Scheurer und Hannelore Vogt, Fabian Gail, Inken Feldsien-Sudhaus und Beate Rajski sowie Veronika Diehm, für ihre Beiträge zu Projektmanagement in Bibliotheken, die sie uns freundlicherweise zur Verfügung gestellt hat.

Birgit Inken Fingerle und Rudolf Mumenthaler
Kiel und Chur im Oktober 2015

1 Bibliotheken brauchen Innovationen

Unsere Umwelt wandelt sich beständig. Viele Bedürfnisse und Wünsche von Menschen sind noch ungestillt und warten darauf, gestillt zu werden; ein Antrieb, Innovationen zu kreieren. Technischer Fortschritt macht vor Bibliotheken nicht Halt und setzt sie unter Druck. Die zunehmende technische Durchdringung unserer beruflichen und privaten Lebenswelten, die Entstehung neuer Geschäftsmodelle oder die Durchsetzung neuer Arbeitsgewohnheiten führen dazu, dass auch in Bibliotheken Innovationen gebraucht werden, um Schritt halten zu können und den Nutzerinnen und Nutzern das liefern zu können, was sie verlangen. Dabei ist es erlaubt, auch immer wieder zu hinterfragen, wie sinnvoll eine Innovation ist. Denn nur weil etwas neu ist, ist es nicht per se gut oder besser als der Ausgangszustand. Genauso ist es wichtig, zu hinterfragen, wie sinnvoll Bestehendes noch ist.

Bibliotheken müssen auf dem Laufenden sein über das, was um sie herum geschieht, Trends wahrnehmen, mit dem Ohr am Kunden sein. Sie müssen Bewährtes und Gefragtes beibehalten und weiterentwickeln und gleichzeitig bereit sein, Neues auszuprobieren und Grundlegendes wie ihr Geschäftsmodell einer Überprüfung zu unterziehen, um innovativ und zukunftsfähig zu sein. Denn die Konkurrenz von Unternehmen aus der Privatwirtschaft schläft nicht. Gefühlt täglich tauchen neue Start-Ups auf der Bildfläche auf, die am einen oder anderen Ende eine Bedrohung für das Geschäftsmodell von Bibliotheken darstellen.

Das eher beschauliche Dasein von Bibliotheken wurde durch die Verbreitung des World Wide Web und den Siegeszug der elektronischen Medien nachhaltig gestört. Der Einfluss dieser elektronischen Dienste auf die Bibliotheken war und ist massiv. Und zwar auf allen maßgeblichen Ebenen der Bibliotheksarbeit:

Im Internetzeitalter beschleunigt sich die Entwicklung und der Veränderungsdruck auf Bibliotheken nimmt zu.

In der Erwerbung führte dieser Einfluss dazu, dass immer häufiger nicht mehr Einzelmedien erworben werden, sondern ganze Pakete lizenziert werden. Es werden neue Erwerbungsmodelle diskutiert und zum Teil auch eingeführt, welche die Auswahl von Einzelmedien durch Fachpersonen ablösen. Für die Katalogisierung stehen Fremddaten aus internationalen Quellen zur Verfügung, welche die Bearbeitung vereinfachen und beschleunigen. Die Sinnhaftigkeit der Sacherschließung wird angesichts von verfügbaren elektronischen Inhaltsverzeichnissen und Abstracts und durch das neue Konzept von Linked Open Data immer öfter in Frage gestellt. Die früheren Kernelemente wissenschaftlicher Bibliotheksarbeit haben somit an Bedeutung verloren und sind zumindest teilweise zu Routinearbeiten geworden, die auch an externe Firmen vergeben werden können. Zudem führen die elektronisch verfügbaren Medien dazu, dass man als Benutzerin oder Benutzer immer seltener das Gebäude der Bibliothek aufsuchen muss. Die Ausleihzahlen wissenschaftlicher Zeitschriften gingen parallel zu den rasant steigenden Zugriffszahlen auf die E-Journals markant zurück. Eine vergleichbare Entwicklung ist mit der wachsenden Bedeutung der E-Books auch für gedruckte Bücher zu erwarten.

Aber der Einfluss macht sich nicht nur direkt, sondern auch indirekt über veränderte Erwartungen der Benutzerinnen und Benutzer bemerkbar. Die Bibliotheken befinden sich nicht in einem isolierten Raum, den sie kontrollieren und nach ihren Wünschen gestalten können. Die Benutzerinnen, die man mittlerweile als Kundinnen bezeichnet, können ihre Informationsbedürfnisse auch bei anderen Dienstleistern befriedigen. Und diese wiederum setzen Maßstäbe, an denen die Bibliotheken gemessen werden. Das gilt beispielhaft für die Internet-Buchhandlung von Amazon (in ihrer ursprünglichen Funktion), die mit ihren Empfehlungen (Kunden, die diesen Artikel gekauft haben, haben auch jene Artikel gekauft) großen Erfolg hat. Oder für die Suchmaschine Google, die anscheinend immer die richtigen Treffer als Ergebnis ei-

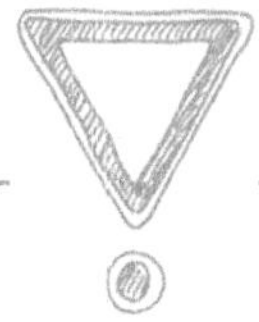

Die Veränderungen geschehen im Umfeld und werden durch die Nutzer und ihr Verhalten in die Bibliothek hineingebracht.

ner einfachen Suche hervorbringt. Warum können das die Bibliothekssysteme nicht? Weshalb sollte eine Kundin oder ein Kunde noch die Bibliothek aufsuchen, wenn ein Buch viel eher bei Amazon gefunden wird und bequem nach Hause geliefert wird? Oder wenn er es gar direkt auf seinen PC oder sein mobiles Lesegerät laden kann?

Damit ist noch ein weiterer Faktor angesprochen, der die Veränderungen antreibt: Die Hilfsmittel, mit denen Informationen recherchiert, konsumiert und verarbeitet werden, werden immer komplexer und vielseitiger. Auch hier hat die Bibliothek überhaupt keine Steuerungsmöglichkeiten. Ihre Nutzerinnen und Nutzer setzen diese Geräte und Systeme in ihrem privaten oder beruflichen Umfeld ein und wollen damit auch auf Inhalte der Bibliothek zugreifen. Bring Your Own Device nennt man diesen Trend. Oder die Nutzerinnen und Nutzer besorgen sich die Informationen überhaupt aus anderen Quellen.

Damit ist ein nächstes Element angesprochen: Früher wirkte eine Bibliothek an ihrem Standort in der Regel ohne direkte Konkurrenz. Studierende und Professoren einer Hochschule mussten fast zwangsläufig ihre Informationen über die Hochschulbibliothek beziehen, wenn sie sie nicht selber käuflich erwerben wollten. Heute stehen zahlreiche Dienstleister zur Verfügung, die über das Internet von überall her in Anspruch genommen werden können. Google und Amazon sind damit zu direkten Konkurrenten für Bibliotheken geworden – und werden es mit neuen Dienstleistungen wie der elektronischen Ausleihe von E-Books immer mehr.

Bibliotheken sind also gezwungen, neue und attraktive Dienstleistungen zu entwickeln, um in diesem globalen Informationsmarkt bestehen zu können. Und da dies alles in der Regel mit gleichbleibenden oder schrumpfenden Ressourcen getan werden muss, gilt es, die interne Organisation möglichst effizient zu gestalten. Neue Managementmethoden halten Einzug in die Bibliothekswelt: Change Management, Marketing, Prozessmanagement, Produktmanagement, Innovationsmanagement und so weiter. Und auch die Weiterbildung des Personals wird entsprechend den steigenden und vielseitigen Anforderungen immer wichtiger, um mit der Entwicklung Schritt halten zu können.

Die in atemraubendem Tempo erfolgenden Veränderungen müssen von den Bibliotheken bewältigt, „gemanagt“ werden. Die Abläufe und die Struktur müssen überprüft und den neuen Anforderungen angepasst werden. Immer mehr Bibliotheken erkennen, dass davon abhängt, ob sie in Zukunft noch eine Bedeutung haben. Change Management ist deshalb auch für Bibliotheken entscheidend, um überleben zu können.

„Weitere Globalisierung des Wettbewerbs, Fragmentierung der Märkte und zunehmende Individualisierung der Kundenwünsche erfordern eine höhere Produktvielfalt und oft kürzere Innovationszyklen. Auf der anderen Seite steigen Komplexität und Dynamik der Technologieentwicklung stark an (...).“ (Albers/Gassmann, 2011: S. V)

Die gestiegene Bedeutung von Innovationen für Organisationen hat in den letzten Jahren auch zu neuen Anforderungen an ihr Management geführt. Auf der Suche nach immer neuen Möglichkeiten und Innovationen ist eine weitere Professionalisierung wünschenswert und zu erwarten. Für die erfolgreiche Entwicklung von Innovationen ist es wichtig, sich gezielt Gedanken über die Schaffung geeigneter Rahmenbedingungen zu machen. Je nach Form der Innovation, können die Anforderungen und Erfolgsbedingungen sehr unterschiedlich aussehen. Auch je nach Branche: In einer Bibliothek wird das Innovationsmanagement andere Schwerpunkte haben als in einem Industrieunternehmen.

1.1 Was sind Innovationen?

Ist eine kleine Verbesserung schon eine Innovation? Oder gilt nur eine radikale Innovation, die quasi über Nacht ganze Branchen umkrempelt, als „echte“ Innovation?

Allgemein lässt sich festhalten: *„Innovationen sind qualitativ neuartige Produkte oder Verfahren, die sich gegenüber einem Vergleichszustand „merklich“ – wie auch immer das zu bestimmen ist – unterscheiden“* (Hauschildt 2011, S. 4).

In jedem Fall ist eine Innovation mehr als eine bloße Idee. Erst aus der Umsetzung einer Idee und ihrer Nutzung bzw. ihrem Verkauf oder ihrer Bereitstellung als Dienstleistung wird eine Innovation.

1.1.1 Gegenstand der Innovation

„Die Neuartigkeit besteht darin, dass Zwecke und Mittel in einer bisher nicht bekannten Form verknüpft werden. Diese Verknüpfung hat sich auf dem Markt zu bewähren. Das reine Hervorbringen der Idee genügt nicht, Verkauf oder Nutzung unterscheidet Innovation von Invention – jedenfalls in der Rückschau.“ (Hauschildt/Gemünden 2011, S. 23)

Wie vielfältig Innovationen in der Praxis aussehen können, wird deutlich, wenn man sich ansieht, worauf sich eine Innovation beziehen kann. Eine ausführliche Auflistung verschiedener Arten von Innovationen anhand des Innovationsgegenstands findet sich bei van Aerssen 2009 (van Aerssen 2009, S. 59):

- Prozessinnovationen: Werden Arbeitsabläufe oder Geschäftsgänge verändert, spricht man von Prozessinnovationen. Ein Beispiel wäre der Einsatz von Crowdsourcing, also die Erledigung von Aufgaben durch Externe über das Internet, um Arbeitsprozesse der Bibliothek neu zu gestalten, etwa die Erfassung von Metadaten.
- Sozialinnovationen: Ein Beispiel für eine Sozialinnovation ist, das „Sharing“, die gemeinsame Nutzung von Gegenständen. Wenn sich der Trend in der Praxis durchsetzt, dass sich Personen den Besitz von Gegenständen teilen, so kann dies tiefgreifende Veränderungen für die Gesellschaft nach sich ziehen, den Ressourcenverbrauch senken und das soziale Miteinander grundlegend verändern.
- Organisations-/Strukturinnovationen: Die Nutzung von Co-Working-Spaces als Arbeitsplatz kann eine organisatorische und strukturelle Innovation darstellen und Auswirkungen auf die Organisation der gemeinsamen Arbeit haben.
- Innovationen im Mitarbeiterverhalten: Wenn Mitarbeiterinnen zunehmend bloggen oder sich per Twitter untereinander oder mit Kooperationspartnern austauschen, statt per Telefon oder per Mail, so kann dies als eine Innovation im Mitarbeiterverhalten bezeichnet werden.
- Strategie- und Management-Innovationen, neue Management-Methoden, die erfolgreich in der Praxis angewendet werden, zählen zu den Innovationen, die sich auf die Art und Weise der Strategie und des Managements beziehen. Ein Beispiel stellt die Öffnung von Innovationsprozessen für Personen außerhalb der eigenen Bibliothek dar (Open Innovation).
- Produktinnovationen: Wenn eine Bibliothek den Trend zum Angebot von MOOCs (Massive Open Online Courses), aufgreift und in der Folge neue Angebote kreiert, wären dies Produktinnovationen. Bibliotheken könnten eigene MOOCs anbieten oder ein ganzes Portal für MOOCs. Ein anderes Beispiel wäre der Krimi-Automat der Stadtbibliothek Köln (http://www.stadt-koeln.de/leben-in-koeln/stadtbibliothek/news/krimi-go-der-krimiautomat).
- Design-Innovationen: Ein Beispiel für eine Design-Innovation ist die peppige Gestaltung von Hörgeraten als buntes Mode-Accessoire, anstatt sie, wie bislang üblich, möglichst zu tarnen oder zu verstecken.

- Service-Innovationen: Persönliche Beratung übers Internet, z. B. per Chat bei Facebook integriert, ist oder war eine Service-Innovation für eine Bibliothek zum Zeitpunkt der erstmaligen Einführung.
- Preisinnovationen: Neue Preismodelle können eine Preisinnovation darstellen, beispielsweise, wenn Öffentliche Bibliotheken ihr Gebührensystem überarbeiten und sich mit zunehmender Anzahl entliehener Medien die Jahresgebühr verringern würde.
- Technologie-Innovationen: Innovationen, die auf neuer Technologie beruhen, so wie die Linked Open-Data-Technologie es Bibliotheken erlaubt, dass sie ihre Daten aus abgeschotteten Datenbanken befreien und mit anderen Daten verknüpfen. Aufgrund der neuen Technologie entstehen neue Anwendungen.
- Innovationen im Verhalten der Marktteilnehmer: Eine stärkere Konsumentenmacht, die Entwicklung vom Konsumenten hin zum „Prosumer", der auch selbst Produzent ist, stellt eine Innovation im Verhalten der Marktteilnehmer dar. Aus Anbietermärkten lässt sich eine Entwicklung zu Nachfragermärkten beobachten, auf denen Kundinnen und Kunden das Sagen haben. In diese Entwicklungslinie passt auch der Trend zur Einrichtung von Makerspaces bzw. Hackerspaces, von Orten, an denen Menschen sich treffen, Technologien erlernen oder nutzen können, auf die sie zu Hause keinen Zugriff haben (z. B. 3D-Drucker), sich gegenseitig unterstützen, an Workshops teilnehmen können etc. Manche Bibliotheken sind mittlerweile dazu übergegangen, entsprechend ausgestattete Räumlichkeiten einzurichten.
- Innovation ganzer Geschäftsmodelle: Ein Beispiel hierfür ist der Ansatz der „Mass Customization": Anstatt alle Produkte für alle Kundinnen und Kunden gleich zu gestalten, werden Produkte mittels Online-Tools an die Bedürfnisse der Kundin bzw. des Kunden angepasst und quasi „maßgeschneidert".

„Unter „Innovation" verstehen wir Produkte oder Verfahren, die in einer Organisation erstmalig eingeführt werden. Dabei lassen sich Produkt- oder Prozessinnovationen oft nicht voneinander trennen. Neue Produkte sind häufig unweigerlich mit der Einführung neuer Verfahren verknüpft oder auch mit weitreichenden organisatorischen Veränderungen" (Wördenweber/Eggert/Schmitt, 2012, S. 1).

Dabei gibt es zwischen den verschiedenen Arten von Innovationen Überschneidungen. Die Einrichtung von Makerspaces könnte auch als Dienstleistungsinnovation eingestuft werden, je nachdem, welcher Aspekt besonders betont wird. Wichtiger als die korrekte Zuordnung ist jedoch das Bewusstsein für die Vielfältigkeit der Innovationsarten und dafür, dass Innovationen in einem Feld oft unweigerlich mit weiteren Innovationen verbunden sind. Viele neue Produkte oder Dienstleistungen sind beispielsweise mit Prozessinnovationen verknüpft, mitunter auch mit komplett neuen Geschäftsmodellen. Wer etwas sehr Innovatives umsetzen möchte, wird dies oft nicht auf den bekannten Wegen schaffen. Vielmehr ist dafür die Bereitschaft notwendig, neue Wege zu prüfen und einzuschlagen.

Fragen, die man sich bezüglich der eigenen Innovationen stellen kann, sind:
- Was ist neu?
- Für wen ist es neu?
- Wie neu ist etwas?
- Wo beginnt und wo endet ein Innovationsprozess?

"There are no old roads to new directions." (Werbung der Boston Consulting Group).

1.1.2 Innovationsgrad

Mit dem Innovationsgrad kommt der nächste Punkt zur Unterscheidung verschiedener Innovationsarten ins Spiel. Anhand des Innovationsgrades lässt sich folgendes Innovationsportfolio aufstellen:

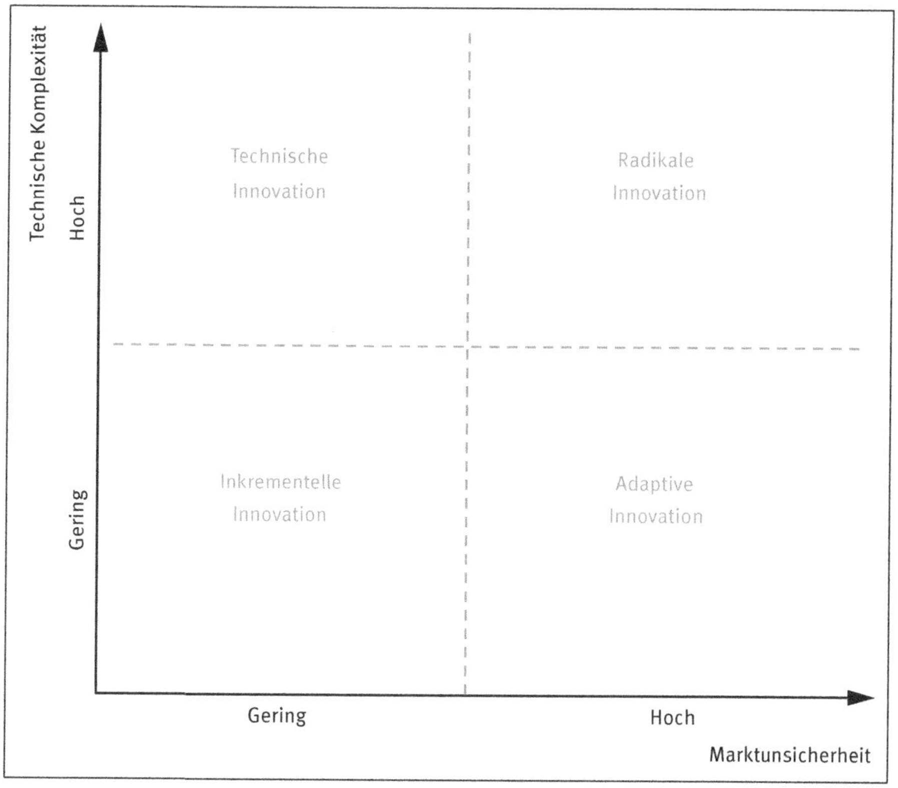

Abbildung 1: Innovationsportfolio – Innovationsarten nach dem Innovationsgrad (leicht modifiziert nach Shapiro 2011, S. 35).

Die im Innovationsportfolio enthaltenen Innovationsarten unterscheiden sich folgendermaßen:

- Inkrementelle Innovationen sind Verbesserungen von bestehenden Produkten oder Dienstleistungen. Die Anzeige zusätzlicher Daten in einem Rechercheportal könnte ein Beispiel hierfür sein.
- Eine adaptive Innovation kann beispielsweise in der Anpassung eines vorhandenen Produkts oder seine Einführung in einen neuen Markt bestehen. Es handelt sich dabei eher um eine Marketingherausforderung und kaum um eine technische Herausforderung. Als Beispiel hierfür könnte die Einführung einer mobilen Smartphone-App einer Bibliothek angeführt werden.
- Technische Innovationen erfüllen ein definitiv vorhandenes Bedürfnis, so dass das Marketing nicht schwierig ist, sie allerdings technisch schwierig umzusetzen sind, wie z. B. die Entwicklung eines besseren Medikaments.
- Radikale Innovationen, auch als disruptive oder revolutionäre Innovationen bezeichnet, sind die riskantesten und oft auch teuersten Innovationen, haben bei einem Erfolg aber das Potential, einen Markt umzuwälzen, wie es z. B. der Walkman oder die Digitalfotografie getan haben.

Entscheidend ist bei diesem Modell nicht die genaue Definition von Innovationen bzw. ihre exakte Zuordnung in die Kategorien des Innovationsportfolios, sondern vielmehr, dass eine ungefähre Ausgewogenheit des Innovationsportfolios angestrebt wird. Das Innovationsportfolio der Bibliothek sollte sich aus den verschiedenen Arten von Innovationsprojekten zusammensetzen, wobei wahrscheinlich kleinere Bibliotheken in der Praxis eher dem „Vorbild“ großer Bibliotheken folgen und auf adaptive

Innovationen setzen werden. Für die Bibliothekswelt insgesamt ist es allerdings wichtig, dass an technischen und radikalen Innovationen gearbeitet wird. Einigermaßen sichere Investitionen sollten ebenso wie riskante Investitionen aus Gründen der Zukunftssicherung dazu gehören, mit einem Schwerpunkt bei den inkrementellen Innovationen. Eine ausschließliche Investition in inkrementelle Innovationen stellt auf Dauer aber eine zu riskante Strategie dar, weil es dann an Potential für die Zukunftssicherung mangelt. Sie sollten sich daher fragen, inwiefern in Ihrer Bibliothek an den verschiedenen Innovationsarten gearbeitet wird.

Selbsttest: Welche Innovationsarten gibt es in Ihrer Bibliothek?
Inwiefern stimmen Sie den folgenden Aussagen zu?

1. Wir orientieren uns an Innovationen aus anderen Bibliotheken
2. In unserer Bibliothek wird ausschließlich an Innovationen gearbeitet, die uns gerade „über den Weg laufen“, die quasi „auf der Straße liegen“.
3. In unserer Bibliothek wird ausschließlich oder vor allem an Verbesserungen bestehender Produkte gearbeitet.
4. In unserer Bibliothek wird kaum oder nie an Innovationen gearbeitet, die technisch anspruchsvoll zu realisieren sind.
5. In unserer Bibliothek wird nicht an Innovationen gearbeitet, bei denen das Marktpotential, das Nutzungsinteresse von Seiten der Kundinnen und Kunden, noch nicht abgeschätzt werden kann.
6. In unserer Bibliothek wäre es undenkbar, auch mal an „verrückten“ Ideen zu arbeiten.

Auswertung: Haben Sie alle oder die meisten dieser Fragen klar oder tendenziell mit „Ja“ beantwortet? Dann sollten Sie prüfen, ob Ihr Innovationsportfolio genügend Zukunftspotential bietet. Lautet Ihre Antwort in den meisten Fällen eher „Nein“, so hat es den Anschein, dass in Ihrer Bibliothek an einem breit gefächerten Innovationsportfolio gearbeitet wird.

Ist Ihr Eindruck, dass Ihre Bibliothek gut für die Zukunft gerüstet ist?

1.1.3 Das marktumwälzende Potential disruptiver Innovationen

Radikale oder auch als disruptiv bezeichnete Innovationen können ganze Branchen umkrempeln. Sie besitzen somit ein Bedrohungspotential für bestehende Marktteilnehmer.

„In vielen Branchen krempeln kreative Zerstörer den Markt um, weil Platzhirsche sich zu lange auf ihrem Erfolg ausgeruht haben. Beispielsweise verlieren Reisebüros und Hotels Marktanteile, weil Anbieter wie Airbnb oder 9Flats Privatunterkünfte über eine Internetplattform vermitteln.“
(http://www.harvardbusiness-manager.de/heft/artikel/a-888311.html)

Die potentiell verheerende Wirkung disruptiver Innovationen, auch für Bibliotheken, wird deutlich, wenn man folgendes bedenkt: „*In nur zwei von sechs neuen Hardware-Technologien nimmt das vormals führende Unternehmen auch im nächsten Technologiezyklus eine dominierende Rolle ein*“ (Christensen/Matzler/von den Eichen 2011, S. 5). Ihre tückische Gefahr resultiert daraus, dass disruptive Innovationen zunächst oft harmlos wirken und nicht bedrohlich: Disruptive Technologien „*liegen zunächst noch weit hinter der Leistungsfähigkeit einer evolutionären Technologie zurück, können aber über die Zeit durchaus volle Wettbewerbsfähigkeit erlangen*“ (Christensen/Matzler/von den Eichen 2011, S. 7).

Die Dynamik disruptiver Technologien kann gut am Fallbeispiel der Seefahrt veranschaulicht werden: 1902 lief mit der Thomas W. Lawson das größte jemals gebaute Segelschiff ohne Hilfsantrieb vom Stapel. Der einzige Siebenmaster überhaupt. Eine Meisterleistung der Schiffsbaukunst. 1907 kenterte sie. Mit ihrem Untergang ging eine ganze Branche unter. Das Dampfschiff löste das Segelschiff ab. Hersteller von Segelschiffen schafften diesen Technologiesprung nicht. Dabei hatte sich der Aufstieg des Dampfschiffes über Jahrzehnte hinweg gezogen. 1783 wurde das erste funktionsfähige Dampfschiff gebaut. Es dauerte dann noch Jahrzehnte, bis

Während das Innovationsmanagement in der klassischen Lehre früher eher funktionalistisch, technokratisch und prozessorientiert war, hat sich in den letzten Jahren mehr und mehr die Erkenntnis durchgesetzt, dass die Mitarbeiterinnen und Mitarbeiter zentral für erfolgreiche Innovationen sind. Dieses, teilweise auch als verhaltensorientiert bezeichnete Innovationsmanagement *„(...) stellt den Menschen als Person und Subjekt der Innovationstätigkeit in das Zentrum der Betrachtungen. Damit ergänzt es das stark objektorientierte Innovationsmanagement (OIM), welches in Theorie und Praxis vorherrscht, und bei dem der Mensch vor allem auf seine Rolle als Arbeitskraft, Wissensträger und Ideenquelle reduziert wird (...)"* (Wördenweber/Eggert/Schmitt, 2012, S. 1).

Damit werden Defizite des „klassischen", objektorientierten Innovationsmanagements adressiert:

- unnötig starke Zentralisierung der Innovationsvorgänge
- reduzierte Flexibilität und Anpassungsfähigkeit
- geringe Motivation.

Denn Studien zur Bedeutung von Humanfaktoren für Innovationen zeigen (Pressemitteilung; http://idw-online.de/de/news465133): *„Während viele Optimierungspotenziale in den Bereichen der Organisation und Technik ausgeschöpft wurden, unterschätzte man die Humanfaktoren bei der Gestaltung von Innovationsprozessen bisher. Studien (...) bestätigen jedoch, dass erhebliche Verbesserungen der Produktivität und Effizienz durch Berücksichtigung des Faktors Mensch zu erreichen sind. Ebenso gewinnen Humanfaktoren wie Kommunikationsfähigkeit, Einstellungen, Motivation, Kompetenzen und Kreativität immer mehr an Bedeutung."*

„Den Menschen über seine Rolle als Arbeitskraft, Wissensträger und Ideenquelle hinaus wahrnehmen, nämlich als Person mit eigenen Interessen, individueller Wahrnehmung, Gefühlen und Verhalten." (Wördenweber/Eggert/Schmitt, 2012, S. 3)

Menschen im Innovationsprozess stärker zu (be)achten, kann enorme Auswirkungen haben: *„Die ersten Erfahrungen aus der Anwendung des VIM zeigen dessen enormes Potenzial:*

- *Leistungssteigerung bis auf das 8-fache*
- *Verkürzung der Entwicklungszeit um mehr als 50 %*
- *Verdoppelung der Trefferquote bei Innovationen."* (Wördenweber/Eggert/Schmitt, 2012, S. 4)

Alle für das Innovationsmanagement relevanten Bereiche lassen sich übersichtlich mit Hilfe des Innovationskleeblatts darstellen. Das Kleeblatt selbst steht dabei für das Innovationsprojekt i.e.S., während die anderen Faktoren einerseits für die Innovationsfähigkeit wichtige Umfeldvariablen bzw. Innovationsvoraussetzungen darstellen und andererseits den Rahmen, den Markt und Gesellschaft für Innovationsprojekte bieten. Einige Aspekte werden weiter unten im Text aufgegriffen und ausführlicher behandelt.

Die verschiedenen Bereiche des Innovationskleeblatts können zum einen eingesetzt werden, um das betriebliche Innovationsmanagement zu analysieren und zu optimieren, und andererseits, um dies auf der Ebene einzelner Innovationsprojekte vorzunehmen. Zu diesem Zwecke ist jedem der Bereiche eine Reihe von Fragen zugeordnet, die Sie reflektieren können:

„Mit zunehmender Technologiedynamik wird das Technologie- und Innovationsmanagement zu einer zentralen Funktion der Unternehmensführung, in zahlreichen Branchen sogar die wichtigste Führungsfunktion eines Unternehmens zur Schaffung von komparativen Wettbewerbsvorteilen." (Albers/Gassmann, 2011, S. V)

Ziel

Ungezieltes Handeln kann nicht erfolgreich sein. Daher geht es beim Ziel darum, zum einen festzustellen, ob überhaupt ein Ziel mit den Innovationsbemühungen verfolgt wird und wie es definiert ist. Es geht dabei auch darum, das Ziel systematisch zu hinterfragen, um das übergeordnete Ziel zu identifizieren. Damit kommt man an den eigentlichen Sinn und Zweck des Vorhabens. Oft werden – ob bewusst oder unbewusst – augenscheinliche Ziele vorgeschoben, die gar nicht wirklich von Bedeutung sind.

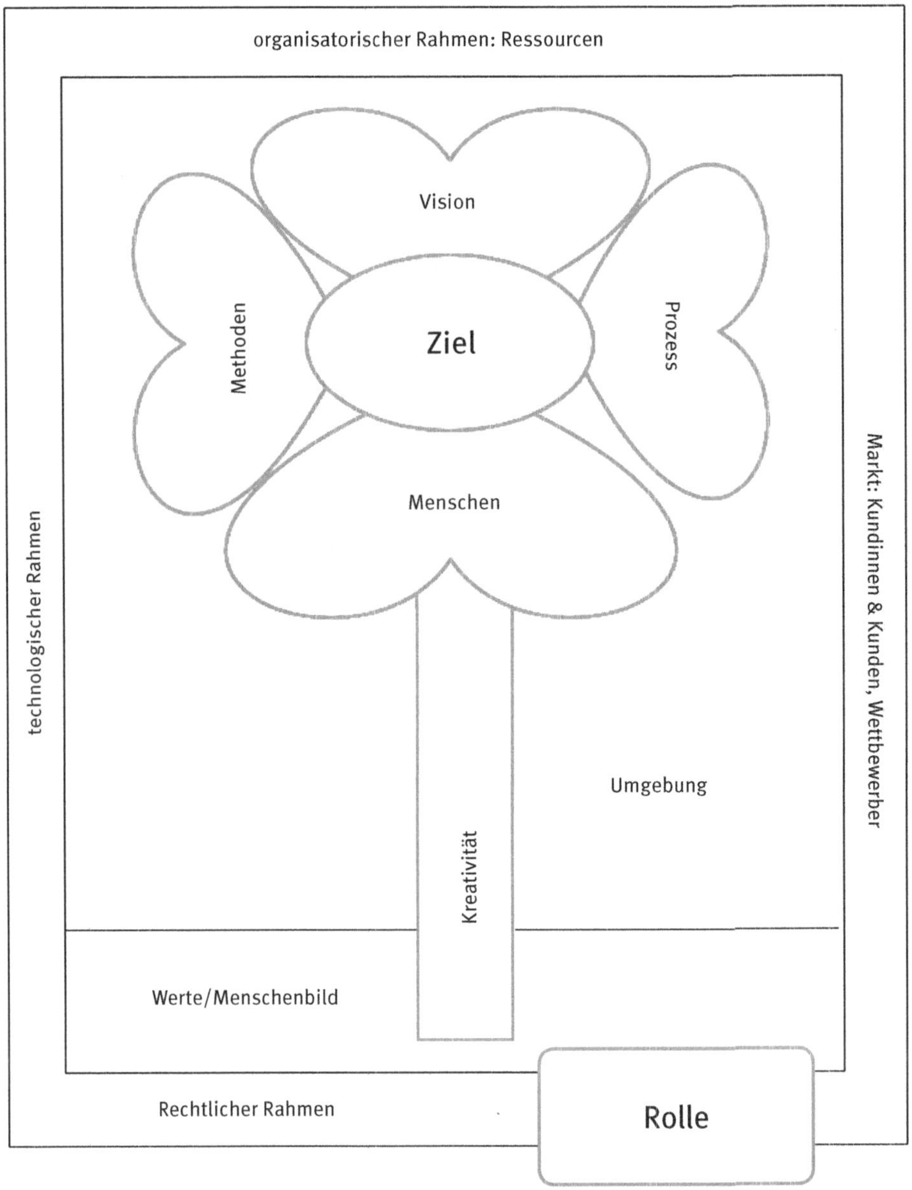

Abbildung 2: Innovationskleeblatt, © Birgit Inken Fingerle, 2012, in Anlehnung an das Prozesssteuerungsmodell von: Schneider, 2001, S. 97 ff

Ziel auf der Ebene des Innovationsmanagements insgesamt:
- Welches Ziel, welche Ziele hat das Innovationsmanagement?
- Was ist das übergeordnete Ziel des Innovationsmanagements? Um wirklich das übergeordnete Ziel zu identifizieren, den Dingen auf den Grund zu schauen und nicht zu oberflächlich zu bleiben, kann es sich anbieten, fünf Mal „Warum" zu fragen. Es wird also das vordergründige Ziel hinterfragt und dies über mehrere Runden, um zu den echten Motiven zu gelangen. Die „5 Whys"-Methode ist beschrieben in dem Buch Gamestorming (vgl. Gray et al, 2010, S 141 ff).

Vision & Strategie
Eine erstrebenswerte Vision von der Zukunft zu haben, motiviert und erleichtert Innovationsanstrengungen. Wenn Sie kein Bild von dem haben, wo es hingehen könnte und was Sie sich wünschen, so kann leicht der Sinn bei all den Anstrengungen ab-

handenkommen. Besonders wichtig ist in diesem Zusammenhang, ob man die offizielle Vision der Bibliothek mitträgt. Oder wurde man selbst dabei gar nicht involviert und befragt und kann sich kaum mit ihr identifizieren? Ähnliches gilt auch für die Strategie, auf die im Kapitel 2.1 näher eingegangen wird.

Vision auf der Ebene des Innovationsmanagements insgesamt:
- Wie sieht die langfristige Vision für unsere Organisation aus?
- Worin besteht der tiefere Sinn Ihrer Arbeit? Worin besteht der Beitrag zur Gesellschaft?
- Wie wollen Sie in Zukunft gemeinsam arbeiten, Innovationen realisieren?
- Wird die Vision von einer breiten Basis getragen? Hat sie eine Community von Followern unter den Mitarbeiterinnen und Mitarbeitern?
- Wer hat die Vision erarbeitet?

Menschen
Ohne die Mitarbeiterinnen und Mitarbeiter, Kolleginnen und Kollegen geht es nicht. Sind sie motiviert, so sind sie der treibende Erfolgsfaktor für Innovationen.

"Can you paint a picture of a better world? Or a better organization? Can you describe a vision and destination that people will want to believe in? And are you able to use stories, metaphors, and visuals to better get your message across?" (Appelo, 2012, S. 13)

Menschen auf der Ebene des Innovationsmanagements insgesamt:
- Wird bei der Auswahl neuer Mitarbeiterinnen und Mitarbeiter auf Kreativität oder Innovationsfähigkeit geachtet?
- Wer ist bei Entscheidungen involviert?
- Sind die Mitarbeiterinnen und Mitarbeiter motiviert, innovativ zu sein?
- Dürfen die Mitarbeiterinnen und Mitarbeiter kreativ und innovativ sein?
- Wer darf was? Wer hat welche Freiräume?
- Können die Mitarbeiterinnen und Mitarbeiter innovativ sein?
- Können Mitarbeiterinnen und Mitarbeiter sich einbringen und entfalten, gibt es Freiräume?
- Werden sie bei der Umsetzung von Innovationen unterstützt?
- Wird das Potenzial aller Mitarbeiterinnen und Mitarbeiter optimal für Innovationen eingesetzt?
- Haben alle gute Arbeitsbedingungen, sind motiviert und haben Spaß an der Arbeit?
- Bietet die Bibliothek den Mitarbeitenden die Möglichkeit sich gezielt weiterzubilden, um den sich verändernden Anforderungen gerecht zu werden und um sich neues Know-how anzueignen?

Prozess
Beim Prozess geht es darum zu betrachten, wie das Vorgehen aussieht, wenn bei Ihnen in der Bibliothek Innovationen entstehen.

Prozess auf der Ebene des Innovationsmanagements insgesamt:
- Wie entstehen Innovationen bei Ihnen?
- Entstehen sie als Reaktion auf Marktveränderungen, neue Konkurrenzangebote, Kundenwünsche oder weil Ihre gesamte Organisation auf Innovationen ausgerichtet ist?
- Gibt es einen definierten Innovationsprozess? Wird jedes Mal wieder „spontan" neu über den Ablauf entschieden? Falls es keinen gibt: brauchen Sie einen definierten Innovationsprozess?
- Werden gute und sinnvolle Ideen schnell umgesetzt? Oder gehen Ideen auf dem Weg zur Umsetzung verloren?

- Gibt es bei Ihnen jemanden, der /die explizit die „Prozess"-Brille aufsetzt, also eine Person, die darauf achtet, ob der Prozess optimal abläuft?
- Wer entscheidet zu welchem Zeitpunkt, ob eine Innovation umgesetzt wird?
- Steht die Umsetzung von Ideen im Mittelpunkt?
- Steht die Beseitigung von Problemen, die Lösung von Herausforderungen im Mittelpunkt?

Methoden
Um Innovationen professionell, effizient und zielorientiert umzusetzen, sind die Kenntnis und der Einsatz geeigneter Methoden hilfreich.

Methoden auf der Ebene des Innovationsmanagements insgesamt:
- Wie sieht die tatsächliche Innovationspraxis bei Ihnen aus?
- Welche Innovationsmanagement-Methoden kennen Sie, welche beherrschen Sie bzw. wenden Sie aktiv an?
- Gibt es bei Ihnen jemanden, der/die sich systematisch mit Innovationsmanagement-Methoden beschäftigt?
- Haben alle Zugang zu den geeigneten Methoden, Tools und Unterstützung, um Innovationen erfolgreich umzusetzen?
- Was können Sie tun, um zu unterstützen, dass sich eine neue Praxis herausbildet und dass alle die erforderlichen Methoden beherrschen?
- Verfügen Sie über die geeignete Infrastruktur, um sinnvolle Methoden erfolgreich einzusetzen?

Umfeld
Nur in einer Umgebung, die Innovationen und Kreativität fördert, können diese gut gedeihen.

Umfeld auf der Ebene des Innovationsmanagements insgesamt:
- Was für eine Organisationskultur haben Sie? Wirkt sie innovationsfördernd? Haben Sie eine Innovationskultur?
- Werden Mitarbeiterinnen und Mitarbeiter bei Ihnen ermutigt, Fragen zu stellen, die den Status quo oder Gewohnheiten in Frage stellen?
- Ist die Organisationskultur auf permanente Verbesserung, ständiges Lernen und Infrage stellen von alten Gewohnheiten ausgerichtet?
- Wie wird mit Risiko und Scheitern umgegangen?
- Wird Networking innerhalb und außerhalb der Bibliothek aktiv gefördert?
- Wie oft und offen wird intern über Innovationsprojekte berichtet?
- Wie sieht die Organisationsstruktur aus? Ist die Hierarchie bei Ihnen stark?
- Sind interne Querverbindungen, Netzwerk- und Community-Bildung erwünscht oder werden sogar gefördert oder arbeiten Sie eher in engen Abteilungssilos?
- Wird Offenheit nach innen gelebt?
- Ist Organisationsentwicklung notwendig?
- Wie steht die Leitung zu Innovationsaktivitäten?
- Werden Mitarbeiterinnen und Mitarbeiter bei (eigenen) Innovationen unterstützt?
- Können sich die eigenen Mitarbeiterinnen und Mitarbeiter einbringen?

Kreativität
Da Kreativität im Innovationsprozess von solch herausragender Wirkung ist, lohnt es sich, genau hinzuschauen, ob die Bedingungen in der eigenen Bibliothek so beschaffen sind, dass sie Kreativität fördern.

Kreativität auf der Ebene des Innovationsmanagements insgesamt:
- Wie systematisch wird Kreativität bei Ihnen gefördert?
- Sind Sie im gesamten Prozess bereit, neue Wege zu gehen?
- Gibt es bei Ihnen Denkverbote beziehungsweise Tabuthemen?
- Werden „verrückte" Ideen ermutigt? Gibt es die Möglichkeit, etwas Neues auszuprobieren?
- Sind Sie mit Kreativitätstechniken vertraut?
- Herrscht bei Ihnen eher eine kreative oder eine gestresste Stimmung?
- Werden bei Ihnen proaktiv Maßnahmen gegen Stress unternommen?

Werte/Menschenbild

Die Werte und das Menschenbild kommen im Verhalten zum Ausdruck und bestimmen den Umgang mit anderen Menschen. Dies zeigt sich auch im Verhalten von Führungskräften und hat damit unmittelbare Auswirkungen auf die Motivation der Mitarbeiterinnen und Mitarbeiter.

Werte/Menschenbild auf der Ebene des Innovationsmanagements insgesamt:
- Wie werden Menschen bei Ihnen behandelt?
- Wie wird bei Ihnen miteinander kommuniziert?
- Welches Menschenbild haben Sie, insbesondere Ihre Führungskräfte?
- Welches Selbstverständnis haben Ihre Führungskräfte? Verstehen sie sich eher als Kontrolleure oder als Ermöglicher?
- Können bei Ihnen die Leute selbst entscheiden, wie und wann sie am besten arbeiten können?
- Werden Eigeninitiative und Autonomie gefördert oder eher im Keim erstickt?
- Gibt es ein Leitbild, das diese Werte festschreibt und das gemeinsam entwickelt worden ist?

Rolle

Rollenklarheit, das Vermeiden von Rollenkonfusion oder –überschneidungen sind wichtig für eine gute Handlungsfähigkeit. Das Bewusstsein für die eigenen Aufgaben und Verantwortlichkeiten unterstützt effizientes Arbeiten. Was nicht heißt, dass Rollen in Stein gemeißelt wären und sich nie ändern würden. Außerdem hat für gewöhnlich jeder und jede mehrere Rollen. Wichtig ist, dass man sich zum jeweiligen Zeitpunkt darauf verständigt und sich dessen bewusst ist, in welcher Rolle man gerade agiert.

Rolle auf der Ebene des Innovationsmanagements insgesamt:
- Wer hat welche Rolle?
- Ist allen klar, wer welche Rolle hat? Sind alle damit einverstanden?
- Wie sehen die einzelnen ihre Rollen?
- Füllen alle ihre Rollen angemessen aus?
- Wer sollte welche Rolle haben?
- Welche Rolle haben Sie? Welche möchten Sie haben?
- Haben Sie alle wichtigen Rollen besetzt?
- Haben Sie die nötigen Kompetenzen, um ihre Rolle sinnvoll umzusetzen?

Rahmen

Rechtlicher Rahmen

Beim rechtlichen Rahmen geht es um juristische Sachverhalte, die sich auf Innovationen auswirken können.

Rechtlicher Rahmen auf der Ebene des Innovationsmanagements insgesamt:
- Wie sieht der rechtliche Rahmen aus, um Innovationen zu realisieren?
- Wie sieht der rechtliche Rahmen der Organisation aus?
- Behindert der rechtliche Rahmen Innovationen?

Organisatorischer Rahmen
Welche organisatorischen Rahmenbedingungen sind bei den Innovationsaktivitäten zu berücksichtigen, schränken ein oder machen mehr möglich?

Organisatorischer Rahmen auf der Ebene des Innovationsmanagements insgesamt:
- Wie sieht der organisatorische Rahmen aus, in dem sich das Innovationsmanagement bewegt?
- Welche Ressourcen stehen für Innovationen zur Verfügung?
- Haben Sie die geeigneten organisationalen Strukturen und Ressourcen, um Innovationen umzusetzen?
- Wie stellen Sie sicher/wissen Sie, dass sie nicht zu viel in das IST/den Status-quo investieren und nicht zu wenig, in die Zukunft/in das, was sein könnte?
- Woher könnten Sie möglicherweise zusätzliche Ressourcen bekommen?
- Behindert der organisatorische Rahmen bei Ihnen Innovationen?
- Was tun Sie, um den organisatorischen Rahmen für Innovationen zu optimieren?
- Welche Hierarchien, Kommunikationswege, Medien und ähnliches sind zu berücksichtigen?

Technologischer Rahmen
Beim technologischen Rahmen geht es darum, die technischen Gegebenheiten und ihre Auswirkungen auf die Innovationsaktivitäten ins Kalkül zu ziehen.

Technologischer Rahmen auf der Ebene des Innovationsmanagements insgesamt:
- Wie ist der Stand der Technik?
- Wie sieht Ihr vorhandener technologischer Rahmen aus?
- Welches Know-how und welche Kompetenzen sind in Ihrer Bibliothek verfügbar? Können damit die strategischen Ziele erreicht werden?
- Welche Technologien erwarten Kundinnen / Kooperationspartner von Ihnen?
- Wie wird sich der technologische Rahmen in Zukunft weiterentwickeln?

Markt (Kundinnen & Kunden, Wettbewerber):
Die vorhandenen Kundinnen und Kunden, angestrebte Kundinnen und Kunden, Wettbewerber und andere relevante Marktteilnehmer sind in diesem Bereich zu beobachten.

Markt auf der Ebene des Innovationsmanagements insgesamt:
- Wie sieht Ihr Marktumfeld aus?
- Was erwarten / wünschen Ihre Kundinnen und Kunden von Ihnen?
- Wie könnten Sie neue Kundinnen und Kunden gewinnen?
- Wer sind Ihre Wettbewerber? Wie sieht deren Geschäftsmodell aus? Deren Vorteile, ...? Beobachten Sie auch Entwicklungen in anderen Bereichen und Branchen?
- Welche Trends lassen sich beobachten?
- Welche Veränderungen sind in Zukunft zu erwarten?
- Verfügt Ihre Bibliothek über gute Frühwarnsysteme?
- Passt Ihre Bibliothek sich schnell an eine sich wandelnde Umwelt an?

- Können sich Ihre Mitarbeiterinnen und Mitarbeiter in die Bedürfnisse der Kundinnen und Kunden hineinversetzen?
- Wie erforschen Sie den Markt? Wie erforschen Sie die Bedürfnisse der Nutzerinnen und Nutzer?
- Wer sind die Lieferanten?
- Welche weiteren Stakeholder sollten Sie im Auge haben?
- Wie stellen Sie sicher, dass Informationen von außen ausreichend aufgenommen bzw. externe Stimmen gehört werden?
- Wie einfach ist es für Ihre Nutzerinnen und Nutzer, Ideen einzubringen?

2.1 Warum scheitern Innovationen und wie kann dies verhindert werden?

"I am always amazed by the high quality of people employed by companies around the world. I am even more amazed by how little most companies tap into the innovative potential of these employees." (Shapiro, 2011, S. 6)

Dass Innovationen scheitern ist eher die Regel als die Ausnahme. Die Drittelregel besagt:
- 1/3 der Innovationen kommt zu spät auf den Markt
- 1/3 ist technisch nicht erfolgreich
- 1/3 erfüllt die Anforderungen (vgl. Wördenweber/Eggert/Schmitt, 2012, S. 2)

Angesichts dessen, dass das Scheitern von Innovationen eher die Normalität widerspiegelt, ist es gut, sich mit dieser Tatsache gewissermaßen „anzufreunden" und auseinanderzusetzen. Dass Innovationen oft scheitern, ist ja auch wenig verwunderlich, schließlich sind sie oft mit großer Unsicherheit verbunden und erfordern neue Verhaltensweisen, neue Fähigkeiten und Kenntnisse. Gerade radikale Innovationen bedeuten immer auch ein Wagnis und bergen das Risiko des Scheiterns. Entscheidend sind jedoch die Bewertung des Scheiterns und der Umgang mit dem Scheitern.

Der Umgang mit dem (potentiellen) Scheitern zählt zu den Faktoren, die für die Innovationskultur entscheidend sind. Wird das Scheitern als Chance zum Lernen begriffen oder wird es verurteilt oder totgeschwiegen? (siehe dazu auch Kapitel 3). Im Innovationsprozess sind entsprechende Zwischenhalte bei der Umsetzung von Ideen einzuplanen, die einen Abbruch der Bemühungen erlauben, bevor die aufwändige Perfektionierung und „Vermarktung" in Angriff genommen werden.

Doch was genau ist Scheitern überhaupt und was ist ein Erfolg? Dies hängt ganz von den Bewertungsmaßstäben ab sowie vom Zeitpunkt der Bewertung. Manche Innovation ist durch einen Zufall gefunden worden, wie z. B. Penicillin oder Post-Its, andere Innovationen waren zunächst gescheitert und sind später zu einem Erfolg geworden. Von der Erfindung der Post-It-Klebezettel ist beispielsweise überliefert, dass deren Erfinder eigentlich an einem stark haftenden Kleber forschte. Heraus kam jedoch ein Kleber, der im Gegenteil sehr schwach haftend war. Er war also gescheitert. Aber nur zunächst. Denn Jahre später wurde er durch einen Zufall auf eine Anwendungsmöglichkeit für den Kleber aufmerksam – der Post-It war geboren (vgl. Schneider, 2002).

Die Bewertung des Innovationserfolgs hängt auch von angewendeten Werten und Maßstäben ab, was das Beispiel der Plastiktüte veranschaulicht. Auch Plastiktüten waren irgendwann eine Innovation. Dass sie ein Erfolg geworden sind, scheint unbestreitbar, angesichts dessen, wie stark sich ihr Einsatz auf der ganzen Welt durchgesetzt hat. Wirklich ein Erfolg? Wie ist dies aus der Sicht einer Schildkröte zu bewerten, die sich im Meer in einer Plastiktüte verheddert? Wie wäre die Sicht des Umweltschutzes insgesamt auf die Verbreitung von Plastiktüten auf der ganzen Welt, ihre Herstellung und die Verschmutzung der Meere durch achtlos weggeworfene Plastiktüten? Es sind also auch ethische Grundsätze bei der Bewertung des Innovationserfolgs zu berücksichtigen.

Woran scheitern Innovationen nun? Gründe für das Scheitern von Innovationen lassen sich auf verschiedenen Ebenen finden, auf gesellschaftlicher und politischer Ebene, auf der Ebene des gesamten Unternehmens und des Individuums.

Gesellschaft
- Übersättigung
- Besitzstandswahrung/Lobbyismus
- Abwanderung von Spitzenkräften
- mangelnder Wissenstransfer zwischen Wissenschaft und Wirtschaft

Politik
- Mängel im Patentwesen
- Verfehlte Wirtschafts- und Arbeitsmarktpolitik
- Defizite der Bildungs-, Forschungs- und Transferpolitik
- mangelnde Infrastruktur
- zu viel Bürokratie

Unternehmen
- kurzfristiges Wirtschaften
- zu geringe F&E-Quote
- zu wenig Markterschließungs-Aktivitäten
- unflexible Organisation/Abteilungsdenken
- schlechte Führung
- mangelnde Kooperation

Individuum
- mangelndes Wissen/Fähigkeiten
- fehlende Kreativität
- zu wenig Unternehmergeist
- Angst vor Veränderungen
- fehlendes Verantwortungsbewusstsein
- zu geringe (intrinsische) Motivation

Abbildung 3: Gründe für das Scheitern von Innovationen in Anlehnung an DABEI-Index (http://www.dabei-ev.de/?q=node/85).

Owens beschreibt sechs Haupteinschränkungen, die zum Scheitern von Innovationen führen können. Je nachdem, mit welcher Einschränkung man es zu tun hat, sind andere Methoden oder ein anderes Verhalten erforderlich, um Innovationen zu fördern:
- Das Individuum: Wenn Individuen nicht anders genug denken und nicht genügend Ideen als Rohmaterial für Ideen generieren. In diesem Fall muss ihre Fähigkeit, relevante neue Ideen zu generieren und zu erkennen, verbessert werden.
- Die Gruppe: In Gruppen können negative Gefühle den Prozess der Bewertung und Umsetzung neuer Ideen stören. Die Kultur und die Prozesse in der Gruppe müssen daher so gestaltet werden, dass die Zusammenarbeit, offene Kommunikation und das Eingehen von Risiken gefördert werden.
- Die Organisation: Organisationen sind so gestaltet, dass sie Routine und gleichbleibende Ergebnisse liefern, und Innovation gefährdet dieses Ziel. Die Strategie und die Struktur müssen daher so geändert werden, dass sie das Eingehen von Risiken und die Entwicklung neuer Initiativen fördern.
- Die Branche: Branchen sind an den Bedürfnissen des heutigen Marktes ausgerichtet und ihre Kunden lehnen Änderungen am Status quo oft ab. Nutzen und Wert neuer Ideen müssen daher auf dem Markt erst sichtbar gemacht werden, indem neue Produkte, Märkte oder Branchen kreiert werden.
- Die Gesellschaft: Neue Ideen werden von der Gesellschaft abgelehnt oder reguliert, wenn sie mit vorherrschenden Normen und Werten und der Identität ihrer Mitglieder nicht übereinstimmen. Der Gesellschaft muss daher gezeigt werden,

inwiefern neue Ideen berechtigt sind und dies wird am besten gemacht mit Begriffen, die bereits akzeptiert sind.
- Die Technologie: Neue Technologien erfordern Zeit, Expertenwissen und Ressourcen, um sich zu entwickeln und werden nur angenommen, wenn sie sich als effektiv und zuverlässig erwiesen haben. Neue Technologien werden daher am besten mit bedeutenden Investitionen in Forschung, Entwicklung und Kommerzialisierungsmöglichkeiten entwickelt (vgl. Owens, 2012, S. 10 f).

Gründe für das Scheitern liegen also zum Teil auf individueller Ebene bzw. auf der Ebene der Gesamtorganisation im
- Nicht-Wollen,
- Nicht-Dürfen,
- Nicht-Können,
- Nicht-Machen.

„Eingefahrene Muster werden in manchen Unternehmen zum Ersatz für eigene Überlegungen, da erstens die Konkurrenz auch keine anderen Praktiken anwendet und zweitens ein gewisser Druck besteht, bereits erfolgte Handlungen als sinnvoll zu rechtfertigen." (Pfeffer/Sutton 2001, S. 84ff)

Psychologische Faktoren, finanzielle Einschränkungen, keine Vision zu vermitteln, bzw. keine gemeinsame Vision zu schaffen, kein oder misslungenes Change Management sind einige mögliche Ursachen für Widerstände, Hürden oder Barrieren, die sich dann beispielweise in fehlender Kreativität, schlechter Führung oder mangelndem Unternehmergeist äußern.

Zum Teil scheitern Innovationen auch an der Umsetzungslücke. Mit der Umsetzungslücke wird folgendes Phänomen bezeichnet: Es ist oft ein Problem, dass zwar alles Mögliche gemacht wird und neue Ideen dennoch nicht umgesetzt werden. Konzepte und Präsentationen werden erstellt und Entscheidungen getroffen. Aber die Ideen werden nicht umgesetzt. Man spricht dann von einer ‚Umsetzungslücke', die Wandel und Innovation verhindert (vgl. Pfeffer/Sutton 2001, S. 38 ff). Dies führt dazu, dass oft an Bestehendem festgehalten wird, obwohl bekannt ist, dass dies nicht optimal ist. Alte Gewohnheiten, die eine prägende Rolle in der Organisationskultur besitzen, spielen bei der Umsetzungslücke eine große Rolle: Anstatt sich etwas Eigenes zu überlegen, wird schlicht so weiter gemacht, wie es in der Organisation bereits üblich ist. Kurzfristig ist es einfacher, an Altem festzuhalten als etwas Neues einzuführen. Der Widerstand gegen Neues kann dadurch begünstigt werden, dass auch die Konkurrenz weiterhin so handelt und dass ein gewisser Druck besteht, früher einmal getroffene Entscheidungen zu rechtfertigen (vgl. Pfeffer/Sutton 2001, S. 84 ff). Oft wird die Forderung nach etwas Neuem auch als Kritik am Bestehenden wahrgenommen, was zu Widerstand führen kann.

Schließlich entsteht die Umsetzungslücke auch aus dem menschlichen Bedürfnis, die kognitive Entwicklung abzuschließen. Menschen wünschen i.d.R., auf eine Frage eine klare Antwort zu bekommen und mögen keine Zweideutigkeit. Menschen wünschen sich meist auch Dauerhaftigkeit, streben danach, etwas abschließen zu können. Sie möchten sich mit ihrem Wissensstand zufrieden geben und nichts zulassen, das ihren Überzeugungen widerspricht. Denn sonst müssten sie möglicherweise alle ihre Überzeugungen in Frage stellen, und dies wäre unbequem.

Wenn Innovationen z. B. die Ausnahme sind und wenn sie wie Routineaufgaben behandelt werden, gibt dies auch Aufschluss über die Gründe für das Scheitern von Innovationen. In der Bibliothekspraxis hört man immer wieder von folgenden Gründen für das Scheitern von Innovationen:

"Organizations, by their very nature are designed to promote order and routine. They are inhospitable environments for innovation." (T. Levitt)

a) Mangelnde Prioritätensetzung und dadurch zu viele Projekte auf einmal.
b) Mangelnde Unterstützung (insbesondere von Seiten der Führung, teilweise auch von Kolleginnen und Kollegen, Mitarbeiterinnen und Mitarbeitern), die dazu führt, dass die Innovation an einer Stelle hängen bleibt. Dies liegt teilweise in

mangelnden Kenntnissen der Führung, wurde aber teilweise auch auf nicht vorhandenen Willen und Ignoranz zurückgeführt. Genannt wurde in diesem Zusammenhang auch die mangelnde Unterstützung durch die IT-Abteilung.

c) Kundenorientierung: Fehlende Kundenorientierung führt in der Praxis dazu, dass am Kundenbedarf vorbeientwickelt wird oder Innovationen zu kompliziert und unpraktisch sind und daher nicht von Kundinnen und Kunden angenommen werden.
d) Mangel an (geeignetem) Personal: Zu wenig Personal bzw. ein Mangel an Personal, das vom Wissen und Können her in der Lage ist, Ideen umzusetzen. Auch ein Mangel an Kreativität wird in diesem Zusammenhang genannt. (Wobei es eigentlich keinen Mangel an Kreativität gibt, aber die Umfeldbedingungen müssten so geändert werden, dass die betroffenen Personen besser kreativ sein können).
e) Finanzielle Ressourcen: Fehlende finanzielle Ressourcen bedeuten in der Praxis auch zum Teil ein Scheitern von Innovationen. Umgekehrt führt eine routinemäßige Fortschreibung eines Budgets dazu, dass kein Bedarf für Neuerungen entsteht.
f) Vermarktung: Eine schlechte Vermarktung oder Unfähigkeit, den Mehrwert von Innovationen zu verkaufen, kann ebenfalls zu ihrem Scheitern führen. Denn wo keine Marktakzeptanz vorhanden ist, liegt auch keine erfolgreiche Innovation vor.
g) Umsetzung: Die technische Umsetzung ist unbefriedigend und entspricht nicht den Vorstellungen und Wünschen der Nutzerinnen und Nutzer.
h) Innovationsprozess: Der Innovationsprozess ist zu segmentiert, zu bürokratisch und dauert insgesamt zu lange.
i) Fehlende Freiräume: Mitarbeitende haben keine Gelegenheit, sich mit neuen Ideen zu befassen oder einmal etwas Neues auszuprobieren.
j) Starre Strukturen: Die Bibliothek und ihre Mitarbeitenden sind nicht bereit, neue Wege zu gehen, und beharren auf überkommenen Aufgaben, Rollen und Funktionen.

Folgende Anregungen könnten helfen, die Gründe für das Scheitern zu verhindern:
- Zu a) Mut zur Lücke und eine „starke" (nicht autoritäre!) Führung.
- Zu b) Hieraus wird deutlich, dass Innovationen ohne den Willen der Führung kaum erfolgreich sein können. Siehe dazu den Abschnitt über Führung. Führungskräfte müssen sich der Bedeutung ihrer Rolle für Innovationen im Klaren sein. Andersherum ist es gegebenenfalls die Aufgabe von Mitarbeiterinnen und Mitarbeitern, ihre Vorgesetzten für die Notwendigkeit von Innovationen, etwa aufgrund von Veränderungen im Umfeld, zu sensibilisieren.
- Zu c) Möglicherweise ließen sich hier Open Innovation-Methoden für eine stärkere Kundenintegration einsetzen.
- Zu d) Kreativitätstechniken, Entspannung & Co. können hier weiterhelfen. Ebenso die Beschäftigung mit der Frage, was die eigene Bibliothek attraktiv für (potentielle) Mitarbeiterinnen und Mitarbeiter macht.
- Zu e) Wie sieht es mit der Erschließung alternativer Finanzmittel aus? Crowdsourcing z. B. um Ressourcen für Neues frei zu machen. Dafür müssen alte Aufgaben überprüft und gegebenenfalls aufgegeben werden.
- Zu f) Möglicherweise könnte Open Innovation hier teilweise Abhilfe verschaffen. Nutzende können als aktive Partner mit in die Entwicklung neuer Angebote einbezogen werden.

- Zu g) Dies könnte ebenfalls durch einen Personalmangel bzw. fehlendes Know-how bedingt sein.
- Zu h) Dies könnte ebenfalls durch einen Personalmangel bedingt sein. Es könnten aber auch Widerstände dahinter stehen.
- Zu i) Hier sollte die Organisationskultur genauer betrachtet werden.
- Zu j) Möglicherweise sollten hier auch die Organisationskultur und das Vorhandensein von Widerständen hinterfragt werden.

Andersherum als Gründe für den Erfolg wurden genannt:
- Prioritätensetzung: Eine hohe Priorität von Innovationen innerhalb der Bibliothek und eine Strategie, welche diese Prioritäten verbindlich regelt. Gemeinsam entwickelt, wird die Strategie auch von den Mitarbeitenden getragen und es entsteht ein Commitment über die künftige Entwicklung.
- Mut: Der Mut zum 1. Schritt und der Mut, Neues zu wagen, ohne Angst vor dem Scheitern.
- Mehrwert für Kunden: Mehrwerte, die beim Kunden ankommen, etwa eine Arbeitserleichterung, Qualitätssteigerung wissenschaftlicher Arbeit und auch die optimale Einbindung in Katalog/Nutzungsabläufe führt zum Erfolge bei Innovationen, die sich an die Endkunden richten. Erfolgreich sind lösungsorientierte Innovationen, die dem Zeitgeist und dem technischen Standard folgen.
- Kommunikation: Hier sind eine detaillierte Darstellung des Projekts und gute zielgruppenorientierte Vermarktungsstrategie nach außen und innen zu nennen.
- Zeitpunkt: Günstiger Zeitpunkt: die Innovation stand an, die nötige „Frei-Zeit" war organisierbar...
- (Unterstützung durch) Führung: Der Rückhalt durch Belegschaft / Vorgesetzte oder die Anordnung durch eine übergeordnete Stelle kann den Erfolg von Innovationen fördern.
- Gestaltung des Innovationsprozesses: In Bezug auf den Innovationsprozess wurden als Gründe für den Erfolg benannt: Bedarfsprognose – antizipieren, dran bleiben, Praxistest, „soziale Komponente" Einbindung der Mitarbeiterinnen und Mitarbeiter im Prozess, Einbeziehung aller Mitarbeiterinnen und Mitarbeiter von Anfang an.
- Vorbilder, auch außerhalb der Bibliotheksbranche und entsprechende Kooperationen mit starken Partnern.

Als Erfolgsfaktoren für das Innovationsmanagement konnten u. a. die folgenden identifiziert werden:
- eigene kontinuierliche Forschung und Entwicklung
- Unternehmenskultur = Innovationskultur
- Information + Kommunikation, Transparenz
- Teamwork
- Personalentwicklung
- Fähigkeit, Technologie- und Markt-Know-how effektiv miteinander zu verbinden
- Kooperation und Einbeziehung externen Know-hows (vgl. Spielkamp/Rammer, 2006, S. 57 ff).

Ein Beispiel für einen aktiven und bewussten Einbezug der Mitarbeitenden in die Innovation zur Verbesserung der Innovationskultur liefert die Schweizerische Nationalbibliothek:

Die SNB bekennt sich zu einer innovationsfreundlichen Betriebskultur und dazu, Innovation systematisch und partizipatorisch zu betreiben.

Fallbeispiel: Innovation und Informationsmanagement an der Schweizerischen Nationalbibliothek

Von Matthias Nepfer, Schweizerische Nationalbibliothek Bern, http://www.nb.admin.ch

Seit 2012 hat die Innovation ihren Platz im Organigramm der Schweizerischen Nationalbibliothek (SNB). Es ist der Dienst Innovation und Informationsmanagement IIM, der für den Innovationsprozess zuständig ist. Dieser Prozess ist denkbar einfach: Wer eine Idee hat, deponiert sie beim Innovationsverantwortlichen. Dieser diskutiert und konkretisiert die Idee zusammen mit einer ad hoc zusammengestellten Arbeitsgruppe und formuliert einen begründeten Entscheidungsantrag an Direktion oder Geschäftsleitung (GL), um grünes Licht für die Umsetzung zu erhalten.
Bevor die Innovation organisatorisch verankert wurde, verabschiedete die GL ein Innovationskonzept, das die Grundlage für die eben beschriebene Funktionsweise des Innovationsmanagements legt. Die SNB bekennt sich darin zu einer innovationsfreundlichen Betriebskultur und dazu, Innovation systematisch und partizipatorisch betreiben zu wollen.
Grundsätzlich sind also alle Mitarbeitenden eingeladen, ihre guten Ideen einzubringen. Bisher haben allerdings sich nur wenige Kolleginnen und Kollegen die Mühe genommen, ihre Ideen zu formulieren und einzureichen. Die meisten Innovationsideen entstehen momentan bei IIM, dem für den Prozess zuständigen Dienst – häufig auf Anregung der Direktion oder von GL-Mitgliedern – aber insgesamt eher spontan als systematisch. Bei der Systematik der Ideensammlung und beim Partizipationsgrad der Mitarbeitenden orten wir denn auch Verbesserungspotenzial.
Dieses Jahr wird die Bearbeitung des Innovationswerkzeuges Suchfelder neu organisiert. Beobachtung und Auswertung der identifizierten Quellen werden auf mehrere Köpfe verteilt, die Vermittlung der Resultate wird gemeinsam adressatengerecht aufbereitet. Wir hoffen, dass in diesem Kontext vermehrt Ideen entstehen werden und wir den Anspruch des systematischen Vorgehens bei der Ideengenerierung besser einlösen können.
Im Zusammenhang mit einer 2015 geplanten Großveranstaltung machten wir letztes Jahr außerordentlich positive Erfahrungen mit einer breit angelegten Ideensammlung: Innert einer Woche reichten die Mitarbeitenden mehr als 100 Ideen auf einer virtuellen Pinnwand ein, die für die inhaltliche und formelle Konzipierung der Publikumsveranstaltung verwendet werden konnten. Mit dieser Methode ließen sich möglicherweise mehr Mitarbeitende für das Eingeben von Innovationsideen gewinnen.
Die Einführung des Chat als Kommunikationskanal für Benutzende, die Anstellung zweier Wikipedians in Residence und die Beherbergung des ersten Kultur-Hackathon der Schweiz der Ende Februar 2015 in der SNB stattgefunden hat, sind einige der kleineren und größeren Maßnahmen, die während der letzten zwei Jahre im Rahmen des Innovationsprozesses umgesetzt worden sind. Die Installation der gestenbasierten Steuerung von 3D-Objekten aus unserer Sammlung befindet sich noch in Entwicklung, wird aber an der bereits erwähnten Großveranstaltung im Herbst vorgestellt.

Abbildung 4: Hacker am ersten Schweizer Kultur-Hackathon.
(Quelle: Wikimedia Commons· Foto: Swiss National Library, Simon Schmid und Fabian Scherler; Lizenz: CC BY-SA)

2.2 Was bringt das Innovationsmanagement?

Auf jeden Fall ist es wichtig, dass jemand die Funktion des Innovationsmanagers ausübt. Es ist alleine schon hilfreich, wenn jemand den Blickwinkel einnimmt, den Hut für das Thema „Innovation" auf hat, einen Blick darauf wirft und Anstöße unternimmt, um die Innovationsfähigkeit zu optimieren.

Wenn wir ein Innovationsmanagement einrichten bzw. einen Innovationsmanagement-Blick einnehmen, so hilft uns dies, systematisch zu prüfen, inwiefern Innovationen bei uns in der Bibliothek einen Stellenwert genießen, der groß genug ist.

Es muss zwar nicht „Innovationsmanagement" heißen, aber wenn keiner diesen Hut auf hat, diesen Blickwinkel einnimmt, so läuft man Gefahr, Innovationen nicht angemessen zu behandeln. Wenn man ihre Eigenarten jedoch nicht berücksichtigt und sie mit Routinetätigkeiten über einen Kamm schert, werden sie unnötig schwierig gemacht und ihr Erfolg gefährdet.

Die gestiegene Bedeutung von Innovationen führt auch zu neuen Anforderungen an das Management von Innovationen. Ein Innovationsmanagement zu installieren oder selbst einen Innovationsmanagement-Blick einzunehmen bringt Vorteile mit sich:

- Schließlich müssen Bibliotheken aufgrund des stärkeren Wettbewerbs- und Innovationsdrucks schauen, wie sie im Wettbewerb Schritt halten können bzw. voraus sein können. Das Produkt- und Dienstleistungsspektrum einer Bibliothek muss attraktiv sein. Ein dezidiertes Innovationsmanagement kann dazu beitragen, dies zu erreichen.
- Einnahme eines Blickwinkels aus Innovationssicht: Gegenstand der Betrachtung ist hier der Innovationsprozess und das Innovationsumfeld: Ist bei uns alles optimal, um Innovationen zu entwickeln? Was kann bei uns zugunsten unserer Innovationsfähigkeit und -tätigkeit verbessert werden? Der besondere Reiz dieses Blickwinkels liegt auch darin, dass es sich eher um einen methodischen Blickwinkel handelt: Nicht ein spezielles inhaltliches Thema steht im Fokus, sondern die Art und Weise des Arbeitens. Dabei sei am Rande bemerkt, dass auch für andere Tätigkeiten die Einnahme eines solchen anderen, methodisch-prozessorientierten und die Situation reflektierenden Blickwinkels Gewinn verspricht.
- Kreativitäts- und Innovationsmanagement-Methoden können systematisch dabei unterstützen, einen anderen Blickwinkel einzunehmen.
- Innovationen werden besser, schneller, kostengünstiger entwickelt und umgesetzt und/oder entsprechen mehr den Bedürfnissen von Kundinnen und Kunden. Dadurch entstehen Wettbewerbsvorteile; ein Beitrag zur Zukunftsfähigkeit der Bibliothek also.
- Die Motivation von Mitarbeiterinnen und Mitarbeitern kann auch dadurch erhöht werden, dass sie merken, dass es aufgrund eines systematischen Innovationsmanagements stärker vorangeht, dass Innovationen in der Bibliothek schneller/besser umgesetzt werden.
- Es wird gefördert, dass ganz neue Ideen entstehen; Ideen abseits des Mainstream, abseits dessen, was man normalerweise denkt. Das kann dazu beitragen, auch das Potential für disruptive Innovationen zu haben. Eigene (Betriebs-)Blindheit, Passivität, eingefahrene Sichtweisen werden durchbrochen.
- Die Kenntnisse über den Markt werden systematisch verbessert.
- Die Zukunftsfähigkeit wird gesichert.

Ziel des Innovationsmanagements ist auch, die Innovationsfähigkeit der eigenen Institution zu verbessern. Das Innovationsmanagement soll also, in Reifegradmodellen ausgedrückt, die Bibliothek auf ein höheres Niveau bringen. Die Systematisierung und Professionalisierung des Innovationsmanagements und des Innovationsumfeldes sind hilfreich, um das Scheitern von Innovationen zu verhindern.

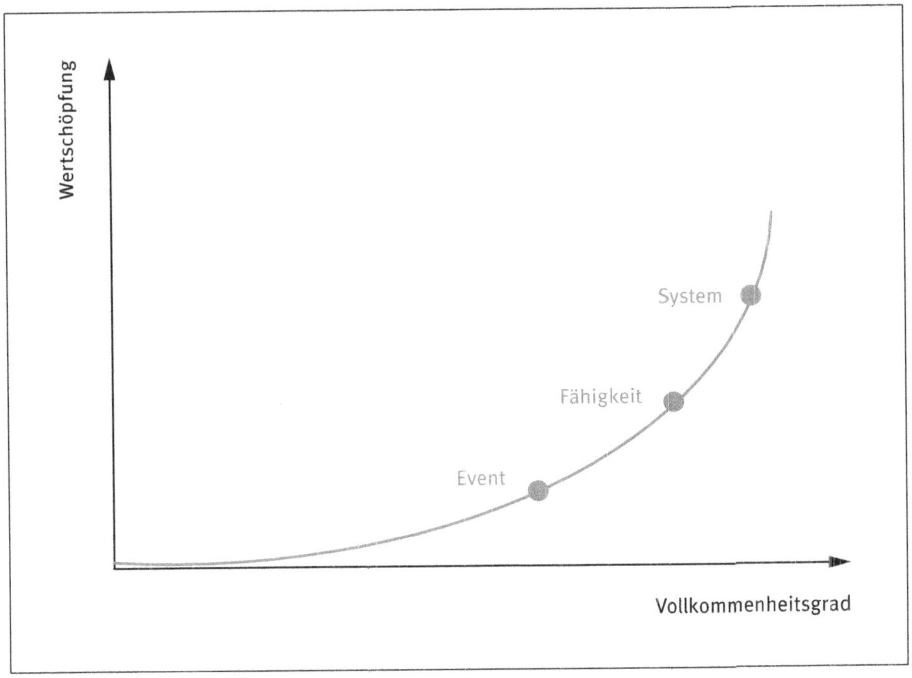

Abbildung 5: Reifegrad von Innovationsmanagement-Aktivitäten, nach: The three levels of innovation (Shapiro, 2011, S. 11).

Gemäß Shapiros Modell des Reifegrads der Innovationsmanagement-Aktivitäten gilt es, ein möglichst hohes Level anzustreben. Die meisten Organisationen verweilen laut Shapiro auf Level 1, dem Level, auf dem Innovationen eventartig stattfinden. Der Weg zum Level 3, wo Innovation alltäglich ist, ist weit. Die einzelnen Levels charakterisiert Shapiro (Shapiro, 2011, S. 11 ff) folgendermaßen:

Level 1: Innovation als Event
- Einzelne Innovationsaktionen (z. B. einzelne Brainstormings) finden statt.
- Der Weg von der Ideengenerierung bis zur Umsetzung bedeutet großen Aufwand, da es sich immer nur um Einzelaktionen handelt und er jedes Mal wieder neu gefunden und gegangen werden muss.

Level 2: Innovation als Fähigkeit
- Strukturen und Prozesse werden eingeführt, um Innovationen systematischer umsetzen zu können.
- Eine realistische Lieferfähigkeit für Innovationen ist erreicht.

Level 3: Innovation als System
- Innovation ist in alles eingebettet, das die Personen tun.
- Innovation ist nicht mehr abgetrennt vom „eigentlichen“ Geschäft, wie dies auf den vorherigen Stufen der Fall war.
- Personen innovieren alles, was sie tun.

Es gibt weitere Tests zum Herausfinden, wie innovationsfähig die eigene Bibliothek ist. Beispiele sind:

- Potentialanalyse (für mittelständische Unternehmen): http://www.inqa-innovation.de/check-innovation/daten/mittelstand/index.htm
- Innovation-Audit zum Herunterladen (Excel): http://bradenkelley.com/2013/03/how-healthy-are-your-innovation-efforts/

Die Aussage von Shapiro, wonach die meisten Unternehmen auf Level 1 verharren, kann durch die Untersuchung der Schweizer Bibliotheken für diese bestätigt werden – und dürfte auch für andere Bibliotheken gelten. Sehr oft geschehen Innovationen noch unsystematisch, eher zufällig.

Aufgabe des Innovationsmanagements ist es nun, die Bibliothek auf ein höheres Reifegrad-Level zu heben. Es sind vielfältige Ansätze, die ergriffen werden können, um die Innovationsfähigkeit der Bibliothek zu erhöhen.

Sie können sich auch eine ganz einfache Frage beantworten, um die Innovationsfähigkeit einzuschätzen: Ist Ihre Bibliothek mehr darauf fokussiert, innovative Produkte zu entwickeln oder darauf, eine innovative Kultur zu entwickeln?

Die Frage impliziert gewissermaßen auch schon, wo besonders wichtige Stellschrauben für das Innovationsmanagement zu finden sind. Ein Umfeld und eine Kultur, die Innovationen fördern, sollten besonderes Augenmerk bekommen. Spüren Mitarbeiterinnen und Mitarbeiter ein Wollen, Dürfen und Können, so passiert Innovation quasi von alleine, während das Fokussieren auf innovative Produkte nie so gute Ergebnisse liefern kann, wenn das Umfeld dies nicht unterstützt.

3 Wie können wir ein gutes Umfeld für Innovationen schaffen?

Da sich Ansatzpunkte für das Verhindern eines Scheiterns von Innovationen aus dem
- Wollen
- Dürfen
- Können
- Machen

ableiten lassen, sollten diese Bereiche auch bei der Gestaltung des Umfeldes bewusst gefördert werden. Ein gutes Umfeld unterstützt das Wollen, Dürfen, Können, Machen und damit Innovationen. Wenn sich die Menschen in ihm wohlfühlen und sich entfalten können, wird die Kreativität gefördert. In einem guten Innovationsumfeld werden auch alle Bereiche des Innovationskleeblattes berücksichtigt und optimiert.

Innovationsfreundliche Umgebungen zeichnen sich in der Regel durch einige zentrale Faktoren aus. Einige von ihnen sind „Mega"- oder „Meta-Faktoren", die auf verschiedenen Ebenen wirken und immer wieder in Zusammenhang mit der Innovationsfähigkeit einer Organisation stehen. Zu ihnen gehören die Kreativität, Führung und Organisationskultur. Diese Faktoren werden im Folgenden vorgestellt.

3.1 Kreativität fördern

Kreativität bezeichnet die Fähigkeit, Neues zu erschaffen. Sei es nun, eine geniale Idee zu finden, eine überzeugende Präsentation für ein neues Dienstleistungsangebot, Dinge oder Prozesse zu verbessern oder z. B. eine Lösung für unerwartet bei einem Kunden auftauchende Probleme. Kreativität ist also keineswegs die alleinige Domäne von Werbeagenturen, Marketingabteilungen o. ä., sondern ist auch in Bibliotheken eine wichtige Fähigkeit, da jede und jeder von uns immer wieder in Situationen kommen wird, in denen Kreativität gefordert ist.

Innovationen sind ohne Kreativität nicht denkbar: Das Finden von Innovationsideen, die Lösung komplexer Innovationsprobleme oder der Umgang mit schwierigen Situationen im Innovationsprozess erfordern immer wieder unsere Kreativität. Oft liegen eine Lösung bzw. verschiedene Optionen nicht auf der Hand.

Kreativität ist im gesamten Innovationsprozess wichtig, nicht allein für die Ideenfindung. Es ist immer wieder Kreativität erforderlich, um bei Schwierigkeiten einen neuen Weg zu finden, wie sie gelöst werden können.

Viel zu oft ist unsere Kreativität aber eingeschränkt und muss erst freigelegt werden, damit wir sie einsetzen können. Dieser „Aufwand", sich in einen kreativen Zustand zu versetzen, lohnt sich jedoch. Denn es führt in der Regel zu einem angenehmeren Arbeiten mit besseren Ergebnissen. Die höhere „Anfangsinvestition" an Zeit trägt durch eine befreite Kreativität meist netto dazu bei, Zeit einzusparen. Leider ist diese Tatsache, dass Kreativität viel Zeit und Mühe sparen kann, in unserer oft hektischen Welt mit vielen Organisationen mit einer Mach-mal-eben-schnell-Mentalität nicht immer anerkannt.

„Jeder Mensch hat kreative Fähigkeiten; sie sind in Art und Ausmaß unterschiedlich." These 1 der Thesen der Gesellschaft für Kreativität e.V. (aus: Mehlhorn, 2010, S. 293ff).

Viele Menschen, gerade in Bibliotheken, zweifeln daran, dass sie selbst kreativ sind. Grundsätzlich ist aber jeder Mensch kreativ und es stellt einen Mythos dar, dass es bestimmte, (besonders) kreative bzw. mit kreativen Fähigkeiten geborene Menschen, geniale „Helden", geben würde. Viele haben diese Fähigkeit aber wie einen untrainierten Muskel verkümmern lassen und sind daher im täglichen Leben vielleicht oft nicht so sehr kreativ. Jedoch: „Kreativität ist entwicklungsfähig und kann durch Einsicht, Erleben und Üben wie jede andere Fähigkeit gefördert werden." (These 5 der Thesen der Gesellschaft für Kreativität e.V. (aus: Mehlhorn, 2010, S. 293 ff)).

Während Kinder i. d. R. noch unvoreingenommen und kreativ durch die Welt gehen, lässt dies im Laufe der Zeit zumeist nach, auch geprägt durch Lernerfahrungen in Schulen, durch Eltern oder andere Bezugspersonen. Oft genug sind ihre Reaktionen und Vorgaben alles andere als kreativitätsfördernd.

3.1.1 Wie entsteht Kreativität?

„Jeder Mensch ist ein Künstler, das Problem ist nur, es zu bleiben, wenn man erwachsen wird!" (Pablo Picasso)

Kreativität entsteht durch die Kombination von Expertise mit intrinsischer Motivation. Sie setzt dabei auf Wissen auf. Andererseits kann Wissen auch die Kreativität einschränken, wenn es sich zu sehr in den Vordergrund drängt und auf Regeln und Fakten fokussiert. Wissen aus möglichst unterschiedlichen Bereichen ist jedoch eine Grundvoraussetzung für Kreativität – besteht doch der kreative Prozess selbst auch aus einer Neuverknüpfung vorhandenen Wissens.

Den Ablauf kreativer Prozesse zu verstehen, kann Ansatzpunkte liefern, wenn man seine eigene Kreativität fördern möchte. Nach Wallas, 1926, lassen sich folgende Stufen im kreativen Prozess unterscheiden:
1. Vorbereitung
2. Inkubation
3. Illumination
4. Verifikation (vgl. Winckler-Ruß, 2010, S. 326)

In der Vorbereitungsphase werden Informationen über ein Problem zusammengetragen. Diese Informationen „gären" dann während der Inkubationszeit, werden im Gehirn „ausgebrütet", wobei unbewusste Prozesse eine große Rolle spielen, die dafür sorgen, dass unser Unterbewusstsein an einer Problemlösung weiterarbeitet. Dann, wie aus dem Nichts, meist im entspannten Zustand, trifft uns ein Geistesblitz, eine Eingebung, die aus unserem Unterbewusstsein hervorkommt; die Lösung ist gefunden. Dies wird als „Illumination" bezeichnet. Anschließend erfolgt die Verifikation, die Überprüfung der gefundenen Ideen bzw. Lösungsmöglichkeiten.

3.1.2 Was schränkt Kreativität ein?

Welche Faktoren sind es, die unsere Kreativität während dieses Prozesses einschränken? Sie lassen sich grob den folgenden Bereichen zuordnen:
- Person
- Umfeld
- Prozess

„… wie groß die Sorge ist, man könne sich vor den anderen blamieren, etwas Unrealistisches oder gar Unmoralisches sagen – und sich lächerlich machen. Schließlich werden wir ja in der Berufswelt als Experten gesehen, die sich am Machbaren zu orientieren haben." (Mehlhorn, 2010, S. 293ff)

Dies sind zugleich die Hauptbereiche, in denen wir ansetzen können, um unsere Kreativität zu fördern.

Kreativitätsbarrieren, die in der Person liegen, sind i.d.R. emotionale Barrieren wie:
- Geistige Trägheit, eingefahrenes Denken, Festhalten an Bekanntem und Angst vor Neuem,
- Traditionen, gesellschaftliche Schranken und Tabus,
- Desinteresse, Übermotivation, Passivität, Widerstand gegen Änderungen,

- Furcht vor Fehlern, Risiko oder Misserfolg, Mangel an Mut oder an Konfliktbereitschaft, Perfektionismus,
- Persönliches Wertesystem,
- geringes Selbstvertrauen, Angst vor Kritik und Zurückweisung,
- sich selbst nicht als kreativ einschätzen und daher das Gefühl zu haben, mit „den Kreativen" nicht mithalten zu können,
- Abhängigkeit von der Meinung anderer Menschen, Wunsch, sich an die Gruppe anzupassen, oder Konformitätszwang,
- Konkurrenzdenken und die Angst, Macht zu verlieren.

Kreativitätsbarrieren der Umwelt:
- Soziale und organisatorische Einflüsse des Systems oder des Arbeitsplatzes etwa Mangel an Kooperationsbereitschaft, persönliche Konflikte, Leistungsdruck, Hierarchie, Routinen, ein autoritärer Führungsstil,
- blinder Aktionismus, der sofort zur Umsetzung drängt und Nachdenken verhindert,
- Mangel an Fachwissen in dem Bereich, in dem eine kreative Idee gesucht wird.

Kreativitätsbarrieren im Prozess:
- Es gelingt nicht, das Problem aus seiner Umwelt „freizuschneiden", zu abstrahieren,
- Unklarheit darüber, was das eigentliche Problem ist und was nicht,
- Killerphrasen wie „Das geht nicht" oder „Das haben wir immer schon so gemacht",
- abwertende Gesten oder Mimik von Kolleginnen oder Kollegen (wie Augen verdrehen oder wegsehen),
- zu schnelle (Vor-) Urteilsbildung über Ideen oder Menschen,
- Moderator strebt ein bestimmtes Ziel an oder beherrscht die Methodik nicht gut,
- Routine und Zeitmangel werden als Zuflucht genutzt (vgl. Koltze, Souchkov, 2011, S. 11 sowie Witten, Mathes, Mencke; 2007, S. 127).

„Kreativität erfordert den Mut, Sicherheiten loszulassen."
(Erich Fromm)

Weitere Formen von Kreativitätshemmnissen im Prozess sind:
- Die Status-quo-Falle gehört zu den Sackgassen, die einen Innovationsprozess hemmen können. Sie bezieht sich darauf, dass es manchmal schwierig ist, sich von den aktuellen Gegebenheiten loszueisen und sich eine gänzlich andere Situation vorzustellen. In diesen Kontext gehört auch gruppenkonformes Verhalten und dass nur Dinge erzählt werden, die sowieso schon bekannt sind.
- Mit „Production Blocking" wird die gegenseitige Beeinträchtigung im Kreativprozess bezeichnet, die schnell eintritt, wenn beim Brainstorming die erste Person, die eine Idee gibt, damit die Denkrichtung der anderen Personen beeinflusst. Darunter leidet dann die Kreativität der gesamten Gruppe.
- Das vorschnelle Zufriedengeben mit der erstbesten Idee und die Suche einzustellen, stellt auch ein Kreativitätshemmnis dar, weil es dazu führt, dass keine weiteren Ideen gesucht werden bzw. vorhandene Ideen nicht weiterentwickelt werden.
- Trittbrettfahren kann die Kreativität einschränken, weil man sich einfach auf die Kreativität der anderen verlässt, anstatt selbst wirklich kreativ zu werden.
- Mit der funktionalen Fixiertheit wird die Schwierigkeit bezeichnet, einen Perspektivwechsel vorzunehmen. Wir sehen Dinge oder Sachverhalte dann nur eindimensional und können uns beispielsweise keinen alternativen Anwendungszweck vorstellen (vgl. Eppler et al, 2014, S. 32 f).

Für die persönliche Kreativität ist Stress wohl der größte Kreativitätskiller überhaupt. Stress entsteht vor allem durch Zeitdruck, kann aber auch durch andere Ursachen, wie zum Beispiel durch Multitasking und persönliche Eigenschaften entstehen, wie sie zum Teil auch oben bei den persönlichen Kreativitätsbarrieren benannt sind. Unter Stress haben Menschen einen sogenannten Tunnelblick; automatische Verhaltensmuster werden aktiviert, die die Kreativität einschränken. Es besteht eine große Gefahr von Fehlentscheidungen, weil Probleme nicht in ihrer Komplexität erfasst werden und versucht wird, sie nach dem Muster bereits gelöster Probleme zu lösen. Je größer der Zeitdruck, umso mehr verschärft sich dieses Problem. Auf Dauer kann Stress zudem zu strukturellen Veränderungen am Gehirn führen, die ebenfalls zu verringerter Kreativität beitragen. Angst und der Mangel an Freiräumen können ihrerseits auch Stress verursachen und führen andererseits direkt zu einer starken Hemmung von Kreativität. Die Gründe für Angst und fehlende Freiräume können in der eigenen Person liegen, sind aber oft auch durch das Umfeld bedingt. Da Stress so hinderlich für kreatives Arbeiten ist, ist das Erlernen eines guten Umgangs mit ihm wichtig, auch um langfristig erfolgreich zu arbeiten. Ein erster Schritt besteht darin, bei sich selbst Stresssymptome zu erkennen.

„Managen von Kreativität, so fand ich heraus, bedeutet im Grunde, das meiste von dem, was wir über Management wissen, auf den Kopf zu stellen." (Sutton, 2/2005, S. 7)

Selbsttest: Stress

- Sind bei Ihnen aktuell oder in den vorangegangenen Tagen folgende Phänomene aufgetreten, so ist dies ein Anzeichen dafür, dass Sie gestresst sind:
- Sie sind leicht reizbar.
- Ihr Körper fühlt sich stark verspannt an.
- Sie atmen flach.
- Ihnen fallen Wörter öfter nicht ein oder Sie sind zerstreut.
- Ihre Gedanken drehen sich oft um einzelne Probleme, Sie nehmen die Welt um sich herum oder die Bedürfnisse anderer nicht so stark wahr.
- Sie verspüren oft Ungeduld.
- Sie setzen andere und sich selbst unter starken Druck.
- Sie ziehen sich aus Beziehungen zu anderen Menschen zurück.
- Sie haben starke Stimmungsschwankungen.
- Sie nehmen andere oft als unfähig wahr.
- Sie verhalten sich ungeschickt, Sie sind anfällig für Unfälle.
- Sie verhalten sich anderen Menschen gegenüber taktlos.
- Ihnen unterlaufen schwerwiegende Fehler.
- Sie haben körperliche Probleme wie Schlafprobleme, Herzschmerzen, Magen-Darm-Probleme (vgl. Fingerle, 2013, S. 68).

Ist eines oder sind mehrere dieser Anzeichen in jüngster Vergangenheit bei Ihnen aufgetreten, könnte dies ein Alarmsignal darstellen. Insbesondere, wenn weiter unten in der Liste aufgeführte Punkte aufgetreten sind, könnte es sich um schwere Stresssymptome handeln. Ein aktives Eingreifen ist wichtig – zugunsten Ihrer Kreativität, Ihrer Gesundheit und dauerhaften Leistungsfähigkeit im Berufsleben.

Einen Schnelltest, ob Sie stressgefährdet sind, erlaubt Ihnen auch das Stressbarometer: http://www.rompc.de/eu/index.php/ct-menu-item-89/ct-menu-item-118.html

„Manche Erfahrungen und Verhaltensweisen können das kreative Potenzial bzw. die Innovationsfähigkeit im Menschen blockieren und einschränken. Dann sind auch Kreativitätstechniken nicht immer in der Lage weiterzuhelfen, weil die Ursache in der Person selbst liegt." (Witten, Mathes, Mencke; 2007, S. 126)

Sowohl Symptome als auch Folgen von Stress – und negativ für die Kreativität – sind auch bestimmte Verhaltensmuster. Sie fördern einerseits Stress und andererseits rutscht man unter Stress leicht in sie hinein. Diese Verhaltensmuster, in der psychologischen Schule der Transaktionsanalyse als „Antreiber" bezeichnet – sind sehr verbreitet und auch kulturell bei uns verankert. Sie werden bezeichnet als:

- Sei perfekt!
- Mach's recht!
- Beeil' Dich!
- Streng' Dich an!
- Sei stark!

Rutscht man in eines dieser „vorgefertigten" Verhaltensmuster, so verspürt man z. B. den Zwang, perfekt sein zu müssen oder es anderen immer recht machen zu müssen – oder andernfalls als Mensch nicht in Ordnung zu sein. Dass diese Verhaltensmuster nicht die Kreativität fördern, liegt auf der Hand: Perfektionismus verhindert das Äußern, Skizzieren oder Weiterspinnen unausgegorener, nicht perfekter Ideen. Möchte man es anderen ständig recht machen, so hält dies davon ab, kritische Punkte oder „verrückte" Ideen zu äußern oder abweichendes Verhalten zu zeigen. Der Zwang, sich ständig zu beeilen, sich keine Zeit zum Verweilen zu nehmen, verhindert die für Kreativität wichtige Entspannung und das ungezielte Gedanken schweifen lassen. Ist das Muster „Streng' Dich an!" aktiv, so meint man, dass Arbeit immer anstrengend sein müsse, nicht von Spaß geprägt oder spielerisch sein könne oder dürfe; ebenfalls kontraproduktiv für die Kreativität. Der Druck, selbst immerzu stark sein zu müssen, kann hingegen beispielsweise dazu führen, zu meinen, alle Probleme selbst lösen zu müssen. Dies hält davon ab, von den Ideen und Unterstützungsmöglichkeiten anderer Menschen zu profitieren.

„Die Bedeutung des Entspannt seins für geistige Prozesse wird völlig verkannt, und unser modernes Leben mit hohem Leistungs- und damit Zeitdruck führt uns genau in die falsche Richtung." (Mehlhorn, 2010, S. 293ff)

„Kreativ zu sein heißt, Neues zu schaffen, das möglichst originell sein soll, sich also deutlich vom Bestehenden entfernt. Diese Abweichung von der Norm, von den Standards des Gewohnten erfordert Mut und noch mal Mut." (Mehlhorn, 2010, S. 293 ff). Aus diesem Grunde ist die Überanpassung an andere Menschen oder an Organisationen ein großer Kreavititätsverhinderer. Denn überangepasstes Verhalten verhindert, etwas anders zu machen, die Grenzen des Gewohnten und sicher sozial Akzeptierten zu verlassen. Gerade unter Stress geraten Menschen aber leichter in eine Überanpassung.

Oft ist man selbst sein größter Kritiker und sorgt damit selbst – zum Teil von außen betrachtet „unnötig" – dafür, dass man sich überanpasst. Gesellschaftliche Normen, kritische innere Stimmen etc. führen dazu, sich Schranken im Kopf zu setzen. Oft schränkt man seine Kreativität auch dadurch ein, dass man glaubt, selbst nicht kreativ zu sein und indem man seinen Ideenreichtum von vornherein begrenzt. In solchen Fällen sollte man dafür sorgen, dass es einem gut geht und dann ganz „nüchtern" seine kritischen Stimmen hinterfragen.

3.1.3 Wie kann Kreativität gefördert werden?

Möchte man Kreativität fördern, so ist darauf zu achten, dass Stress, Angst und Überanpassung sie nicht zunichtemachen.

Checkliste: Kreativität durch einen guten Umgang mit Stress fördern

- Merkmale von Stress bei sich selbst und anderen erkennen,
- negativen Stress vermeiden,
- das Vorkommen von Stress als etwas natürliches akzeptieren,
- „stressige" bzw. hinderliche Verhaltensmuster erkennen,
- überprüfen und dafür sorgen, dass es einem gut geht, man selbst entspannt und bewusst im Hier und Jetzt ist und entscheidet,
- Reflektion anregen,

- sich selbst Zeit und Raum geben: Pausen machen, Auszeiten einplanen, Zeiten für Sport reservieren,
- sich nicht zu sehr vom Urteil anderer abhängig machen,
- sich auf das Hier und Jetzt konzentrieren und sich nicht zu viele Sorgen über das machen, was vielleicht morgen geschehen könnte,
- Grundbedürfnisse beachten und allen Lebensbereichen Bedeutung zumessen, nicht ausschließlich der Arbeit.

Möchte man die Kreativität anderer fördern, so muss man immer erst einmal dafür sorgen, dass es einem selbst gut geht! Dazu leistet die Checkliste einen Beitrag.

Die Investition in die Kreativität lohnt sich und tut gut. Denn wenn es einem gut geht, entstehen kreative Ideen oft wie aus dem „Nichts". Wenn man entspannt ist und einen „vorbereiteten Geist" hat, kommt oft urplötzlich der Geistesblitz und die Lösung für ein Problem, das einen schon seit Tagen beschäftigt hat, ist da. Aber dies ist nur dann möglich, wenn wir uns selbst aktiv um unsere Entspannung und entsprechende Freiräume kümmern.

„Ein kreatives Arbeitsklima hält gesund" http://idw-online.de/de/news501818

Ein kreatives Umfeld gestalten

Wie Owens (Owens, 2012, S. 76 ff) aufführt, kann auch die Umgebung Innovationen erschweren, da die Arbeitsumgebung Gruppenprozesse und Gefühle beeinflusst, wenn

- Räume genutzt werden, die Interaktion erschweren oder verhindern,
- wenn Medien mit eingeschränkten Funktionen zur Kommunikation genutzt werden,
- wenn Erkenntnisse nicht geteilt oder dokumentiert werden.

Die Gestaltung des Umfelds hat vor allem Auswirkungen auf unsere Kreativität. Ob das eigene Umfeld kreativitätsfördernd wirkt, ist vor allem auch eine Frage der Organisationskultur. Weiter unten wird unter dem Thema „Innovationskultur" noch weiter darauf eingegangen. Eine gute Innovationskultur ist „zwangsläufig" auch eine kreativitätsfördernde Kultur.

Das Umfeld meint aber auch die Ebene der Räume und virtuellen Umgebungen. Wie können Sie Ihre Umgebung so gestalten, dass sie Ihre Kreativität fördert und nicht einschränkt. Welche Gestaltungsmöglichkeiten haben Sie hinsichtlich Ihres Umfelds? Wie können Sie sich ein geeignetes Umfeld kreieren, um kreativ sein zu können?

Die bewusste Gestaltung des Arbeitsumfelds hinsichtlich der

- Räume,
- Farben,
- Geräusche,
- Einrichtung

gehört dazu. So gibt es beispielsweise Untersuchungen, dass blaue Farbe Kreativität fördert, während rote Farbe detailorientiertes Arbeiten begünstigt. Auch sind offene Räume mit hohen Decken eher kreativitätsfördernd.

In alten Strukturen und Räumen auf neue Ideen zu kommen ist mitunter schwierig. Da Unternehmen dies zunehmend erkennen, schlagen manche auch ungewöhnliche Wege ein, um Kreativität zu ermöglichen, beispielsweise durch die Einrichtung spezieller Kreativitätsräume (vgl. Eppler et al, 2014, S. 61).

„Kreativität baut auf Wissen, Erfahrungen und Verständnis – sei der Zugang bewusst oder unbewusst." (These 3 der Thesen der Gesellschaft für Kreativität e.V.: Mehlhorn, 2010, S. 293ff)

Die Gestaltung von Räumen für Kreativität ist eine Maßnahme, um die Innovationsbarrieren „Status-quo-Falle" und „funktionale Fixiertheit" zu reduzieren (vgl. Eppler et al, 2014, S. 61 ff).

Hürden, die durch das Umfeld entstehen, können überwunden werden:

- Der Arbeitsbereich der Gruppe wird neu gestaltet. Ziel dabei sollte es sein, dass das Umfeld das Verhalten, das für die jeweilige Phase des Innovationsprozesses notwendig ist, unterstützt. Zu manchen Zeiten arbeiten die Teammitglieder zum Beispiel hauptsächlich alleine, zu anderen eher zusammen.
- Das Umfeld sollte verschiedene Möglichkeiten, sich auszudrücken, unterstützen.
- Die Umgebung kann sich dabei auch auf eine Online-Umgebung beziehen. Gerade bei Arbeiten über verteilte Standorte ist es hilfreich, die Umgebung auch hinsichtlich der Förderung von Kreativität und anderer Aspekte, die für bestimmte Phasen des Innovationsprozesses wichtig sind, zu gestalten. Auch eine Online-Umgebung sollte unter diesen Gesichtspunkten ausgewählt und konfiguriert werden. Eine Online-Umgebung kann beispielsweise auch eine automatische Dokumentation beinhalten und dadurch Teammitglieder von dieser zeitraubenden Aufgabe freihalten (vgl. Owens, 2012, S. 79 ff).

Manche Unternehmen wie Google haben die Gestaltung ihrer gesamten Räumlichkeiten danach ausgerichtet, dass sie viele Möglichkeiten für informellen Austausch und Zusammenarbeit schaffen (vgl. Eppler et al, 2014, S. 62 ff). Wenn man nicht gleich alles verändern möchte oder kann und dennoch Kreativität fördern möchte, so lässt sich mit der Einrichtung eines speziellen Kreativraums beginnen. „Oft reicht es für den Anfang schon, etwas Farbe, Stehtische und genügend Stifte in einem Raum oder auch nur in einer Ecke zur Verfügung zu stellen.“ (Eppler et al, 2014, S. 68).

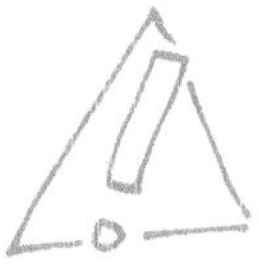

Es lassen sich drei verschiedene Varianten von Kreativräumen unterscheiden:

- Als ungezwungene Zwischenräume für Pausengespräche und die so wichtigen zufälligen Kreativbegegnungen.
- Als großflächige Kreativzonen oder „Labouring Lounges“, große Hallen, in denen alleine oder in kleinen Gruppen gearbeitet werden kann. Sie fördern neue Kontakte und Zufallsbegegnungen.
- Als Kreativ-Sitzungsräume, in denen die eigentlichen Kreativ-Sessions fokussiert und konzentriert stattfinden (vgl. Eppler et al, 2014, S. 68).

Einfache Mittel können mitunter schon kleine Wunder bewirken. Auf fünf „Kreativraumspickzetteln“ geben Eppler et al Anleitungen für das Einrichten von Kreativräumen, mit zum Teil nur geringem Aufwand, vom Ad-hoc-Kreativraum, der weniger als 50 EUR für die Einrichtung kostet, über den Kreativraum Marke Eigenbau, die Kreativlounge, das Kreativlabor bis hin zur kompletten Kreativarchitektur, die mehrere 10.000 EUR kosten und viele Monate für die Einrichtung brauchen würde (vgl. Eppler et al, 2014, S. 70 ff).

Werden solche Räumlichkeiten eingerichtet, so ist es wichtig, dass die Organisationskultur überhaupt so ist, dass man sich traut diese zu nutzen, und dass Führungskräfte als Vorbilder vorangehen und sie selbst nutzen.

Selbsttest: Umfeldgestaltung für Kreativität

- Inwiefern haben Sie in Ihrer Bibliothek die Möglichkeit, Ihren Arbeitsplatz – zumindest vorübergehend – zu verlagern, um sich ein gutes Ambiente für kreative Aufgaben zu suchen?
- Haben Sie die Möglichkeit, Ihre Bibliothek während Ihrer Arbeitszeit zu verlassen, um sich außerhalb eine Arbeitsumgebung zu suchen, die Ihre Kreativität anregt?
- Gibt es in Ihrer Bibliothek speziell eingerichtete Räumlichkeiten, die die Kreativität anregen sollen?
- Wie könnten Sie – vielleicht zunächst im Kleinen – solche Räumlichkeiten einrichten?

Falls die Einrichtung kreativitätsförderlicher Räumlichkeiten innerhalb Ihrer Bibliothek derzeit nicht möglich ist, so gibt es möglicherweise eine Option, einen Ort außerhalb Ihrer Bibliothek aufzusuchen, der Ihre Kreativität beflügelt. Wie wäre es damit, mal einen Tag in einem Co-Working-Space oder einem Makerspace zu arbeiten, in einem anderen Umfeld mit ganz anderen Menschen um sich herum? Es gibt beispielsweise Untersuchungen, dass Coffee Shops die Kreativität fördern. Nicht der Kaffee (allein), sondern das ganze Ambiente, vor allem die Hintergrundgeräusche, sind es, was die Kreativität fördert.

Dies deckt sich mit wissenschaftlichen Untersuchungen, denen zufolge moderate Hintergrundgeräusche die Kreativität anregen. Die richtigen Hintergrundgeräusche für bestimmte Aufgaben auszuwählen, kann sehr hilfreich sein: Ruhe hilft zwar zu fokussieren und detailorientierte Aufgaben zu lösen (beispielsweise etwas Korrektur zu lesen). Aber: extreme Ruhe und das Fokussieren halten vom abstrakten Denken ab, das für Kreativität erforderlich ist. Zu viel Ruhe ist somit nicht gut für Kreativität, kreatives Problemlösen und außerhalb der Box-Denken. Moderate Geräusche lenken so weit ab, dass man eher breiter und damit kreativer denkt. Es muss also immer ein individuelles, die Kreativität oder andere gerade erforderliche Arbeitsweisen förderliches Umfeld geschaffen werden. Entsprechend ist es wichtig, die Aufmerksamkeit immer wieder darauf zu richten, was für einen selbst bzw. die Gruppe förderlich und was hinderlich ist.

Checkliste: Kreativität fördernde Arbeitsumgebung

- Eine andere, anregende Wandfarbe, beispielsweise Blau,
- anregende Gegenstände, etwa solche, die im weitesten Sinne einen Bezug zum Innovationsthema haben,
- anderen Arbeitsplatz als sonst nutzen,
- außerhalb der Bibliothek einen anregenden Ort aufsuchen, etwa einen
  - Coffee Shop,
  - Co-Working-Space,
  - Makerspace,
  - einen Ort mit vielen anregenden Gegenständen oder einfach ein ganz ungewohntes Ambiente,
  - einen Ort mit Aussicht in die Landschaft, optimal: auf Wasser oder Grün,
  - für eine anregende Geräuschkulisse sorgen. Dies lässt sich auch am Schreibtisch einrichten, wenn Online-Dienste wie Coffitivity oder Noisli genutzt werden, um sich dort die Hintergrundgeräusche eines Coffee Shops oder Wasserplätschern zu verschaffen: http://coffitivity.com/, http://www.noisli.com/

Auch bei der Gestaltung des kreativen Prozesses gilt es einiges zu beachten. Über den Einsatz von Kreativitätstechniken hinaus, die weiter unten Thema sind, kann überlegt werden, wie der Prozess gestaltet werden kann, so dass er die Kreativität fördert und nicht einschränkt.

Checkliste: Tipps für kreativitätsfördernde Prozesse

- Pausen machen.
- Laufen, drinnen oder draußen gleichermaßen, verbessert die Kreativität. Wie wäre es mit einem „Lauf-Meeting"?
- Bewusst einen anderen bzw. neuen Weg gehen.
- Die eigene Wahrnehmung und Datenbasis erweitern (z. B. mehr Informationen und andere Perspektiven einbeziehen). Beobachten, was um einen herum geschieht. Verbindungen ziehen zu Innovationsthemen und -problemen.

- Fragen stellen, zusehen, lernen, ausprobieren. Beobachtungen bzw. Lösungen aus anderen Branchen übertragen.
- Die eigene Definition von Themen bzw. Problemen überprüfen. Wurde hier richtig formuliert?
- Ideen mit verschiedenen Methoden und Sinneskanälen erforschen und auch kommunizieren, z. B. Ideen aufschreiben oder visuell festhalten.
- In Bildern denken. Probleme und Ideen visualisieren.
- Den Kopf leeren durch Spaziergang in der Natur.

Wenn man Kreativität fördern möchte, auch bei anderen, ist es gut, bei sich selbst anzufangen. Gut ist es, Kreativität in den Alltag zu integrieren, indem man sich z. B. immer wieder Zeit gibt, um die Gedanken schweifen zu lassen, und andererseits auch täglich für sich alleine Hilfsmittel benutzt und mit sich führt, die einen regelmäßig daran erinnern und sich zum Festhalten von Ideen und Gedanken eignen.

So wird Kreativität alltäglich
- Immer ein Notizbuch für Ideen und interessante Gedanken mit sich führen.
- Einen Kreativitätsblock einsetzen. Dieses einfache Hilfsmittel ist auf der Basis kreativer Prinzipien konzipiert und für schnelle individuelle Kreativsitzungen. Er besteht aus sechs nacheinander zu beantwortenden Fragen:
  1) Wie lautet die Fragestellung, an der Sie arbeiten möchten?
  2) Woran würde man erkennen, dass Sie Ihr Ziel erreicht haben?
  3) Wie können Sie sicherstellen, dass Ihr Ziel garantiert nicht erreicht wird?
  4) ... und was wäre der positive Umkehrschluss aus diesen Punkten?
  5) Wie haben andere Ihr Ziel erreicht? Denken Sie an die Bionik, andere Industrien, Kunst, usw.
  6) Wer sollte von diesen Ideen hören und sie weiterentwickeln?
     Die genaue Vorgehensweise und eine Vorlage für den Block liefern Eppler et al. (vgl. Eppler et al, 2014, S. 81 ff).
- Einen Ideenmarathon durchführen: Nehmen Sie sich pro Tag fünf Minuten Zeit, um mittels Notizbuch und Stift Ideen zu generieren. Entwickeln Sie mindestens eine Idee pro Tag und halten Sie sie fest. Sie werden feststellen, dass Ihnen dies mit der Zeit immer schneller gelingen wird (vgl. Eppler et al, 2014, S. 155 ff).

So trainieren Sie Ihre Kreativität und sie wird zu einer guten Gewohnheit. Ist Ihre Kreativität mal stecken geblieben oder möchten Sie sie im Alltag fördern, können auch Kreativitätsapps Sie unterstützen.

Den Kreativprozess bewusst gestalten und Kreativitätstechniken einsetzen
Der Kreativprozess sollte bewusst geplant und vorbereitet werden. Ein Augenmerk ist darauf zu richten, wann alleine und wann in Gruppen gearbeitet wird. Welches von beiden eher die Kreativität fördert, ist noch nicht abschließend geklärt. Das Arbeiten in der Gruppe kann sowohl Kreativität fördern, etwa weil auf eine größerer Wissensbasis zurückgegriffen wird. Andererseits kann es die Kreativität mindern, weil einzelne Personen die Gruppe dominieren könnten oder wirklich innovative Ansätze durch den Gruppendruck verhindert werden. „Die Erfahrung hat gezeigt, dass das Alternieren von Einzel- und Gruppenarbeit gute Resultate liefert." (Scherer, 2007, S. 18). Wird beides miteinander abgewechselt, kann von den Vorteilen der Einzel- und der Gruppenarbeit profitiert werden.

Ein Grund dafür, dass durch den Innovationsprozess Hürden entstehen können, besteht darin, dass sich viele Personen gar keine Gedanken über ihn machen. Es wird einfach irgendwie losgelegt und nicht überprüft, ob das Vorgehen überhaupt sinnvoll gewählt ist und ob es akzeptiert wird. Menschen neigen dann dazu, so vorzugehen, wie sie es automatisch tun würden, was für Innovationen oft abträglich ist. Zumal unterschiedliche Personen automatisch zu einem unterschiedlichen Vorgehen tendieren und dadurch Konflikte entstehen können. Auch wenn ein formales Vorgehen ausgewählt wird, muss man sich darüber Gedanken machen, inwiefern es mit Hindernissen verbunden sein könnte. Unterbleibt eine Reflektion negativer Seiten bzw. der Eignung eines Innovationsprozesses für die eigenen Zwecke, kann dies Innovationen behindern (Owens, 2012, S. 82).

„Manche Teilnehmer erwarten auch sehnsüchtig ein Scheitern der Gruppe oder Technik.“ (Witten et al, 2007, S. 126 f)

Vielfältige Kreativitätstechniken spornen die Kreativität an. Eine Vielzahl ist beispielsweise aufgeführt unter: http://www.ideenfindung.de/Übersicht-Liste-Kreativitaetstechniken-Ideenfindung.html Um einen Überblick zu gewinnen, ist es sinnvoll, sie in verschiedene Kategorien zu untergliedern, etwa einerseits in systematisch-analytische und andererseits intuitiv-kreative Methoden oder in

- Techniken der freien Assoziation (z. B. Brainstorming, Brainwriting oder Mindmapping),
- Techniken der strukturierten Assoziation (z. B. 6-Hüte-Methode, Walt-Disney-Methode),
- Kombinationstechniken (z. B. morphologische Methoden),
- Konfrontationstechniken (z. B. Reizwortanalyse),
- Imaginationstechniken, die die bildhafte Vorstellung nutzen (vgl. Winckler-Ruß, 2010, S. 329 ff).

Für die Entscheidung darüber, welche im konkreten Fall geeignet ist, ist es vor allem wichtig, zu schauen, in welcher Phase des Innovationsprozesses man sich befindet. Einen Wegweiser für die Auswahl der passenden Kreativitätstechnik enthält beispielsweise Winckler-Ruß (vgl. Winckler-Ruß, 2010, S. 331 ff).

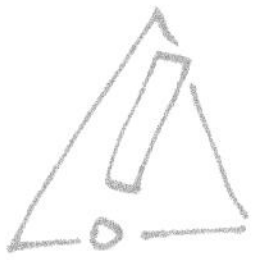

Bei der Anwendung von Kreativitätstechniken lauern vielfältige Fehlerquellen, die Sie vermeiden sollten:

- Die Fragestellung bzw. das Problem wird ungenügend dargestellt oder der Bezug zur Gruppe ist unklar, so dass diese nicht motiviert ist.
- Das Ziel ist unklar oder es fehlen Hintergrundinformationen.
- Die Moderatorin oder der Moderator ist ungenügend vorbereitet oder ausgebildet. Die Methodenunsicherheit kann sich dann auf die Gruppe übertragen.
- Ein paarweiser Dialog zwischen einzelnen Teilnehmenden und der Moderatorin bzw. dem Moderator entsteht; andere Teilnehmende können sich nicht beteiligen oder fühlen sich überflüssig.
- In der Phase der Ideensammlung findet eine vertiefte Fachdiskussion statt, die hier nichts zu suchen hat.
- „Experten“ in einer Gruppe geben die Suchrichtung vor, andere Teilnehmende orientieren sich an deren Äußerungen.
- Erläuterungen fehlen und zu wenige, knappe Wörter zu den Ideen werden gegeben. Aus den einzelnen Schlagworten werden dann keine konkreten Inhalte sichtbar (vgl. Witten, Mathes, Mencke; 2007, S. 127 f).

Auch unklare Rollen innerhalb der Gruppe oder des Moderators können die Anwendung von Kreativitätstechniken und den Kreativprozess behindern.

Emotionale Barrieren der Kreativität können überwunden werden durch:
- Unterstützung der psychologischen Sicherheit, etwa durch die Verwendung von Brainstorming- bzw. Kreativitätsregeln.
- Eine Unterdrückung des individuellen „Besitzes“ von Ideen. Bei Kritik an einer Idee fühlt sich dann nicht die Person kritisiert und demotiviert. Verschiedene Strategien lassen sich dafür einsetzen, u. a. dass jede Person sehr viele Ideen produzieren soll. Dann hängt man nicht so sehr an einer einzelnen Idee. Weitere Möglichkeiten sind, dass Teilnehmende schon vor dem eigentlichen Treffen Ideen generieren sollen oder dass alle Ideen an eine Wand gepinnt und nicht von der jeweiligen Person vorgestellt werden, die sie hervorgebracht hat.
- Konstruktive Lösung von Konflikten. Dies können Prozesskonflikte, Aufgabenkonflikte oder Beziehungskonflikte sein.
- Ein Feiern des Scheiterns. Auch: Keinen Druck aufbauen. Etwa indem das Ziel der Arbeit der Gruppe nicht genannt wird als „die richtige Lösung finden“, sondern „Hypothesen suchen und testen, um ein gegebenes Problem zu lösen“ (vgl. Owens, 2012, S. 65 ff).

“Rapid progress is not achieved by getting from the start of the project to the finish as quickly as possible. Rather it comes from the group’s ability to know how and when to move back and forth between these mutually reinforcing modes, as the project requires.” (Owens, 2012, S. 75)

Kulturelle Barrieren im Kreativprozess lassen sich überwinden durch
- gemischte Gruppenzugehörigkeit,
- das explizite Einlegen zunächst einer „Entdeckungsphase“, fürs Entdecken, Ausprobieren, Lernen, Herumspinnen. Erst anschließend in der „Produktionsphase“ effizient sein,
- das Bevorzugen neuer Problemlösungstechniken gegenüber Traditionen und Tabus,
- indem eine Person aus einem anderen Arbeitsgebiet gebeten wird, an einem Teammeeting teilzunehmen und seine oder ihre Beobachtungen nachher mitzuteilen (vgl. Owens, 2012, S. 73 ff).

3.2 Innovationskultur entwickeln

Ist eine Organisationskultur eine Innovationskultur, fördert sie das Wollen, Dürfen und Können und begünstigt damit die Umsetzung von Innovationen. Sie lässt einerseits Freiräume, fördert Kreativität und plant mit der Möglichkeit des Scheiterns – und ist andererseits wachsam für Überanpassung und Untätigkeit.

Ein einfacher Test der Innovationskultur sieht so aus: Eine interne Innovationsveranstaltung findet statt. Dazu wurden alle in der Bibliothek eingeladen. Schauen Sie sich nun an: Wie viele Personen nehmen teil und welche Art von Personen sind dies? Je größer und diverser der Personenkreis hinsichtlich der Bereiche der Bibliothek und des Hierarchielevels zusammengesetzt ist, desto besser steht es um die Innovationskultur bestellt. Sind es hingegen nur die „üblichen Verdächtigen“, von denen erwartet wird, dass sie zu einem Innovationsevent erscheinen, ... nun ja. Wenn Sie gerade keine entsprechende Veranstaltung planen, so könnten Sie sie sich dennoch vor Ihrem inneren Auge vorstellen... Wie würde das Ergebnis bei Ihnen aussehen? (vgl. Lindegaard, 2010, S. 85).

„Der viel gewichtigere Grund, warum sich große Unternehmen auf die unverschämten Forderungen einer kleinen Generation einlassen sollten, ist, dass innovative Ergebnisse sich nicht länger von innovativer Arbeit abkoppeln lassen. Erst wenn aus Veränderungsdruck Innovationslust wird, kann der Wandel der Arbeitswelt nachhaltig gelingen. Unternehmen müssen anfangen, ein Klima zu schaffen, in dem das Neue nicht länger als Bedrohung gilt.“ (Dark Horse Innovation, 2014, S. 201)

Um die Organisationskultur in Ihrer Bibliothek zu identifizieren, eignen sich einige Kultur-Killerfragen, wie die folgenden:
- „Sie haben gerade ein umfassendes Buch über die Firma geschrieben. Welche Geheimnisse enthüllt es?“
- „Welche zeitraubenden Tätigkeiten hassen wir oder finden wir ärgerlich?“

- „Wenn es einen Exorzismus für unsere Unternehmenskultur gäbe, welche drei „bösen“ Gewohnheiten sollten dann ausgelöscht werden?“
- „Was würden wir gern auf der Arbeit tun, das wir derzeit nicht können? Was würde passieren, wenn wir es täten?“ (Bodell 2013, S. 62 f).

Zur Identifikation von Verbesserungspotentialen der Organisationskultur in Bezug auf Innovationen bietet sich die Übung, „Killerfragen“ an (vgl. Bodell, 2013, S. 171 ff).

Fünf weit verbreitete Kulturkiller für Innovationen sind:
1. Handeln ist nur nach vorheriger Genehmigung erlaubt: Wenn es zahlreiche Genehmigungen braucht, um etwas umzusetzen, bremst dies die Geschwindigkeit der Innovation und die Motivation von Mitarbeiterinnen und Mitarbeitern aus.
2. Vorgesetzte konzentrieren sich auf Prozessabläufe statt auf ihre Mitarbeiterinnen und Mitarbeiter.
3. Meetings werden überbewertet: Wenn es für jede Entscheidung oder Handlung ein Meeting erfordert, wird es ineffizient. Zudem wird meist zu viel Zeit in Meetings verbracht.
4. Es fehlen wichtige Ziele sowie eine klare und bedeutsame Vision, die nicht nur von Businessjargon strotzt.
5. Führungskräfte spielen Richter und bremsen Mitarbeiterinnen und Mitarbeiter (vgl. Bodell 2013, S. 49).

Positiv für Innovationen sind hingegen bestimmte Verhaltensweisen, die die Kultur innovativer Organisationen prägen:
1. „Auf die Zukunft konzentrieren;
2. den Status quo infrage stellen;
3. intelligente Risiken erkennen und eingehen;
4. aktive Zusammenarbeit;
5. beständiges Lernen.“ (Bodell 2013, S. 127).

Dass es mit der Innovationskultur in vielen Organisationen noch nicht weit her ist, zeigt der Altana-Innovationsindex 2014 bezogen auf die Industrie (http://www.altana.de/presse-news/presse-news.html?no_cache=1&newsID=2824). Mit Ausnahme eines Faktors wurde bei allen dort abgefragten Aspekten einer Innovationskultur deren Relevanz um ein Vielfaches von Managern höher eingestuft als die erfolgte Umsetzung im Unternehmen. Als besonders relevant wurden benannt:
- Die Förderung von Austausch, auch über Abteilungsgrenzen hinweg.
- Die Förderung von Kreativität.
- Freiräume für Innovationen.
- Akzeptanz von unkonventionellem Denken und Handeln.
- Konstruktiver Umgang mit Fehlern bzw. Rückschlägen.

Eine lebendige Organisationskultur lässt sich auch daran erkennen, dass neue Ideen nicht als Gefahr angesehen werden, sondern als notwendig für die Zukunftsfähigkeit, und dass konstruktive Kritik an der Organisation gewünscht ist (vgl. Witten, Mathes, Mencke; 2007, S. 118 f).

Allerdings lässt sich eine Innovationskultur nicht einfach verordnen, sondern nur durch viele, oft kleine Maßnahmen und das tägliche Miteinander gestalten: „Das Wesen von Kultur ist offenbar für viele Menschen nicht klar. Kultur ist nicht direkt beeinflussbar. Kultur ist immer ein Ergebnis von etwas. Genauer gesagt Ergebnis von menschlichem Handeln. Nichts anderes als die Summe von wiederkehrenden, sich stetig ändernden Handlungsmustern. Kultur ist etwas wie ein Schatten." (Pfläging, 2009, Seite 88).

3.2.1 Scheitern als Chance fürs Lernen nutzen

Scheitern ist normal und gehört unweigerlich zum Lernprozess dazu, egal, ob man gerade laufen lernt und dabei hinfällt, schwimmen, reiten oder schreiben lernt – oder ob man damit beschäftigt ist, ein neues Produkt zu entwickeln und Hürden auftreten. Scheitern ist keinesfalls ein Anzeichen für Erfolglosigkeit. Wenn wir gut mit ihm umgehen, kann das Scheitern von heute Morgen schon ein voller Erfolg sein.

Dafür ist wichtig: Von sich selbst keine Perfektion erwarten und selbstbewusst und ruhig mit Fehlern und Scheitern umgehen. Auch eine auf Perfektion und wider das Scheitern ausgerichtete Organisationskultur ist hinderlich. Insbesondere da Menschen, die in die „Perfektionismusfalle" geraten, ihre Handlungsunfähigkeit verlieren. Eine Bestrafung von Scheitern oder eine Wertung als persönlicher Misserfolg wäre kontraproduktiv, da sie hinderliche Ängste wecken und Motivation für Innovationen im Keim ersticken würde. Förderlich ist es hingegen, das Scheitern zu reflektieren und offen darüber zu reden. Nur so können daraus wichtige Lernerfahrungen gewonnen werden.

Checkliste: Umgang mit (möglichem) Scheitern

- Feedback und Fehlertoleranz: offene und faire Feedback-Kultur, die es ermöglicht, sich positiv weiterzuentwickeln.
- Sich mit Worst-case Szenarien auf ein mögliches Scheitern vorbereiten (vgl. Li, 2010, S. 231).
- Projekte abzubrechen ist eine wichtige Aufgabe und kann viel Geld und Ressourcen sparen für erfolgsversprechende Projekte, insbesondere, wenn es früh geschieht.
- Scheitern als Lernchance feiern.
- Analysieren, aus welchen Gründen ein Projekt gescheitert ist (Li, 2010, S. 231).

„Und wir alle müssen lernen, die Offenheit der Zukunft auszuhalten. Aushalten der Offenheit ist aber nicht nur eine Zumutung, sondern bringt uns Vorteile." (Sprenger, 2000, S. 160)

Ideen, Tools und weitere Ressourcen rund um das Lernen aus dem Scheitern enthält „Fail forward" (http://failforward.org/resources/) auf Englisch.

In Zusammenhang mit dem Scheitern ist auch der Umgang mit Unsicherheit und Komplexität zu sehen. Vielen Menschen fällt es schwer, Unsicherheit auszuhalten und mit Komplexität umzugehen. Für transparente Informationen zu sorgen ist hier ein Schlüssel zum Erfolg.

3.2.2 Transparente Information und interne Vernetzung statt Arbeiten in Silos

Vernetzung der Akteure – und dies sollten alle Mitarbeiterinnen und Mitarbeiter sein – und Offenheit bzw. Transparenz sind heutzutage unabdingbar, um Innovationen zu fördern. Das Web 2.0 fördert Transparenz. Kommunikation, die bemüht ist, Dinge zu verdunkeln, kann auch deshalb nicht erfolgreich sein, weil sich Informationen heutzutage sowieso viel schneller und weiter verbreiten lassen. Und sie hemmt Motivation und Weiterentwicklungschancen.

Alle Mitarbeiterinnen und Mitarbeiter sollten daher Zugang zu allen Informationen und Kennzahlen haben. Wenn Mitarbeiterinnen und Mitarbeiter nicht jederzeit einen Einblick bekommen können, wie sich die Nutzung der Angebote oder die Finanzen entwickeln, können sie eventuelle Probleme nicht kennen – und entsprechend auch keine Lösungen dafür entwickeln. Allerdings mangelt es in vielen Organisationen an dem erforderlichen Vertrauen in die Mitarbeiterinnen und Mitarbeiter. Aber welches Interesse sollten diese haben, Betriebsinterna auszuplaudern? Und: Wiegen die dadurch entgangenen Chancen nicht viel schwerer als eventuelle Risiken?

Eine starke Innovationskultur ist immer auch eine starke Networking-Kultur. Um Innovationen umzusetzen, schnell agieren und reagieren zu können, ist es wichtig, dass die Personen in der Lage sind, sowohl intern als auch extern Beziehungen zu knüpfen und am Leben zu erhalten. Allerdings wird diesem Bereich von Führungskräften oft nicht die Bedeutung zugemessen, die er haben sollte (vgl. Lindegaard, 2010, S. 65).

Um wirklich innovativ sein zu können, ist es wichtig, dass sich die eigenen Mitarbeiterinnen und Mitarbeiter gut untereinander vernetzen. Dies kann aktiv gefördert werden, indem z. B. geeignete Plattformen und Veranstaltungen angeboten werden. Nur wenn (verborgenes) Wissen, Erfahrungen und Ideen sichtbar gemacht werden und ein regelmäßiger Austausch über laufende Projekte geschieht, ist es möglich, Innovationspotentiale zu identifizieren und zu nutzen, Experten zu finden und Wissen zu teilen.

Zum Aufbau einer starken Networking-Kultur ist es nicht nur notwendig, dass Networking toleriert wird, sondern dass es aktiv gefördert wird, indem sein Wert beispielsweise betont wird und Führungskräfte mit gutem Beispiel vorangehen. Mitarbeiterinnen und Mitarbeitern sollten die Zeit, das Training und die Mittel an die Hand gegeben werden, die sie für gutes Networking benötigen. Außerdem ist es wichtig, zufällige Begegnungen von Mitarbeiterinnen und Mitarbeitern zu fördern, da diese Innovationen einen neuen Schub geben können. Innerhalb der Organisation eingesetzte Social Networks, auch bezeichnet als Enterprise Social Networks oder Social Intranets, können dabei unterstützen, aber nur, wenn sich die Organisation durch eine geeignete Innovationskultur auszeichnet. Im Zentrum geht es immer um die Menschen und ihr Verhalten.

"Companies need to think about creating innovative ways to make these connections possible. Don't force it, just create an environment inside and outside the company to facilitate the possibility."
(Fidelman, 2013, S. 164)

Viele Entwicklungs- und Beratungsorganisationen lassen sich als Vorbilder für interne Networking-Kulturen nehmen: Sie haben informelle wöchentliche unternehmensweite Versammlungen ins Leben gerufen, die dazu dienen, Informationen über ihre Projekte, deren Fortschritt und das Vorgehen auszutauschen. So können andere aus dem Unternehmen leicht etwas Wertvolles beitragen, was für das Team hilfreich ist (vgl. Owens, 2012, S. 110).

Dabei ist es auch wichtig, „Plattformen" für weniger angenehme Informationen und kritische Diskussionen zu schaffen und zu pflegen. Denn zu viel Harmonie und Anpassung sind schädlich. Sie können dazu führen, dass für die Zukunftsfähigkeit der Einrichtung wichtige Informationen nicht weitergegeben werden: Niemand möchte der Buhmann sein, der die schlechte Nachricht überbringt. Dass schlechte Nachrichten, Risiken und andere Meinungen ihren Weg ins Innerste der Organisation finden und geäußert werden, ist aber lebenswichtig und eine bedeutsame Ressource für Innovationen.

Unternehmen, die fit für die Zukunft sind, zeichnen sich unter anderem dadurch aus, dass sie

- sich dem Unvermeidlichen stellen und nicht die Augen vor einer beunruhigenden Zukunft verschließen,
- geistige Flexibilität zeigen, indem sie vorgefasste Meinungen auf die Probe stellen, in heterogen besetzte Teams investieren, Debatten und dialektisches Denken ermutigen,

- auf strukturelle Flexibilität setzen, sich beispielsweise nicht unwiderruflich festlegen und in Flexibilität investieren,
- sich auf die „Große Herausforderung" einlassen,
- neue Managementprinzipien verankern (vgl. Hamel, 2013, S. 135 ff).

Entgegen dem verbreiteten Glauben gilt: „Schneller Konsens ist meist ein schlechtes Zeichen für eine Entscheidung. Nur selten ist eine Idee so gut, dass sie nicht verbessert werden kann. Wenn Sie keinen Widerstand spüren oder alle Mitarbeiter mit ihrer Entscheidung einverstanden sind, kann dies unterschiedliche Ursachen haben. Autoritärer Führungsstil oder das Desinteresse ihrer Mitarbeiter am Thema sind nur zwei der vielen Möglichkeiten." (Katzengruber, 2010, Seite 244).

Gut ist es daher, zu demonstrieren, dass jeder jederzeit alles in Frage stellen darf, Entscheidungen, Praktiken, Überzeugungen. „Alles darf von jedem immer hinterfragt werden. Ein schönes Ritual ist es zum Beispiel, die fünf Warum-Fragen zu stellen. Wenn Sie nach dem dritten, vierten oder fünften Warum keine Antwort erhalten, die etwas mit den Sinn des Unternehmens bzw. mit dem Kunden zu tun hat, dann wissen Sie zweifelsfrei, woran sie sind (...)." (Pfläging, 2009, Seite 87). Möglichkeiten, um Zweifel, Blockaden oder Risiken zu äußern können die Einrichtung einer dafür bestimmten E-Mail-Adresse oder eines internen Blogs sein oder indem auf anonymen Post-Its geschrieben wird, was die Mitarbeiterinnen und Mitarbeiter wirklich denken. Zudem könnte am Ende eines jeden Meetings Zeit eingeräumt werden, in der zum Ausdrücken von anderen Meinungen aufgefordert wird (vgl. Owens, 2012, S. 113).

3.3 Können, Wollen, Dürfen fördern

Ohne die „Power von innen" kann kein Unternehmen, keine Bibliothek richtig innovativ werden. Jede Mitarbeiterin und jeder Mitarbeiter sollte daher innovativ tätig sein oder zumindest die Möglichkeit dazu bekommen. „Wollen, Dürfen, Können, Machen" lautet daher der „Klassiker" im Innovationsmanagement. Dies sind die vier Ansatzpunkte des Innovationsmanagements schlechthin zur Gestaltung des Innovationsprozesses und Umfelds für die Förderung von Innovationen:
- Innovationsbereitschaft („Wollen"),
- Innovationsfreiräume („Dürfen"),
- Innovationsfähigkeit („Können"),
- Innovationsmanagement i.e.s. („Machen").

Für das Wollen, also die Innovationsbereitschaft der Mitarbeiterinnen und Mitarbeiter, sind folgende Faktoren zentral:
- Ziele und Strategie der Bibliothek: Stehen Innovationen hier explizit an erster Stelle und wird dies auch so gelebt?
- Innovationsstrategie: Falls es eine Innovationsstrategie gibt, inwiefern werden die Mitarbeiterinnen und Mitarbeiter hier einbezogen?
- Mitarbeiterstruktur: Die Zusammensetzung der Mitarbeiterinnen und Mitarbeiter hinsichtlich beispielsweise Bildungsabschlüssen, Herkunft, Alter oder Werten kann einen Einfluss darauf haben, wie groß die Innovationsbereitschaft ist, die sie selbst mitbringen.
- Organisationskultur: Besitzt die Bibliothek eine Innovationskultur oder ist das Miteinander eher so gestaltet, dass Innovationen dadurch gehemmt werden?

- Wissensmanagement: Sind viele zentrale Informationen innerhalb der Bibliothek frei zugänglich? Herrscht zum Beispiel Transparenz hinsichtlich der Entwicklung der Nutzungszahlen? Sind Informationen über Innovationsprojekte leicht auffindbar? Wird der Wissensfluss gefördert, so dass man leicht von den Erfahrungen und Kompetenzen anderer profitieren kann?
- Motivation: Sind die Kolleginnen und Kollegen, Mitarbeiterinnen und Mitarbeiter motiviert, innovativ tätig zu sein? Die wichtigste Aufgabe von Führungskräften: Aus dem Weg gehen und motivierte Mitarbeiterinnen und Mitarbeiter nicht bei der Generierung, Entwicklung und Umsetzung von Innovationen zu behindern sowie von Führungsseite Innovation vorleben.

Die Bereitschaft für Innovationen lässt sich auch dadurch wecken, dass der „Marktzug" ins Haus geholt wird: Das Wissen über Kundenreaktionen, neue Technologien, Angebote anderer Bibliotheken, neue Services von Unternehmen, die Bibliotheken Konkurrenz machen, neue Endgeräte, neue Apps leicht zugänglich machen und systematisch intern streuen. Es ist wichtig, immer ein Ohr am Markt und am Kunden zu haben, um zu sehen, wie wichtig es ist, innovativ zu sein.

"… employees whose voices are not being heard, or even acknowledged, eventually become demoralized and thus less effective." (Fidelman, 2013, S. 21)

Das „Dürfen" bezeichnet die Innovationsfreiräume, die Mitarbeiterinnen und Mitarbeitern eingeräumt werden bzw. die sie empfinden. Besonders relevant sind in diesem Zusammenhang:

- Organisationsstruktur: Bietet die Organisationsstruktur ausreichend Freiräume, damit Innovationen entstehen können, oder ist sie zu starr und reglementierend? Wie sind die Kommunikations- und Entscheidungswege organisiert und wie werden sie benutzt? Darf für neue Ideen offen um Unterstützung geworben werden? Wenn ja, wie sieht das Vorgehen aus?
- Organisationskultur: Kommen in der Organisationskultur Freiräume zum Ausdruck oder wirkt die Kultur eher einengend? Wird Risikobereitschaft unterstützt oder werden Fehler bestraft? Ist Innovation Aufgabe von allen oder wird sie als alleinige Zuständigkeit mancher Personen betrachtet?
- Zeitliche Freiräume: Haben die Mitarbeiterinnen und Mitarbeiter genügend Zeit bzw. zeitliche Spielräume für Innovationen? Wie einfach oder schwierig wird es empfunden, Zeit für Innovationsaktivitäten frei zu bekommen?
- Psychologische Freiräume: Empfinden die Mitarbeiterinnen und Mitarbeiter, dass sie Freiräume haben? Fühlen sie sich frei, innovative Ideen zu äußern? Oder wird es durch Gründe, die in der Organisationskultur, einzelnen anderen Personen oder in ihnen selbst liegen, schwer gemacht, Ideen zu äußern? Beispielsweise kann es sein, dass eine Person dazu neigt, sich selbst klein zu machen und daher nicht an die eigenen Ideen glaubt.
- Freiräume in Bezug auf Ressourcen: Können unbürokratisch Ressourcen für Innovationsaktivitäten eingesetzt werden? Oder sind schon für den Einsatz von professionellem Moderationsmaterial Hürden zu nehmen? Haben die Mitarbeiterinnen und Mitarbeiter noch nicht einmal die Möglichkeit, alleine über kleine Anschaffungen zu entscheiden, so kann dies generell, und für Innovationen im Besonderen, die Motivation hemmen.

Von allen Faktoren ist die Organisationskultur der größte einzelne Erfolgsfaktor für den Innovationserfolg. Die Organisationskultur hat sowohl auf das Wollen und Dürfen große Auswirkungen als auch in geringerem Maße auf das Können. Denn in einem Klima von Offenheit und Innovation lernt es sich leichter von Kolleginnen und Kollegen, werden Informationen transparenter ausgetauscht etc.

Beim „Können" im Innovationsmanagement geht es darum, die Innovationsfähigkeit zu schaffen oder zu erhalten. Wichtig, damit Mitarbeiterinnen und Mitarbeiter das Gefühl haben, Innovation zu „können", sind Bereiche wie

- Personalentwicklung: Die langfristige Personalentwicklung, die Möglichkeit, die eigene Entwicklung voranzubringen, die spezielle Qualifizierung für bestimmte Innovationsprojekte. Neben Fort- und Weiterbildungen kann dies Training on the job und Learning-by-Doing genauso umfassen wie Coaching, das intern oder extern angeboten werden kann.
- Wissensmanagement: Das Wissen über laufende und abgeschlossene Projekte (auch Lessons learned) systematisch aufbereiten und transparent machen, Wissen über den Markt, über neue Technologien und Trends leicht zugänglich machen.
- Ideenmanagement: Denn oft können Ideen von anderen weiterverwendet oder angereichert werden.
- Organisationsentwicklung: Die Bibliothek als Organisation so weiterentwickeln, dass sie die Innovationsfähigkeit unterstützt.

Als „Machen" wird das Innovationsmanagement im engeren Sinne bezeichnet. Hier geht es also um die Durchführung von Innovationsprojekten und ihre Begleitung im Innovationsprozess. Auch beim Machen können eine Reihe von Stolpersteinen lauern, aber wenn das Wollen, Dürfen, Können erfüllt ist, spricht vieles dafür, dass es eine gesunde Basis für erfolgreiche Innovationen gibt. Gleichwohl können vielfältige Stolpersteine lauern. Zu diesen zählen

- Einsatz ungeeigneter Methoden,
- Zwischenmenschliche Probleme,
- Ungeplante Ressourcenknappheit (z. B. finanzielle Mittel, die doch nicht zur Verfügung stehen, Mitarbeiter, die lange krank sind),
- Tiefgreifende Veränderungen im Markt,
- Andere eintretende Risiken,
- Plötzliche Änderung der Zielvorgaben.

„Die Innovation muss jedermanns Aufgabe sein" (Hamel, 2008, S. 77)

3.3.1 Wie lassen sich Mitarbeiterinnen und Mitarbeiter praktisch einbinden?

Wie und ob die Innovation zur alltäglichen Aufgabe sämtlicher Angehöriger der Bibliothek gemacht wird, hängt mit der vorhandenen Organisationskultur zusammen. Beispiele für Möglichkeiten, die dafür sorgen, dass das Dürfen im Innovationsprozess unterstrichen wird und Mitarbeiterinnen und Mitarbeitern eine Beteiligung an Innovationen erleichtert wird, sind:

- Zeit für kreative Aufgaben einräumen,
- Arbeitsräume einrichten, die zum Austausch anregen. Beispielsweise hat Siemens sogenannte „Apfelecken" eingerichtet, damit auch Nichtraucher eine kurze Pause machen und sich austauschen; siehe auch oben: spezielle Kreativräume,
- Austauschprogramme und Job Rotation,
- Vortragsreihen über Themen, die fachlich entfernt sind, so z. B. Den Austausch zwischen den Abteilungen fördern,
- „Ideenförderer" benennen (oder „Ideencoaches"). Moderatorinnen oder Coaches, die Mitarbeiterinnen und Mitarbeiter dank ihrer Methoden- und Prozesskenntnis unterstützen, Ideen zu finden und umzusetzen,
- So genannte „Ideenpaten" können eine Idee anstelle des Ideengebers präsentieren und als ihr Vertreter auftreten. Somit wird verhindert, dass eventuelle Kritik und Kommentare den Ideengeber und seine Kreativität in Mitleidenschaft ziehen,

„Um von vornherein die Mitarbeiter mit einzubeziehen und so das Innovationsvermögen zu erhöhen und Widerständen vorzubeugen, so sollten Sie entsprechende betriebliche Rahmenbedingungen („Dürfen") schaffen." (Witten, Mathes, Mencke; 2007, S. 118)

- Kreativitätsgruppen einrichten. Diese könnten z. B. die Gestalt von Innovations-/Qualitätszirkeln, Ideenwerkstätten, Querdenkerforen haben,
- Mit regelmäßigen Projektvernissagen u. ä. den Austausch über Innovationsprojekte, Anregungen und Transparenz fördern,
- Interne Barcamps oder World Cafés veranstalten oder andere Großgruppenformate bzw. Unkonferenzen, Open Space-Formate (vgl. Gray et al, 2010, S. 188 f),
- Unkonferenzen online durchführen, z. B. bei Arbeit über verteilte Standorte: https://unhangout.media.mit.edu/
- Interne Ideenwettbewerbe oder Innovationsturniere veranstalten (vgl. Terwiesch/Ulrich, 2009),
- Innovation Jams oder Hackathons durchführen,
- Sogenannte Prognosemärkte nutzen, um von kollektiver Intelligenz zu profitieren.

Wie sieht es mit der Anerkennung aus, wenn Mitarbeiterinnen und Mitarbeiter kreativ sind, ihre Ideen einbringen und Innovationen umsetzen? Sollte eine materielle Belohnung erfolgen?

Der Glaube, dass eine finanzielle oder anderweitige materielle Prämierung von Ideen und innovativem Verhalten Innovationen fördern würde, hält sich hartnäckig und ist ein Fehlschluss. Auch wenn Forschungsergebnisse diese Annahme schon vor langer Zeit widerlegt haben, ist der Glaube an materielle Entlohnung noch weit verbreitet. Er entspringt einem alten Menschenbild aus dem Industriezeitalter, der Theorie X.

„Wenn in Unternehmen die Innovation explizit als Aufgabe aller Mitarbeiter definiert ist, sollte das Ausmaß an zusätzlichem „Lohn" für das Einbringen neuer Ideen nicht zu hoch sein: Neuprodukt-/Dienstleistungsideen sind Bestandteil der Erwartungen an die Aufgabenerfüllung." (Witten, Mathes, Mencke; 2007, S. 166 f)

„Theorie X besagt, dass Menschen prinzipiell faul sind und Arbeit aus dem Weg gehen. Es gibt für sie keine intrinsische Motivation zu arbeiten, deswegen müssen sie extrinsisch motiviert werden, vor allem durch Bezahlung. Doch selbst das alleine reicht nicht aus. Kontrolle, Zwang und die Androhung von Strafen sind die einzigen Mittel, um den Menschen X bei seiner Arbeit zu halten. Natürlich muss er einfache und detaillierte Anweisungen bekommen, denn er ist nicht bereit, irgendeine Form von Verantwortung zu übernehmen." (Katzengruber, 2010, Seite 71 f).

„Theorie Y geht von einer prinzipiellen Leistungsbereitschaft des Menschen aus. Arbeit ist einer der Hauptwege zu Anerkennung und Selbstverwirklichung. Damit ist die Bereitschaft zu arbeiten intrinsisch motiviert. Eigeninitiative, Verantwortung und Selbstständigkeit sind von Mensch Y gewünscht und sollten gefördert werden. Der Mensch identifiziert sich mit seinem Unternehmen und gleicht seine Ziele denen seines Arbeitgebers an." (Katzengruber, 2010, Seite 72).

Liegt ein der Theorie X entsprechendes Menschenbild vor, tötet es innovationsförderliches Verhalten i.d.R. ab (vgl. Pink, 2009). Entsprechend ist auch das betriebliche Vorschlagswesen, wie es meistens praktiziert wird, nicht sinnvoll und hat sich – auch aufgrund seines überbordenden bürokratischen Aufwands – in den meisten Betrieben tot gelaufen.

Zeitgemäß ist vielmehr ein „modernes" Ideenmanagement, bei dem von der Grundannahme ausgegangen wird, dass alle Mitarbeiterinnen und Mitarbeiter Innovatoren sind und Ideen beitragen. Es kommt ohne großen bürokratischen Aufwand aus und setzt seinen Schwerpunkt darauf, sinnvolle Ideen schnell und sinnvoll in der Umsetzung zu fördern. Der Anreiz besteht hier vielmehr darin, die eigenen Ideen weiterzubringen und umgesetzt zu sehen. Die Motivation entsteht aus sich heraus, aus der Freude an der Aufgabe; ist somit intrinsisch bedingt. „Ultimately, the most powerful reward may also be the least expensive: simply to let creative people do creative work. You do this by removing barriers and reducing senseless constraints." (Owens, 2012, S. 244). Die Aufgabe von Führungskräften ist es somit, Hürden aus dem Weg zu räumen, nicht Richter über die Verteilung von Prämien zu spielen.

Dennoch können sie Mitarbeiterinnen und Mitarbeiter eine Anerkennung zukommen lassen. Diese könnte beispielsweise in öffentlichem Lob, Feedback durch die Führungskraft oder der Übertragung interessanter neuer bzw. verantwortungsvollerer Aufgaben bestehen.

„Die meisten Unternehmen stehen nicht vor der Herausforderung, ihre Leute innovativer zu machen, sondern Schluss zu machen mit den Lippenbekenntnissen zur Innovation und stattdessen eine Struktur und Kultur zu schaffen, in der sie sich entfalten und Ergebnisse hervorbringen können." (Bodell, 2013, S 16)

3.3.2 Ressourcen für Innovationen freischaufeln

Kreativ zu werden und Innovationen umzusetzen erfordert Zeit. Steht ausreichend Zeit zur Verfügung, um an Innovationen zu arbeiten, so wird das für Innovationen wichtige „Dürfen" gefördert.

In einem meist vollen Alltag müssen oft andere Tätigkeiten reduziert oder abgeschafft werden, um genügend Zeit für Innovationen zu haben. Hinterfragen Sie daher genau, welche Tätigkeiten wirklich zielführend und nützlich sind. Oft lässt sich ein zu viel an Bürokratie feststellen, das viel Arbeitszeit bindet, weil mit jeder einzelnen Regel wieder nachfolgende Regeln verknüpft sind. Eine hilfreiche Übung, ist „Kill a stupid rule" (http://www.youtube.com/watch?v=eqN3AYjkxRQ), bei der es darum geht, unnötige Regeln und Bürokratie abzubauen, die zu ineffizientem Arbeiten führen (vgl. Bodell, 2013, S. 175 ff).

So sind Führungskräfte oft unnötig Flaschenhälse (Bottlenecks), weil sie viel Zeit in Meetings verbringen und Entscheidungen bei sich bündeln, aber nicht genügend Zeit dafür haben. So werden Entscheidungen oft unnötig verschleppt.

Auch mit Meetings wird oft viel Zeit verschwendet. Berechnen lassen sich die Kosten (unnötiger) Meetings hiermit:

http://www.denkmotor.com/download/tools/meeting-kosten-timer/

„Nachdem Sie die kulturellen Mängel identifiziert haben, die Ihr Unternehmen plagen, oder die Schwachpunkte, auf die ein Wettbewerber abzielen könnte, besteht der erste Schritt nur selten darin, irgendetwas mehr zu machen oder einen völlig neuen Handlungsplan zu erstellen, der nur noch mehr Arbeit mit sich bringt. Sie werden dagegen einen größeren Erfolg erzielen, wenn Sie und Ihre Teams die Arbeitsbelastung verringern, um Raum für das produktive, wohlüberlegte Wirken zu schaffen." (Bodell 2013, S. 82)

Meetings sollten daher immer gut geplant werden. Dazu können die 7Ps zur Meetingplanung durchgegangen und aufzeichnet werden:

- Purpose: Zweck des Meetings festhalten. Ist das Meeting wirklich notwendig?
- Product: Was soll das Ergebnis des Meetings sein? Wie wird es den Zweck des Meetings unterstützen?
- People: Wer soll teilnehmen und mit welcher Rolle? Wer sind die richtigen Personen, um die anstehenden Fragen zu beantworten?
- Process: Wie soll der Prozess gestaltet werden, um das Ergebnis zu kreieren? Hier kann ein Co-Design der Agenda mit den Teilnehmenden sinnvoll sein, um sich ihr Commitment zu sichern.
- Pitfalls: Was sind mögliche Risiken des Meetings und wie können wir diese berücksichtigen?
- Prep: Welche Vorbereitung wäre hilfreich? Zum Beispiel Materialien, die vorher gelesen werden, „Hausaufgaben" für die Teilnehmenden.
- Practical Concerns: Die Logistik des Meetings: Wo und wann und wer kümmert sich um die Verpflegung?

Außerdem sollten die 7 Ps auch während des Meetings sichtbar gemacht werden und sich immer wieder gefragt werden: Warum haben wir dieses Meeting? (vgl. Gray et al, 2010, S. 55 f).

Ein generelles Problem besteht darin, dass neue Ideen bei der Ressourcenzuteilung im Normalfall systematisch benachteiligt werden. Denn bei ihnen herrscht keine Gewissheit bezüglich der Mengen, Kosten, Gewinne und des Zeithorizonts. Ressourcen fließen daher üblicherweise vor allem in bestehende und gut planbare Produkte und Services (vgl. Hamel, 2008, S. 75). Diese systematische Benachteiligung sollte man im Hinterkopf haben, wenn es um die Ressourcenzuteilung geht, damit neue Ideen überhaupt mit ausreichend Ressourcen ausgestattet werden.

3.4 Die Rolle von Führung für Innovationen

„Sie müssen die Leute wachrütteln und ihnen die Erlaubnis geben, etwas Großes zu tun. Und dann müssen Sie die Kenntnisse vermitteln und die Verhaltens-weisen fördern, die den innovativen Geist unterstützen, den Sie anstreben. Sie müssen den Leuten die Kontrolle geben." (Bodell, 2013, S. 37)

Zu den Aufgaben von Führungskräften gehört es, das System, in dem Innovationen entstehen sollen, so zu entwickeln, dass Mitarbeiterinnen und Mitarbeiter dazu in der Lage sind. Auch im täglichen Miteinander ist das Verhalten der Führungskräfte von entscheidender Bedeutung. Beim Wollen, Dürfen, Können, Machen von Innovationen werden Mitarbeiterinnen und Mitarbeiter stark vom Verhalten der Führungskräfte beeinflusst. Ihre Haltung zu Innovationen und zu Menschen ist entscheidend! Denn Führungskräfte prägen die Kultur! Gute Führungskräfte interessieren sich für die Menschen, mit denen sie zusammenarbeiten, sehen sie nicht bloß als „Arbeitskraft", – und vertrauen ihnen.

Dies wird besonders deutlich, wenn es um das Thema „Motivation" geht. Denn hier hängt alles von den verinnerlichten Überzeugungen der Führungskräfte ab. In Abschnitt 3.3. wurde bereits darauf eingegangen, dass es von grundlegender Bedeutung ist, ob Führungskräfte Anhänger des Menschenbildes der Theorie X oder der Theorie Y sind. Schließlich gefährden Anhänger der Theorie X, die auf extrinsische Motivation setzen, damit vielmehr Innovationen. Langfristig kann dies Kreativität und Motivation der Mitarbeiterinnen und Mitarbeiter verringern. Denn „das einzige, was Führung aktiv erzeugen kann, ist Demotivierung." (Pfläging, 2014, S. 27).

„Der Glaube, dass Führungskräfte motivieren können oder müssen, ist immer noch weit verbreitet. Das beruht auf einem folgenschweren Denkfehler: Motivation kann – ihrer intrinsischen Natur wegen lediglich zugelassen werden. Führung kann nur die Bedingungen schaffen dafür, dass Motivation vorbeischaut." (Pfläging, 2014, S. 27)

Motivation entsteht vielmehr dadurch, dass Mitarbeiterinnen und Mitarbeiter sich mit ihren Ideen, ihrer Kreativität und ihrem Wissen ernst genommen fühlen – und dass sie sich in einem angenehmen Umfeld befinden, das sie weder in ihrer Arbeit behindert noch demotiviert. Dafür Sorge zu tragen liegt in der Verantwortung der Führungskräfte. „Wenn Sie also Ihre Mitarbeiter dauerhaft motivieren wollen, eliminieren Sie die Demotivationsfaktoren. Sie tragen damit mehr zu ihrer positiven Stimmung und Motivation bei als durch den Versuch, sie durch extrinsische Motivation zu besserer Leistung zu bewegen." (Katzengruber, 2010 , S. 188).

Eine Führungskraft, die Innovationen möchte, muss dies auch selbst leben. Wenn Innovation und Kreativität nur Lippenbekenntnisse sind, spüren dies Mitarbeiterinnen und Mitarbeiter. Sie müssen auch dafür sorgen, dass Innovationen möglich sind, trotz des Alltagsgeschäftes. Dennoch sind es gerade viele Führungskräfte, die sich selbst, und oft andere, bis zum Anschlag mit Alltagsaufgaben auslasten und dann „leider" keine Zeit für Neues mehr haben. Damit geben Sie auch ein schlechtes Vorbild ab. Eine Führungskraft, die selbst nicht voll hinter Innovationen steht, kann schlecht andere davon überzeugen. Und: Jede große Veränderung fängt bei einem selbst an. Man kann andere Menschen nicht verändern, sondern nur das eigene Verhalten.

„Vorgesetzte sagen ihren Mitarbeitern, sie sollen innovativ sein, und gleichzeitig mahnen sie sie zur Vorsicht und fordern sie auf, um jeden Preis ihre Vorgaben einzuhalten. Was sagen sie also tatsächlich? Dass die Strafe für das Eingehen eines Risikos größer ist als die für die Vermeidung jeden Risikos." (Bodell 2013, S. 26)

Führungskräfte haben einen immensen Einfluss auf innovationsrelevante Faktoren wie Kreativität und den Umgang mit dem Scheitern. Fordert eine Führungskraft Innovationen, lässt aber „durch die Blume" durchblicken, dass sie das Eingehen von Risiken nicht wünscht, so wird dies kaum die Kreativität ankurbeln. Oder eine Führungskraft, die einschüchternd wirkt, kann beim Mitarbeiter Überanpassung fördern.

Genauso wird eine Führungskraft, die sich über das Scheitern eines Innovationsprojekts aufregt, kaum dazu beitragen, Innovationen zu fördern.

Entsprechend kann eine Führungskraft Kreativität und Innovation fördern, indem sie die

- Autonomie ihrer Mitarbeiterinnen und Mitarbeiter fördert, (indem sie sie als erwachsene Menschen behandelt),
- eigenverantwortliches Entscheiden und Handeln zulässt,
- das Hinterfragen von Bestehendem fördert,
- zum Abbauen von Stress beiträgt, anstatt ihn zu fördern,
- Freiheit zum Innovieren gibt,
- Druck und Kontrolle vermeidet, wo es nur geht.

Eine Führungskraft sollte daher auch für ihre eigene Kreativität sorgen sowie regelmäßige Zeiten zum Reflektieren über die Zukunft und laufende Projekte einplanen und spezielle Zeiten für die Vorbereitung von Innovation in ihrem eigenen Kalender reservieren. Sie sollte dafür sorgen, dass es Termine gibt, an denen das ganze Team oder die ganze Bibliothek sich gemeinsam Zeit dafür nehmen kann. Besonders gut ist es, in sich stetig wiederholenden Rhythmen Veranstaltungen dafür anzusetzen. So bekommt das Neue im Alltag einen Platz. Beispielhaft sind jährliche Klausuren, um einen Anfang zu machen. Später können dazu Termine in kürzeren Abständen kommen, etwa auf Monats- oder Wochenbasis.

„Vermeiden Sie Angst“ (Katzengruber, 2010, S. 248)

Aufgabe von Führungskräften ist es auch, mit der mit Innovationen verbundenen Angst umzugehen. Schließlich erzeugen sie, insbesondere aufgrund der damit verbundenen Offenheit und Ungewissheit des Wandels, leicht Angst bei Mitarbeiterinnen und Mitarbeitern, die diese dann blockieren kann. Dies betrifft genauso auch viele Führungskräfte. Problematisch wird es, wenn diese sich ihre Angst nicht eingestehen, denn bei ihnen ist es besonders wichtig, dass sie sich ihre eigene Angst anschauen, um damit gut umzugehen und handlungsfähig zu bleiben. Nur so können sie dazu beitragen, (unbegründete) Ängste ihrer Mitarbeiterinnen und Mitarbeiter zu verringern. Denn im Allgemeinen ist Angst ebenso wie angepasstes Verhalten Gift für den Wandel. Allerdings kann zu viel Zufriedenheit und Sicherheit auch gefährlich sein, da man in eine lähmende, selbstzufriedene Starre verfallen könnte.

Um leistungsfähig zu bleiben, brauchen Organisationen also eine gute Balance zwischen Routine und Stabilität auf der einen Seite und Innovation und Irritation auf der anderen Seite. Insofern muss auch die Führung in der Lage sein, mit Paradoxien und Komplexität umzugehen. Es steht in ihrer Verantwortung, überangepasstes Verhalten zu vermeiden und bei anderen zu konfrontieren. Auch dafür ist ein bewusster und behutsamer Umgang mit Angst wichtig. Und Führungskräfte müssen innovative Mitarbeiterinnen und Mitarbeiter und ihre Ideen schützen, ihnen einen geschützten „Brutkasten“ zur Verfügung stellen und sie bei der weiteren Entwicklung der Ideen so gut es geht unterstützen.

Führungskräfte sollten zudem berücksichtigen, dass es für die Förderung von Effizienz eines anderen Verhaltens bedarf als für die Förderung von Kreativität und Innovationen. Insofern ist es wichtig, dass Führungskräfte auf eine explizite Unterscheidung der verschiedenen Phasen des Innovationsprozesses achten; in manchen Phasen ist eine breite Kreativität gefragt, in anderen Entscheidungen und diszipliniertes Umsetzen, mit einem entsprechend anderen Verhalten.

Selbsttest: Rolle der Führungskräfte

- In welcher Rolle sehen sich die Führungskräfte bei Ihnen bzw. sehen Sie selbst sich als Führungskraft?
- Sehen sie sich selbst als Innovatoren? Falls nein, warum nicht?
- Leiden Innovationen darunter, dass Führungskräfte einen Beweis für den zukünftigen Erfolg von Innovationen einfordern?
- Gibt es in Ihrer Bibliothek Führungsverhalten, das Kreativität und Innovation abtötet?
- Wie gehen Führungskräfte mit Fehlern um?
- Fördern Führungskräfte das Wollen, Dürfen und das Können der Mitarbeiterinnen und Mitarbeiter, um Innovationen umzusetzen?
- Wie gehen die Führungskräfte mit Veränderungen um? Haben sie es gerne, wenn alles beim – Alten bleibt oder probieren sie gerne einmal etwas Neues aus?

3.5 Innovationsziel: Echte Herausforderungen definieren und bearbeiten

Eine wichtige Voraussetzung, um Innovationen erfolgreich zu machen, ist, dass einem das Ziel der Innovation verständlich und sinnvoll erscheint. Dafür ist wichtig, dass man sich ausreichend Zeit nimmt, um am Anfang das Ziel zu klären und zu definieren. Um eine tragfähige Basis zu bekommen, ist es sinnvoll, dass ein vorgegebenes Ziel hinterfragt wird. Vielleicht gibt es ein anderes, eigentliches Ziel, das hinter dem genannten Ziel versteckt ist?

„Innovation genießt bei heutigen Entscheidern einen ähnlichen Status wie Hundewelpen. Man kann sie gar nicht nicht gut finden. Aber ins eigene Haus holen will man sie dann doch nicht. Die viele Arbeit und wer weiß, wie groß sie mal werden. Es wird Zeit, dass Verantwortliche in Unternehmen sich Zeit für echte Innovationen nehmen, anstatt lediglich darüber zu reden." (Dark Horse Innovation, 2014, S. 201)

Besondere Sorgfalt auf die Definition eines Innovationsziels bzw. einer -herausforderung zu legen und hierbei bewusst vorzugehen, ist wichtig, weil sonst leicht implizite oder explizite Annahmen hineinspielen. Da diese Annahmen mit darüber entscheiden, welche Methoden angewendet werden, wie und welche Daten gesammelt werden, können sie die Lösung erschweren, wenn sie nicht bewusst gemacht werden (vgl. Owens, 2012, S. 37). Ein bewusstes Wahrnehmen von Tatsachen ist daher unverzichtbar.

Um herauszuarbeiten, was das eigentliche Ziel ist, bietet es sich an, 5x „Warum" zu fragen: Warum ist dies unser Ziel? Die Antwort wird dann jeweils wieder mit einem „Warum" hinterfragt.

Sehr motivierend ist auch eine gemeinsame Vision: Was ist die langfristige Vision für unsere Arbeit in der Bibliothek? Welchen Baustein soll das aktuelle Projekt dazu beitragen, diese Vision zu verwirklichen? Eine geteilte Vision ist sinngebend und motivierend.

Das Ziel einer Innovation wird vor allem dann als sinnstiftend empfunden, wenn es ein echtes Problem löst. Gleichzeitig steigt so die Umsetzungswahrscheinlichkeit. Dies wird als Ansatz der „Challenge-driven Innovation" bezeichnet. Die Fähigkeit einer Organisation zur Innovation hängt davon ab, inwiefern sie dazu in der Lage ist, für sie relevante Probleme bzw. Herausforderungen zu identifizieren. Die Orientierung an solchen echten Herausforderungen kann die Innovationsfähigkeit deutlich erhöhen (vgl. Shapiro, 2013, S. 23).

Dieser Ansatz unterscheidet sich deutlich von einem rein ideengetriebenen Ansatz, der nicht auf wirklichen Problemen oder Bedürfnissen basiert. Ohne diese Basis werden recht unspezifisch Ideen gesammelt. Diese sind dann oft zu breit oder zu vage, um sie sinnvoll umzusetzen. Oft handelt es sich dann um Lösungen, die nach einem Problem suchen, das sie lösen könnten (vgl Shapiro, 2011, S. 204). Ein echtes Kundenproblem zu lösen ist im Vergleich dazu ungemein motivierender, weil man damit jemand anderem etwas Gutes tun kann.

Außerdem besteht ein positiver Aspekt darin, dass die Bearbeitung echter Probleme den Handlungsdruck und damit die Umsetzungsgeschwindigkeit erhöht: „In Unternehmen, in denen Wissen erfolgreich umgesetzt wird, herrscht oft ein dringender Handlungsbedarf. Deshalb gelten Probleme oder Hindernisse nicht als Entschuldigung, untätig zu bleiben, sondern werden so umformuliert, dass sich die Fragestellung mit dem Überwinden der Probleme beschäftigt." (Pfeffer/Sutton, 2001, S. 76).

Fokussieren die Innovationsarbeiten auf ein echtes Problem, dessen Lösung sich jemand sehnlichst wünscht, so sind damit weitere Vorteile verbunden:

- Es gibt einen „Challenge Owner", für den die Lösung der Challenge hochrelevant ist und der daher für die Umsetzung sorgen wird.
- Challenge Owner, Ressourcen, Evaluatoren der Lösungsvorschläge, Evaluationskriterien etc. lassen sich von vornherein zuweisen.

Um den Ansatz der Challenge-driven Innovation zu etablieren, ist zu Beginn eines jeden Innovationsprojekts nach folgenden Punkten zu fragen:

- Für wen werden wir das Problem lösen?
- Wer ist Challenge Owner?
- Welches Problem soll mit der Entwicklungsidee gelöst werden (Value Proposition)?
- Ziel
- Zeitlicher Rahmen
- Verfügbare Ressourcen
- Bewertungskriterien
- Evaluatoren
- Wer soll beteiligt sein?

Werden echte Herausforderungen herauskristallisiert und daran gearbeitet, so führt dies zu deutlich mehr „Zug" im Innovationsprozess.

3.6 Change Management

Innovation bedeutet Veränderung. Ob nun die Veränderungsprozesse vor der Innovation oder als Folge davon geschehen, lässt sich nicht eindeutig festlegen. Wenn hier also Change Management als ein Teil des Innovationsmanagements dargestellt wird, hat das vor allem mit der Ausrichtung der Publikation und dem Fokus auf Innovation zu tun.

Inputs aus dem Innovationsmanagement dienen oft als Anlass, um die innere Organisation zu überdenken und allenfalls zu verändern.

Die Verbindung zwischen Innovationsmanagement und Change Management besteht darin, dass durch die geeignete interne Organisation und durch optimierte Abläufe erfolgreiche Dienstleistungen oder Produkte effizient entwickelt und betrieben werden können. In einem an den Nutzerbedürfnissen ausgerichteten Dienstleistungsbetrieb dient die Organisationsstruktur dem Ziel, die Bereitstellung kundenfreundlicher Dienstleistungen optimal zu unterstützen. Inputs aus dem Innovationsmanagement dienen entsprechend oft als Anlass, um die innere Organisation zu überdenken und allenfalls anzupassen oder grundlegend zu verändern.

Change – warum sollte sich unsere Bibliothek verändern?

Bis vor kurzem hatten Bibliotheken den Ruf von sich nur sehr gemächlich verändernden Institutionen, die dem Lauf der Zeit trotzten. Bücher würde es immer geben und Menschen werden immer lesen, war die allgemein verbreitete Meinung. Und Bibliotheken als Orte, an denen man Bücher suchen, ausleihen und lesen kann, würde es entsprechend immer brauchen.

Lange Zeit blieben auch die Aufgaben der Bibliotheken stabil. Natürlich versuchten innovative Bibliotheken immer wieder, die internen Abläufe zu optimieren, neue Technologien einzusetzen und den Benutzern neue Angebote zu präsentieren. Wenn man die Geschichte der ETH-Bibliothek betrachtet, gibt es dafür unzählige Beispiele: Für den Transport der Bücher aus den räumlich verstreuten Magazinen wurden schon in den 1930er Jahren Förderbänder eingesetzt. Dann kam eine Rohrpost- und 1969 eine Telex-Anlage zur Übermittlung der Bestellungen ins Magazin hinzu (Mumenthaler/Voegeli S. 62). Als innovative Dienstleistung bereitete die ETH-Bibliothek seit den 1930er Jahren in der Abteilung Literaturnachweis Artikel in Zeitschriften auf und verkaufte diese Berichte an die Schweizer Industrie, die eine dankbarere Abnehmerin war (Mumenthaler/Voegeli S. 51).

Später kamen neue Medien, wie z. B. die meist auf Mikrofiches publizierten Reports, hinzu, die für technische Information bis in die 1980er Jahre eine wichtige Funktion hatten. Eine Abteilung für Non-Books (analog zum Non-Food in den Kaufhäusern) wurde eingerichtet, die sich um neue Medien wie CD-ROMs kümmerte.

Technische Veränderungen als Auslöser von Innovationen und von Change.

Auch Reorganisationen fanden statt. In der Regel ging es dabei darum, die Struktur der Bibliothek an den rasch steigenden Zuwachs an Medien und erhöhte Nutzungszahlen anzupassen. Die ETH-Bibliothek erlebte zum Beispiel seit den 1950er Jahren parallel zum weltweiten explosionsartigen Wachstum der wissenschaftlichen Publikationen eine exponentielle Steigerung der Medien, der Benutzung und des Personals. Als technisch-naturwissenschaftliche Hochschulbibliothek war die ETH-Bibliothek früher und stärker von dieser Entwicklung betroffen als andere. Diese Ausführungen sollen zeigen, dass das Bild der verstaubten Bibliothek schon früher falsch war. Auch vor dem elektronischen Zeitalter gab es immer wieder Neuerungen und Verbesserungen in den Strukturen, den internen Abläufen und den Angeboten für die Benutzerinnen von Bibliotheken.

Seit den 1960er Jahren trieb das Stichwort Automatisierung besonders die Großbibliotheken an. Es war klar, dass der gewaltige Ausbauschub der Nachkriegszeit seine Grenzen erreicht hatte. Die Träger der Bibliotheken waren nicht mehr bereit oder in der Lage, die Zunahme der Bestände und die Bedienung zunehmender Benutzerinnen und Benutzer über zusätzliche Ressourcen zu finanzieren. Abläufe mussten optimiert und wenn möglich durch die EDV unterstützt werden – mit der Hoffnung, dadurch Ressourcen einzusparen. Schon bald hielten elektronische Katalogisierungssysteme Einzug in die Großbibliotheken. Zunächst waren damit zwar kaum Einsparungen zu erzielen. Die neuen Abläufe mussten erst eingeübt werden und die Systeme trugen auch eher zur Verlangsamung der Arbeitsprozesse bei. Aber sie führten dazu, dass die Arbeit in Bibliotheken in klar strukturierten Prozessen organisiert wurde. Für die Bewältigung der heute zu verarbeitenden Informationsressourcen war dies eine wichtige Voraussetzung.

Zudem wurde mit den elektronischen Systemen auch der Zugang durch die Benutzerinnen und Benutzer verändert. Zunächst konnte man an Terminals innerhalb der Bibliothek im elektronischen Katalog recherchieren, bald auch Bücher bestellen.

Die Veränderungen betrafen also vorwiegend die Art, wie die Medien katalogisiert wurden und bestellt werden konnten. Das Medium war aber immer noch das Buch oder der Zeitschriftenband, das ausgeliehen wurde. Entsprechend war auch die interne Organisation immer noch auf die Erwerbung, Katalogisierung und Ausleihe des gedruckten Mediums ausgerichtet – mit entsprechenden Abteilungen. Hinzu kam aber eine EDV-Abteilung, die für den Betrieb des Bibliothekssystems und die Betreuung der Computer zuständig war. Immer öfter mussten Bibliothekarinnen und Bibliothekare ihre Arbeitsmethoden an die Vorgaben anpassen, die ihnen die Technik stellte.

3.6.1 Innovations- und Change Management

Im Rahmen der Neuausrichtung einer Bibliothek, z. B. im Zuge einer Reorganisation oder einer neuen Strategie, ist es denkbar, dass die Einführung eines Innovationsmanagements beschlossen wird. Die Analyse der Stärken und Schwächen der Bibliothek kann zur Erkenntnis führen, dass man zu wenig konsequent neue Dienstleistungen einführt und zu wenig nah an den laufenden technischen Entwicklungen ist. Um dem abzuhelfen, will die Bibliothek ein Innovationsmanagement einführen. Entsprechende Überlegungen standen an der ETH-Bibliothek Pate bei der Einführung des Innovationsmanagements (Mumenthaler 2010, S. 135). An der ZB MED wurde ebenfalls im Rahmen des Projekts Neuorganisation eine entsprechende Stelle eingerichtet (Roesner 2014). Dabei kommt dem Innovationsmanagement auch die Aufgabe zu, längerfristig für neue Impulse zu sorgen. Damit wird es zu einem Teil eines kontinuierlichen Veränderungsprozesses und somit zu einem Bestandteil eines umfassenden Change Managements.

Veränderungen und die Bereitschaft zu Change sind gleichzeitig eine Folge wie auch eine Voraussetzung für erfolgreiche Innovation.

Auch die Wirkung in entgegengesetzter Richtung ist möglich: im Rahmen des Innovationsmanagements werden ja nicht nur neue Dienstleistungen entwickelt, es können durchaus auch Ideen für neue Strukturen oder Prozesse formuliert werden. Denkbar ist auch der Fall, dass im Kontext des Innovationsmanagements eine neue Strategie entwickelt wird, die wiederum zur Umsetzung andere Strukturen bedingt. Gerade wenn man sich grundsätzlich und ausführlich mit den Aufgaben der Bibliothek in einem sich verändernden Umfeld befasst, wird nicht selten festgestellt, dass die bisherigen Strukturen eher hemmend auf Neuerungen wirken. Veraltete und starre Strukturen werden nicht selten als einer der wichtigsten hemmenden Faktoren für Innovationen bezeichnet. Dies kann sich darauf beziehen, dass zu wenig neue Ideen entstehen oder dass die Umsetzung vielversprechender Ideen behindert oder gar verunmöglicht wird. Aus dieser Erkenntnis heraus kann der Wunsch oder gar Bedarf nach einer umfassenden Neuorganisation der Bibliothek entstehen.

Auf der anderen Seite besteht auch der Anspruch, wonach sich Bibliotheken stets und radikal verändern sollen. Diese Veränderung ist kein Selbstzweck, sondern eine Notwendigkeit, um mit den grundlegenden und tiefgreifenden Veränderungen im Umfeld Schritt halten zu können.

Klare Vorgaben und die Partizipation der Mitarbeitenden sind wichtige Erfolgsfaktoren für Veränderungsprozesse.

Erfolgs- und Misserfolgsfaktoren von Veränderungsprozessen

Vahs und Weiand (2010, S.8–9) haben Erfolgs- und Misserfolgsfaktoren von Veränderungsprozessen herausgearbeitet:

Erfolgsfaktoren:
- Klare Vision
- Konkrete Zielvorgaben
- Partizipation und Kommunikation
- Integrativer Ansatz
- Einleitung eines Kulturwandels
- Top-Management-Commitment

Misserfolgsfaktoren:
- Unscharfe Vision
- Fehlendes Problemverständnis
- Unzureichende Kommunikation
- Teiloptimierungsversuche
- Fehlender Mut
- Zu kurzer Zeithorizont

Gewisse Parallelen zu Erfolgsfaktoren und hemmenden Faktoren beim Innovationsmanagement sind nicht zu übersehen. Dies ist nicht weiter erstaunlich, da Innovationsmanagement ja immer auch Change, also Veränderung bedeutet. Und damit verbunden sind gewisse Grundlagen in der Organisation, der Kultur einer Institution aber auch der beteiligten Menschen.

3.6.2 Wandlungsbereitschaft als Voraussetzung für erfolgreiche Innovation

Ein enger Zusammenhang besteht zwischen der Wandlungsbereitschaft einer Bibliothek sowie erfolgreichen Veränderungen und Innovationen. Die Wandlungsbereitschaft verweist auf eine entsprechende Kultur innerhalb der Bibliothek, die Neuerungen und Veränderungen grundsätzlich positiv gegenüber steht.

Dabei kann man zwischen der Ebene Bibliotheksleitung und der Ebene Mitarbeitende unterscheiden. Die Rolle der Bibliotheksleitung beim Erkennen von Bedarf, bei der Entscheidung zur Einleitung sowie bei der Durchführung eines Veränderungsprozesses wird besonders in der amerikanischen Fachliteratur oft besprochen (Dewey, 2012; Jantz, 2012; Roberts & Rowley, 2008; Singh, 2009).

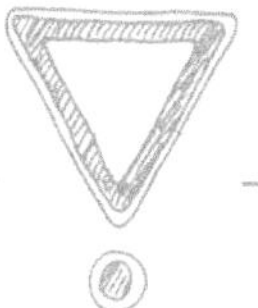

Konflikte, die in einer frühen Phase nicht gelöst wurden, können im späteren Verlauf das Projekt oder die Umsetzung der Maßnahmen behindern.

Schließlich stellt sich die Frage, ob der Veränderungsprozess bottom-up oder top-down angegangen wird. Dabei liegt die Entscheidung, ob und wie der Change Prozess angegangen wird und wer welche Rolle einnimmt, zweifellos in der Verantwortung des Managements. Wichtig ist dabei jedoch eine transparente Information der Mitarbeitenden über die Ziele und Hintergründe der Veränderung. Mitarbeitende können und sollten in jeder Phase eines Reorganisationsprojekts mit einbezogen werden. Neben der kontinuierlichen Information sind eine aktive Beteiligung bei der Formulierung von Strategie und Zielen, bei Analysen, bei der Definition von neuen Prozessen und bei der Erarbeitung von Lösungsvarianten denkbar und sinnvoll. Die Beteiligung der Mitarbeitenden schließt ein effizientes Projektmanagement nicht aus. Dafür erleichtert sie die Umsetzung der beschlossenen Maßnahmen, wenn die Betroffenen bei der Lösungsfindung involviert waren. Zu bedenken ist auch, dass Konflikte, die in einer frühen Phase nicht thematisiert und gelöst wurden, im späteren Verlauf des Projekts oder bei der Umsetzung mit Sicherheit auftauchen und dann zu ernsthaften Störungen führen können. Deshalb ist es sinnvoll, wenn zu Beginn bei der Strategieentwicklung ein Konsens erreicht wird und die notwendigen Diskussionen geführt werden. Die Erfahrung zeigt auch, dass viele Mitarbeitende mit einbezogen werden wollen und gerne bereit sind, an der Entwicklung von Lösungen mitzuwirken.

„Widerstand ist eine normale menschliche Reaktion auf Veränderungen.“ (Wagner, 2010)

Gleichzeitig muss aber auch davon ausgegangen werden, dass Veränderungen bei vielen Mitarbeitenden Ängste auslösen und dass in der Folge mit Widerstand gerechnet werden muss. Das Modell von Wagner (2010) beschreibt typische Phasen in einem Veränderungsprozess. Es dient dazu, die Phasen zu verstehen und allfälligen Widerstand als legitime Reaktion zu verstehen und zu akzeptieren.

Widerstand ist dabei nicht den Mitarbeitenden vorbehalten, sondern kann durchaus auch aus den Reihen der Führungskräfte einem Veränderungsprozess entgegengebracht werden. Ein grundlegender Faktor für die Wandlungsbereitschaft in einer Bibliothek stellt das Vertrauen dar. Und dieses entsteht allmählich über Jahre oder kann mit unglücklichen Entscheidungen oder durch das Nichteinhalten von Versprechungen schnell verspielt werden. Letztlich gedeihen Innovations- und Veränderungsbereitschaft auf demselben Nährboden, den man als Organisationskultur bezeichnet.

“Ironically, not communicating the real level and nature of risks can create a culture of paralyzing fear instead of preventing it.” (Owens, 2012, S. 106)

Für den Umgang mit Wandel und den damit verbundenen Widerständen gibt es einiges an Handwerkszeug. Zu den Ausgangspunkten zählt, die eigene Rolle, z. B. als Führungskraft, zu analysieren, oder Optionen für den Umgang mit den Gefühlen, die

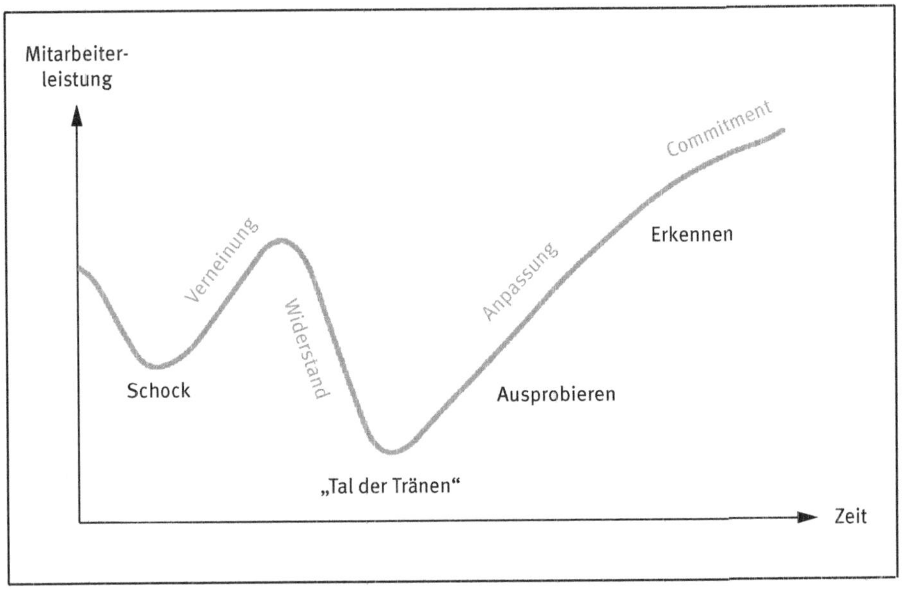

Abbildung 6: Veränderungskurve nach Wagner (2010).

mit dem Veränderungsprozess verbunden sind, zu kennen und parat zu haben. So lassen sich Widerstände analysieren und produktiv lösen (vgl. Fingerle, 2013, S. 182 ff). Wir haben dies weiter oben beim Thema Führung und Innovation bereits besprochen.

3.6.3 Arten von Change

Die Unterscheidung zwischen graduell und radikal kennt man sowohl beim Innovations- wie beim Change Management. Bei letzterem unterscheiden Vahs und Weiand zwischen Wandel 1. Ordnung (gradual change) und Wandel 2. Ordnung (radical change) (Vahs & Weiand, 2010, S. 3). Dabei bedeutet Wandel 1. Ordnung evolutionärer Wandel. Es erfolgt lediglich eine Modifikation der Arbeitsweise einer Organisation. Es findet keine grundlegende Umgestaltung der Unternehmenswerte oder der strategischen Ausrichtung statt, sondern vielmehr kontinuierliche Anpassungen (evolutionär). Die Intensität und die Komplexität des Wandels sind überschaubar (Vahs & Weiand, 2010, S. 3). Der Wandel 2. Ordnung bedeutet radikaler Wandel. Er umfasst eine „einschneidende, paradigmatische Veränderung der Arbeitsweise einer Organisation insgesamt, und zwar mit einer Änderung des Bezugsrahmens" (Staehle & Conrad, 1999, S. 900). Der Wandel ist grundlegender, komplexer und vor allem qualitativer Natur. Er umfasst die gesamte Organisation mit allen ihren Ebenen und erfolgt diskontinuierlich, revolutionär.

Beim radikalen Wandel ist mit verstärkten Ängsten der Betroffenen sowie größerem Widerstand zu rechnen. Entsprechend ist die Kommunikation mit den Mitarbeitenden von großer Bedeutung. Wobei im Bibliotheksbereich viele Erfahrungsberichte zeigen, dass auch bei Veränderungsprozessen mit eher evolutionärem Charakter die Partizipation der Mitarbeiterinnen und Mitarbeiter und die transparente Kommunikation als wesentlich für das Gelingen nachhaltiger Veränderungen erachtet werden (Apel, 2012, S. 175).

Ganzheitlich betrachtet, umfasst das Change Management alle wesentlichen Aspekte des Managements: Strategie, Kultur, Organisation, Technologie und Produkte.

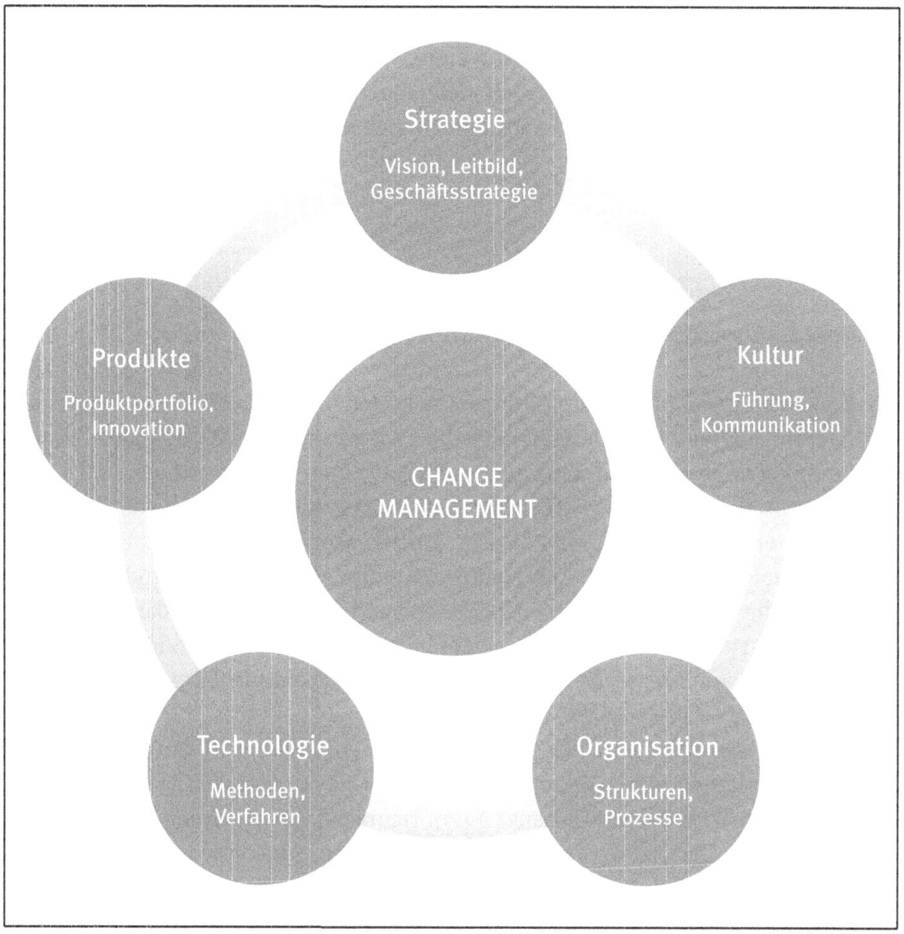

Abbildung 7: Dimensionen des Change (eigene Darstellung nach Vahs und Weiand (2010), die um die Dimension der Produkte erweitert wurde).

3.6.4 Das Reorganisationsprojekt

Eine größere Reorganisation wird am besten als Projekt geplant und umgesetzt. Auch hier wird als Kompetenz der Bibliothek die Fähigkeit verlangt, ein adäquates Projektmanagement zu betreiben. Für eine zeitlich befristete Übergangsphase müssen Verantwortlichkeiten definiert und neue Rollen besetzt werden. Meist erfolgt die Reorganisation parallel zum Routinebetrieb mit dem bestehenden Personal. Die Verpflichtung einer Projektassistenz zur Unterstützung der internen Projektleitung hat sich in verschiedenen Reorganisationsprojekten sehr bewährt. Zudem hilft eine externe Beratung mit entsprechender Methodenkompetenz dabei, sich nicht zu sehr in den Details zu verlieren und das grobe Ziel nicht aus den Augen zu verlieren (vgl. Roesner 2014).

Zu Beginn des Prozesses werden die Ziele der Reorganisation festgelegt. Verbindliche Ziele dienen während des gesamten Projekts immer wieder als Maßstab, an dem Entscheidungen und die getroffenen Maßnahmen gemessen werden. Bei der Abweichung von den festgelegten Zielen muss jeweils wieder nachjustiert werden (Apel, 2012, S. 177). Idealerweise orientieren sich diese Projektziele an der Strategie der Bibliothek.

Als nächster Schritt gilt es, den IST-Zustand zu analysieren, um den Handlungsbedarf zu ermitteln. Die Durchführung einer SWOT-Analyse ist in dieser Phase ein probates Mittel. Allenfalls sind auch tiefergehende Untersuchungen (eigentliche Marktstudien) nötig, um die Differenz zwischen dem IST- und dem SOLL-Zustand zu ermitteln.

Abbildung 8: Modellhafter Ablauf eines Reorganisationsprojekts (eigene Darstellung).

Die Vorgehensweise im Reorganisationsprojekt der ETH-Bibliothek 2010 folgte dem im Diagramm dargestellten Ablauf: nach der Zielsetzung und SWOT-Analyse wurden die Produkte analysiert und dann neu definiert (Littau & Mumenthaler, 2011; Neubauer, 2012). Damit sollte sichergestellt werden, dass die richtigen Dienstleistungen (Produkte) erbracht werden. Aus diesem Arbeitspaket ist das Produktmanagement für die Bibliothek entstanden. Ausgehend vom Output (nämlich den Produkten) wurden die zu diesen führenden Arbeitsprozesse analysiert. Daraus ist dann wiederum im Routinebetrieb das Prozessmanagement hervorgegangen. Schließlich bildeten die Produkte und die Prozesse die Grundlage für die Entscheidung für eine neue Organisationsstruktur.

Bei der Neuorganisation der ZB MED wurde ein anderer Ablauf gewählt. Hier stand die Forderung einer Gesamtstrategie durch die Unterhaltsträger (Leibniz-Gemeinschaft) im Vordergrund (Roesner 2014). Hauptziel war die Strategieentwicklung und danach ihre Umsetzung, wobei schnell klar wurde, dass diese nur in Verbindung mit einer Neuorganisation möglich sein würde. Im Falle der ZB MED war durch die Trägerschaft auch schon vorgegeben, dass eine umfassende Marktanalyse durchgeführt werden musste. Bei der Planung des Strategieentwicklungs- und Neuorganisationsprojekts ging es dann darum, diese verschiedenen Vorgaben in eine sinnvolle logische Abfolge zu bringen. Komplizierend kam hinzu, dass bereits eine Umstrukturierung der Organisation (Anpassung an Programmbudget) am Laufen war. Dies wurde als Change I in die Projektorganisation integriert. Heikel war die Ausgangslage in Bezug auf den Zeitplan, da die Leibniz-Gemeinschaft bereits nach drei Jahren wieder eine Evaluierung plante und alleine die Marktanalyse mit einer korrekten Ausschreibung des Auftrags rund ein Jahr dauern würde. Eigentlich sollte die neue Strategie die Ergebnisse dieser Analyse aufgreifen und hätte somit erst in der zweiten Jahreshälfte 2013 in Angriff genommen werden können. Um die Zeit sinnvoll zu nutzen, wurde die Strategieentwicklung in zwei Phasen unterteilt, und man begann sogleich mit der Entwicklung einer Grobstrategie, die dann später auf der Grundlage der Ergebnisse der Marktanalyse noch überarbeitet und zu einer Feinstrategie konkretisiert werden sollte.

Angesichts der von der Trägerschaft geforderten Neuausrichtung und der Entwicklung neuer Produkte und Dienstleistungen wurden im Rahmen des Neuorganisationsprojekts ein Innovations- und ein Produktmanagement eingeführt. Insgesamt entspricht das Projekt einem doch eher radikalen Wandel, der nicht nur die Organisationsstruktur sondern auch die Dienstleistungen und die gesamte Kultur betrifft. Die breite Diskussion der Ziele, der Strategie und einer gemeinsamen Vision und eines Leitbilds haben die interne Kultur nachhaltig verändert.

Das Beispiel der ZB MED macht deutlich, dass es einen generischen Vorgehensplan für ein Reorganisationsprojekt nicht gibt. Je nach Umfeld und Vorgaben der Trägerschaft muss der Projektplan angepasst werden.

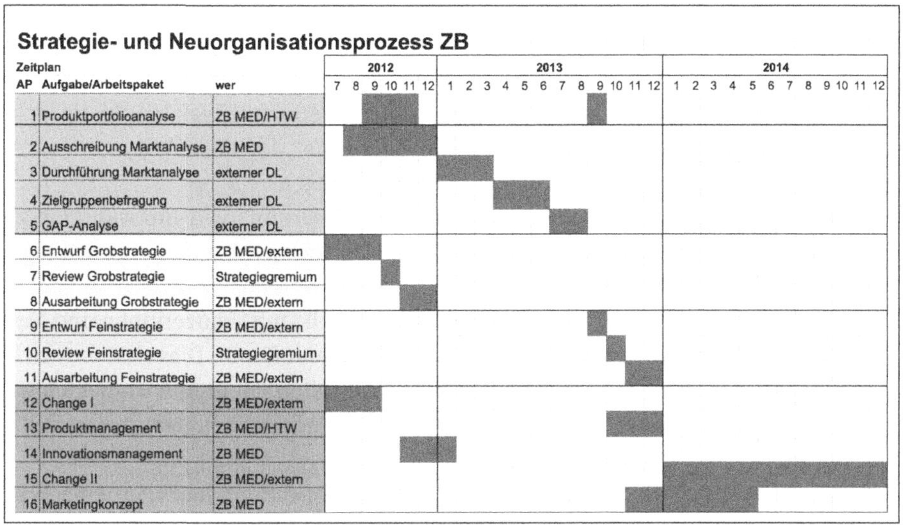

Abbildung 9: Projektplan des Strategie- und Neuorganisationsprozesses ZB MED (Roesner 2014).

3.6.5 Der kontinuierliche Verbesserungsprozess (KVP)

Nach der großen Anstrengung eines Reorganisationsprojekts verlangen Mitarbeitende und Bibliotheksleitung meist nach einer ruhigeren Phase. Aber die Außenwelt nimmt darauf keine Rücksicht und bewegt sich weiter. Mit einer einmaligen Reorganisation ist es deshalb nicht getan. Im Projekt sollten deshalb Methoden und Verfahren entwickelt und eingeführt werden, die dafür sorgen, dass sich die Bibliothek im Routinebetrieb weiterentwickeln und verbessern kann. Das Stichwort ist hier Qualitätsmanagement, das verschiedene Methoden vereint. Dazu gehören Prozess-, Produkt-, Projekt- und Innovationsmanagement. Während beim Produktmanagement die Frage im Vordergrund steht, was getan wird (do the right things), (Mumenthaler, 2011) ist es beim Prozessmanagement die Frage, wie etwas getan wird (do things right) (Kirstein & Littau, 2011).

Wichtig ist auch die transparente Dokumentation, die für die Verbindlichkeit und Nachhaltigkeit der im Projekt getroffenen Entscheidungen sorgt. Klare Verantwortlichkeiten und transparente Funktionen- und Aufgabenbeschreibungen sind weitere wichtige Elemente eines KVP. Jährliche Planungs- und Controllingzyklen, die in eine Zielhierarchie eingebunden sind, gehören ebenfalls dazu. Management by Objectives (Führen mit Zielvereinbarungen) ist ein weiteres Element eines modernen Managements. Es liegt aber auf der Hand, dass nicht all diese Methoden und Verfahren auf einmal eingeführt werden können, sondern dass dies schrittweise erfolgen muss.

3.7 Die Organisation weiterentwickeln – Innovationskraft stärken

Um langfristig einen hohen Innovationsreifegrad zu erreichen, ist es wichtig, dass die Organisation weiterentwickelt wird. Dazu sollte auch eine gründliche Überprüfung der eingesetzten Managementmethoden gehören. Schließlich wird „die Leistungsfähigkeit Ihres Unternehmens (...) letzten Endes weder durch sein Betriebsmodell noch durch sein Geschäftsmodell beschränkt, sondern durch sein Managementmodell." (Hamel, 2008, S. 10). Die Managementinnovation nimmt somit den Spitzenplatz in der Innovationshierarchie ein. Sie stellt die durchgreifendste Form der Innovation dar und rangiert in ihrer Bedeutung vor strategischer Innovation, Produkt bzw. –Dienstleistungsinnovation und der Innovation der Betriebsabläufe (vgl. Hamel, 2008, S. 53).

Die Umwelt ändert sich und ein Verharren in alten Managementüberzeugungen kann angesichts von Dynamik und einer vom Web 2.0 geprägten Welt langfristig nicht erfolgreich sein. Zu langsam sind diese „Schlachtschiffe" der alten Welt in turbulentem Fahrwasser mit seinen vielfältigen Herausforderungen:

- Dank Web 2.0 ist eine zunehmende „Demokratisierung" von Innovationen zu beobachten. Diese „Demokratisierung" überträgt sich auch auf die Erwartungen von Angestellten.
- Innovationen werden nicht nur „für", sondern auch „mit" Nutzerinnen und Nutzern gemacht. Grenzen von Organisationen werden offener. Diese „Mitentwickler" zu involvieren ist wichtig, ebenso wie ihnen Offenheit und Vertrauen entgegenzubringen. Interne Einbindung und gute Kommunikation erwarten auch die internen „Mitentwickler".
- Ohne die richtige Innovationskultur (Offenheit, Vernetzung) im Unternehmen ist Innovation auf einen kleinen Bereich beschränkt, entkoppelt, und nicht nachhaltig.
- Viele Veränderungen auf den Märkten erfordern eine schnelle Reaktionsfähigkeit. Hierarchien geraten damit an ihre Grenzen. Es ist eine größere Autonomie erforderlich.
- Die Erfindung neuer Werkzeuge zur Kooperation, die auf dem Web basieren, öffnen den Menschen ganz neue Wege, sich zusammenzuschließen und zu organisieren. Mit verteilten Netzwerken im Internet gibt es eine Alternative zur formalen Hierarchie.
- Neue Erwartungen, die nachwachsende Generationen an den Arbeitsplatz mitbringen.

„Warum Management nicht mehr funktioniert? Weil die Menschen es leid sind, ihre Intelligenz und ihre Kreativität an der Werkspforte abzugeben und innerhalb der engen Grenzen ihres Jobs einfach nur noch auszuführen, was andere denken. Die Menschen sind heute viel zu selbstbewusst und selbstbestimmt, um sich das noch länger gefallen zu lassen." (Pfläging, 2009, Seite 14)

„Vor ein paar Jahrzehnten haben wir gelernt, dass Planwirtschaft in Volkswirtschaften nicht funktioniert. Aber wir haben noch nicht eingesehen, dass das gleiche auch für Unternehmen gilt." „Das ist im Herzen sowjetisch. Das ist Sowjetwirtschaft – und wir nennen es Management!" (Pfläging, 2014, S. 121)

Die meisten Unternehmen haben ihre Managementmethoden bislang nicht daran angepasst. „Das, was wir heute Management nennen, unterscheidet sich nicht wesentlich von den Methoden Taylors. In dynamischen und komplexen Märkten wurde Führung per Weisung und Kontrolle jedoch eine Gefahr für Organisationen." Pfläging und andere „nennen tayloristisches Management: Alpha" (Pfläging, 2014, S. 12). Ein Kernproblem von Frederick Taylors damals genialer Idee ist heute die konsequente Trennung des Denkens (den Managern vorbehalten) vom Handeln. Dies führt in einem sehr dynamischen Umfeld zu einer gefährlichen Marktferne und zu geringer Geschwindigkeit.

Im Industriezeitalter mit seinen mehr oder minder immer weiter wachsenden Massenmärkten mit wenig intensivem Wettbewerb war es kein Problem, dass sich Alpha zum Standard der Unternehmensführung entwickelt hat. Die Märkte waren träge und von Monopolen und Oligopolen dominiert. „Hoch-dynamische Wertschöpfung wiederum bedarf eines erhöhten Einsatzes menschlicher Fähigkeiten in Problemlösungs-Prozessen. Alpha wurde so zu einem Hindernis. Taylorismus/Management wurde zu einem Irrtum." (Pfläging, 2014, S. 14).

In dynamischen und komplexeren Märkten funktioniert diese „Planwirtschaft" des Managements nicht mehr; sie ist nicht leistungsfähig genug und gefährdet auch die Innovationskraft. Bisherige Tools, Standardisierung, Regeln, Strukturen oder Prozesse geben keine hinreichende Antwort mehr auf die auftauchenden Probleme. Insbesondere Methoden, die im Industriezeitalter erfolgreich waren, versagen (vgl. Pfläging, 2014, S. 17).

Das, was heutzutage unter „Management" verstanden wird, hat weist drei wesentliche Probleme auf:

1. Hierarchie und Top-Down Kontrolle bewirken, dass soziale Prozesse negiert und ausgeblendet werden und dass stattdessen das „Management by Numbers“ und die Führung durch Angst eingesetzt werden.
2. Ist die funktionale Trennung mit Zuständigkeiten verbunden und führt dazu, dass Verantwortung auf Teilaufgaben reduziert wird, die hierarchisch koordiniert und kontrolliert werden. Planung, Regeln und Standards bestimmen das Arbeiten.
3. Die Trennung von Planung und Ausführung führt zu einer zeitlichen Lücke, die mittels fremdgesteuerter Rollen, Strategien, Ziele, Prognose und Planung überbrückt werden soll (vgl. Pfläging, 2014, S. 13).

Aufgrund der Schwächen des vorherrschenden Managementansatzes stellt Hamel fest, dass: „(...) zum ersten Mal seit Beginn des 20. Jahrhunderts stehen wir nun an der Schwelle einer neuen Revolution im Management, die vielleicht ebenso viel Verunsicherung hervorrufen wird wie die, die das Industrielle Zeitalter einläutete.“ (Hamel, 2013, S. 188). „Traditionelle Managementmodelle, die Optimierung über Innovation und Kontinuität über Veränderung stellen, können mit diesen bisher nie da gewesenen Veränderungen einfach nicht umgehen.“ (Hamel, 2013, S. 188).

Hamel konstatiert, dass „In vielerlei Hinsicht *ist* das Internet die neue Managementtechnologie.“ (Hamel, 2008, S. 355 f). Von den meisten Managern wird das Internet lediglich als ein Werkzeug zur Produktivitätserhöhung und Kundenbetreuung verstanden. Dass es geeignet ist, alte Geschäftsmodelle zu erneuern, haben einige Manager verstanden, aber kaum welche dass es das verstaubte Managementmodell über den Haufen werfen wird (vgl. Hamel, 2008, S. 359). Wer mit dem sozialen Kontext im Web vertraut ist, wird mindestens erwarten, dass auch bei der Arbeit die soziale Umgebung entsprechend gestaltet ist und nicht wie eine Bürokratie aus der Mitte des 20. Jahrhunderts.

„Intelligenten“ Organisationen ist bewusst, dass die Freiheit zum eigenständigen Arbeiten einen Erfolgsfaktor darstellt. Aus diesem Grunde reduzieren sie den Einfluss der Hierarchie und ermöglichen so allen Mitarbeiterinnen und Mitarbeitern, ihr Potential einzubringen. Die Verringerung von Hierarchien, Abteilungssilodenken und die Ermöglichung von Autonomie stellen den zentralen Schritt zur intern gelebten „Organisation 2.0“ dar. Vertrauen und Unterstützung, statt Grenzen und Verbote lauten die Stichworte.

Unternehmen, die den sozialen Gedanken aus dem Web inkorporiert haben, werden um ein vielfaches innovativer als Unternehmen, die an altem Managementdenken festhalten. Ihr Erfolgsfaktor: Sie haben gelernt, Umgebungen zu schaffen, in denen Angestellte, aber auch Kundinnen und Kunden sowie Partner sich ermutigt fühlen, Ideen zu teilen, zu verbessern – und die besten Ideen in Rekordzeit umzusetzen (vgl. Fidelman, 2013, S. xi f).

“When it comes to making innovation of all types happen, people matter more than ideas.” (Lindegaard, 2010, S. 64)

Wie sieht nun die Alternative für die Zukunft aus? Was kommt nach dem Ende des Managements? Organisationen sollten sich in Richtung eines sogenannten „Enterprise 2.0“ entwickeln, in dem Informationshierarchien aufgelöst sind, eine aktive Beteiligung und stärkere Vernetzung aller gefördert wird und Social Software eingesetzt wird, um den Wissensaustausch zu verbessern.

Die Alternative entsteht quasi von alleine, sobald man aufhört, in Funktionen und Hierarchien zu denken (vgl. Pfläging, 2009, S. 41):

- Organisationen als Wertschöpfungsnetzwerke verstehen, die auf informellen Strukturen aufbauen, um komplexe Aufgaben zu lösen. Daher sollte Hierarchie mit ihren Weisungspyramiden abgeschafft werden (vgl. Pfläging, 2014, S. 54).
- Die Netzwerkorganisation entsteht im Prinzip von alleine, wenn Verantwortung breit verteilt wird. In einem Netzwerk aus Zellen findet das eigentliche Geschäft

statt. Dabei herrscht keinesfalls Chaos, sondern Ordnung und Richtung. Disziplin und Macht entstehen hier nicht vertikal von oben nach unten, sondern vom Markt außen nach innen (vgl. Pfläging, 2009, Seite 41).

- Konsequente Dezentralisierung angesichts des Steuerungsversagens in dynamischen Märkten, bei der Entscheidungen von den Personen mit direktem Marktkontakt getroffen werden (vgl. Pfläging, 2014, S. 59).
- Führung nicht als interne Funktion, sondern auf Selbstorganisation setzen, die dann automatisch als natürliches Phänomen auftritt. Eine sinnvoll gezogene Unternehmensgrenze und der Markt sowie der Gruppendruck, den er erzeugt, sorgen dann von alleine für Steuerung (vgl. Pfläging, 2014, S. 84).
- Führungskräfte als fest zugeteilte Rolle werden in der Beta-Welt nicht benötigt. Die Führungsarbeit ist gemeinsam zu erledigen; jeder muss führen (vgl. Pfläging, 2009, S. 6).
- Es werden lediglich ein paar wenige Top-Führungskräfte mit Rollen nach außen hin besetzt, wie z. B. „Geschäftsführer" oder „Vorstand", die gesetzlich vorgeschrieben sind. Sie dienen beispielsweise als Aushängeschilder nach draußen, spielen nach innen sonst aber keine besondere Rolle (vgl. Pfläging, 2009, S. 6).
- Führung vorrangig auf die Arbeit am System ausrichten, vor allem darauf dass der Marktzug innerhalb der Organisation spürbar gemacht wird und sich das Denken und Handeln nicht vom Markt abkoppelt. Dafür hilfreich: Transparenz und Dialog (vgl. Pfläging, 2014, S. 84).
- Die Ausrichtung am Markt und die stärkere Vernetzung haben zugleich den Vorteil, dass sie das Arbeiten in siloartigen Abteilungen auflösen: „Abteilungen sind taube Einzelgänger, die sich von der Welt abgewendet haben." (Pfläging, 2009, S. 231).

Wie die Transformation zur Beta-Organisation gelingen kann, ist beschrieben bei Pfläging, 2014. In diesem Zusammenhang ebenso lesenswert: Pfläging, 2009.

Was können Sie tun, um andere von der Wichtigkeit des Wandels zu überzeugen?

- Erstellen Sie eine umfassende Analyse der Enterprise 2.0-Aktivitäten Ihrer Konkurrenz, indem sie Statistiken sammeln, eingesetzte Technologien und Erfolgsgeschichten.
- Präsentieren Sie Ihre Erkenntnisse in einem direkten Vergleich Ihres Wettbewerbers und Ihrer Bibliothek. Zeigen Sie auf, wo Chancen nicht genutzt wurden oder werden. Wenn möglich, quantifizieren sie dies mit einem Geldbetrag.
- Wenn die Daten überzeugen und Ihre Vorgesetzten einverstanden sind, können Sie darum bitten, ein erstes Pilotprojekt durchzuführen (vgl. Fidelman, 2013, S. 95 f).

„Wer Teams und einzelnen Menschen die Freiheit und den Raum zum Handeln gibt, leistet echte Führungsarbeit. Wer dagegen versucht, seine Mitarbeiter gezielt zu steuern, wer bis in Details Vorschriften und Anweisungen ausgibt, was und wie von wem zu erledigen ist, der hat keine Führungskraft, sondern ist höchstens ein Manager. (...) Management war gestern erfolgreich und ist heute am Ende. Heute ist die Zeit, in der Management durch echte Führung ersetzt wird."
(Pfläging, 2009, S. 59)

4 Wie können wir unser Innovationsmanagement organisieren?

Auf Kongressen und in Diskussionsforen wird oft die Grundsatzfrage mit konträren Standpunkten erörtert, ob sich denn Innovation überhaupt organisieren lasse. Die Fachliteratur zum Thema Innovationsmanagement ist sich natürlich einig, dass eine sinnvolle Organisation auch bessere Resultate bringt. Die Skeptiker schreiben zu diesem Thema keine Bücher, aber sie äußern sich in Blogs und in Diskussionen dezidiert kritisch. Dabei dreht sich die zentrale Frage vor allem um den Aspekt, ob man Kreativität und neue Ideen durch organisatorische Rahmenbedingungen fördern könne oder ob diese nicht eher durch bürokratische Abläufe eingeschränkt würden.

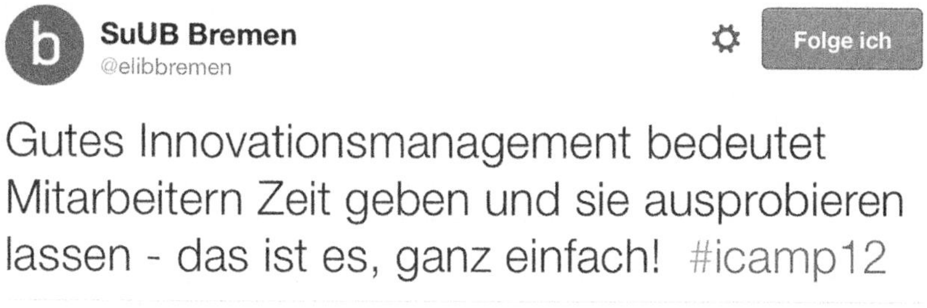

Abbildung 10: Twitter-Kommentar zum Thema Innovationsmanagement, SuUB Bremen, September 2012).

Innovation meint nicht nur Ideenfindung, sondern die erfolgreiche Einführung neuer Produkte und Dienstleistungen und/oder auch neuer Prozesse und Organisationsstrukturen.

Darüber lässt sich wahrlich streiten. Innovationsmanagement bezieht sich jedoch nicht bloß auf die Ideenfindung, sondern auf den gesamten Innovationsprozess. Hierbei geht es vor allem darum, dass neue Ideen zu neuen, erfolgreichen Produkten umgesetzt werden können. Und für diese erfolgreiche Umsetzung ist es wichtig und sinnvoll, organisatorische Rahmenbedingungen zu schaffen und entsprechende Methoden einzusetzen. Ideenfindung und der kreative Prozess sind also nur Teile des umfassenderen Innovationsprozesses. Beim Innovations*management* im engeren Sinn geht es nun insbesondere darum, gute Umfeldbedingungen für Innovationen zu schaffen und gegebenenfalls einen strukturierten Ablauf einzuführen und zu betreiben, der sicherstellen soll, dass möglichst viele kreative Ideen in der Organisation geprüft, weiterentwickelt oder verworfen – und die aussichtsreichen Ideen zu marktreifen Produkten entwickelt werden.

Die Gefahr des Abwürgens von Kreativität durch bürokratische Abläufe besteht also vorwiegend in der Phase der Ideenfindung (mehr dazu im Kapitel 3.1).

Wie viel Innovations*management* ist sinnvoll? Welches ist das richtige Maß für Innovationsmanagement? Wie viel Management ist nötig, wie wenig sinnvoll? Diese Frage lässt sich nicht pauschal beantworten. Aber je höher die Arbeitsteilung in einer Organisation ist und je komplexer eine Institution strukturiert ist, desto wichtiger und umfassender ist Management und der Einsatz der entsprechenden Methoden. Dies gilt wohl für die meisten Aspekte von Management. In diesem Kapitel befassen wir uns nun mit den strukturellen und organisatorischen Aspekten des Innovationsmanagements im engeren Sinn.

Beim Innovationsmanagement kann gerade auch in kleineren Bibliotheken mit einfachen Mitteln für eine Umsetzung der zentralen Forderungen gesorgt werden. Wir werden diesem Aspekt in den einzelnen Kapiteln besonderes Augenmerk schenken.

Ausdrücklich gegen ein organisiertes Innovationsmanagement spricht sich Klaus Ceynowa von der Bayerischen Staatsbibliothek aus.

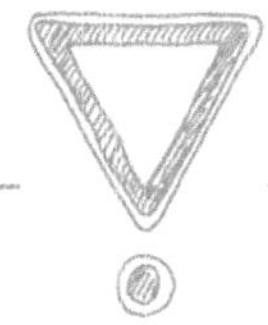

Die Bayerische Staatsbibliothek betreibt kein strukturiertes Innovationsmanagement sondern setzt auf flexible Umsetzung strategischer Initiativen.

„Ein Regelwerk für innovatives Denken ist ein Widerspruch in sich.“ (Klaus Ceynowa)

„Innovation lässt sich geradezu als Nichtakzeptanz des Status Quo definieren.“ (Klaus Ceynowa)

Fallbeispiel: Innovations„management“ an der Bayerischen Staatsbibliothek

Von Klaus Ceynowa, Bayerische Staatsbibliothek München, http://www.bsb-muenchen.de

Man mag – mit einigem guten Willen – die Bayerische Staatsbibliothek als innovationsgetriebene Einrichtung bezeichnen. Die Public-Private-Partnership mit Google, der seinerzeit international erste Einsatz von Scanrobotik, die Entwicklung einer ganzen Serie erfolgreicher Apps, Experimente auf dem Feld des Gesture-Based-Computing, 3D-Digitalisierung und 3D-Druck, die Implementierung einer weltweit einzigartigen Bildähnlichkeitssuche, diverse Datenplattformen für die Forschung und einiges mehr lassen sich als Schritte auf dem Weg der digitalen Transformation dieser so traditionsreichen Gedächtnisinstitution begreifen.

Dennoch betreibt die Bayerische Staatsbibliothek kein strukturiertes Innovationsmanagement und kann folglich auch nicht beanspruchen, auf diesem Feld etwas Nachnutzbares, Erlernbares oder Eins-zu-Eins zu Übernehmendes anbieten zu können. Das Innovationshandeln an der Bayerischen Staatsbibliothek gestaltet sich vielmehr als ein unsystematisches Vorangehen, getragen von der Erfahrung, dass das Finden und Umsetzen von Innovationen sich nur sehr begrenzt als ein regelgeleitetes, prozessual planbares Verfahren verstehen lässt, das in einer „Abteilung“ verankert und in Form eines „Auftrags“ oder einer „Aufgabe“ institutionalisiert werden könnte: Ein Regelwerk für innovatives Denken ist ein Widerspruch in sich.

Diese Erfahrung verbindet sich mit zwei weiteren, „elitär“ wirkenden, aber nicht so intendierten Grundannahmen. Wenn es um Innovationen geht, macht es wenig Sinn, die Nutzer zu befragen. Diese nehmen die Bibliothek im Regelfall so wie sie ist, und sind dann eben mit ihren Diensten mehr oder weniger zufrieden. Zudem gilt grundsätzlich: Innovationen folgen nicht den Nutzererwartungen, sondern überholen sie und sind ihnen voraus. „If we only asked faculty and students what they wanted“, so David F. Kohl, „we would quickly end up with the best 19th century library in North America.“ Und auch die Mitarbeiterinnen und Mitarbeiter sind, sofern sie in der „Linie“ mit Routineaufgaben betraut sind, im Regelfall zu nah, zu „verstrickt“ in ihre alltäglichen Workflows, um grundlegende, disruptive Veränderungen im Dienstespektrum ihrer Bibliothek in den Blick zu bekommen: Innovation ist nicht Prozessoptimierung! Etwas vereinfachend kann man also sagen: Schwarmintelligenz und betriebliches Vorschlagswesen sind nur bedingt innovationstreibend.

Dennoch ist die Generierung des Neuen an der Bayerischen Staatsbibliothek kein „chaotischer“ Vorgang, sondern durchaus strategiegeleitet. Strategieentwicklung heißt dabei ganz praktisch: die großen Linien, die Horizontperspektiven für die Entwicklung des Hauses zeichnen, die den Fokus des Organisationshandelns setzen und wiederum helfen, Prioritäten und Posterioritäten zu definieren. Innovationen folgen damit also (zumindest meistens) einem Top-Down-Ansatz: Die Strategie orientiert und selektiert die Ideenarbeit.

Hierzu zwei Beispiele: Die Strategieaussage „Wir wollen unsere mittlerweile gewaltigen digitalen Bestände nicht nur immer weiter ausbauen (das ist mittlerweile day-to-day-business), sondern sie konsequent in den neuen Nutzungsszenarien digitaler Lebenswelten ‚arbeiten‘ lassen“, führt unmittelbar zu mobilen Applikationen, zum gestengesteuerten Computing, zu Location Based-Services, zur automatisierten Bildähnlichkeitssuche, zur Bereitstellung des gesamten Verbundkatalogs als Linked-Open-Data etc. Die Strategieaussage „Wir wollen auf dem Feld der materialwissenschaftlichen Analytik und kunsttechnologischen Erforschung des schriftlichen Kulturerbes eine Spitzenstellung erlangen“, führt direkt zur Implementierung von Verfahren und Instrumenten wie Hyperspektralanalyse und 3D-Mikroskopie, mit denen sich zum Beispiel die Herstellung und Historie mittelalterlicher Handschriften bis in die Mikrostruktur des Pergaments hinein verfolgen läßt.

Aus derartigen strategischen Horizontperspektiven, die in ihrer Gesamtheit die Zukunftsgestalt des Dienste-Portfolios der Bayerischen Staatsbibliothek beschreiben, ergibt sich dann zwangslos ein neuer, „fremder“ Blick auf die eigene Institution: Strategie sagt ja immer, wo man in Zukunft stehen will, aber jetzt eben noch nicht ist. Der strategische Blick sieht das Gegenwärtige damit immer als das zu Verändernde – Innovation lässt sich geradezu als die *Nichtakzeptanz des Status Quo* definieren.

Ist diese Sicht einmal in der Organisation (zumindest auf deren Leitungsebenen) angekommen, sind Kreativität und innovativer Geist nicht mehr weit: Mobile Apps zum Beispiel werden dann als Chance begriffen, Informationen situativ und personalisiert an die Nutzer zu bringen, 3D-Digitalisierung und 3D-Druck als Option, das Analoge und Digitale in einem Kreislauf von auratischem Original – Digitalobjekt – physischem Replikat kurzzuschließen, und die iWatch als Herausforderung, alle Daten und Informationen, die derart verknappt transportierbar sind, künftig primär auch so zu vermitteln.

Innovation ist jedoch kein Selbstzweck. Wer als „innovativ“ gilt und Innovationspreise abräumt (bei uns füllen die schweren Milchglastrophäen mittlerweile eine ganze Vitrine), gehört nicht automatisch

zu den „Guten". Es mag sogar Zeiten stabiler und unhinterfragter Aufgabenwahrnehmung geben, wo scheinbar keinerlei Innovationsdruck besteht – man denke an die „goldenen" Jahre der Bibliotheken in den 70er und 80er Jahren des zurückliegenden Jahrhunderts.
In der aktuellen Phase der disruptiven digitalen Transformation dagegen, in der zumindest die vertraute Rolle der Bibliothek als Wissensspeicher und Informationsvermittler, als klassischer „Intermediär" eben, im Kern bedroht ist, sind Innovationen ein überlebensnotwendiges Muss: Neue, von den Nutzern erst tastend akzeptierte Produkte und Dienste überformen die vertrauten Aufgaben und Leistungen und stehen oft sogar quer zu dem in Verordnungen, Erlassen und Gesetzen vorgegebenen „Auftrag" der Bibliothek, die sich ihre neue Zukunftsgestalt suchen muss (Rechnungshöfe tun sich darum „strukturell" schwer mit Innovationen).
Noch einmal zur Frage: Wer trägt, wer treibt das Innovationshandeln? Seien wir ehrlich: Es sind nicht „alle", sondern zumeist die hellen Köpfe in den IT-orientierten Leistungsbereichen. Umso wichtiger – dies ist eine Grunderfahrung der Bayerischen Staatsbibliothek – ist es deshalb, diese Köpfe nicht in einer abgehobenen Abteilung für „Forschung und Entwicklung" zu poolen, sondern in ihren ‚Heimatabteilungen' zu belassen. Nur so kann der Innovationsimpuls in die Gesamtinstitution hinein diffundieren und als Veränderungsmotor zusehends breitere Akzeptanz finden. Wie Steve Jobs gesagt hat: „It's all about people and changing their minds."
Das institutionell Neue lässt sich so relativ umstandslos in Form projektbezogen arbeitender Ad-Hoc-Teams organisieren: Alltagsgeschäft und Innovationshandeln bilden eine Matrix. Diese Teams werden durch ihr gemeinsames Ziel definiert, nicht durch Auftrag, Hierarchie und ‚Zuständigkeit': Die Frage der Federführung stellt sich nicht mehr, wohl aber die der Deadline zur Implementierung der Innovation: dieser Handlungsdruck ist notwendig, damit der Innovationsimpuls nicht in Machbarkeitsstudien, Testbeds und Prototypen verendet, sondern zu ‚echten' Produkten und Diensten führt, die sich dem Votum der Nutzer stellen.
Innovationshandeln ist dabei immer experimentell, es ist ein sich Hineinwagen in unerkundetes Land und damit per se riskant. Wenn die Bayerische Staatsbibliothek zum Beispiel ab Herbst 2015 iBeacons-Technologie zur Inhouse-Navigation einsetzen will, kann dieses Experiment sowohl technisch wie auch mit Blick auf die Nutzerakzeptanz scheitern: Dieses Risiko muss erlaubt und sogar gewollt sein, es ist ein geradezu konstitutives Element des Innovationshandelns.
Abschließend sei noch einmal betont: Die hier skizzierten Umrisse des Inno-vations„managements" an der Bayerischen Staatsbibliothek beschreiben einfach die Art und Weise, wie wir handeln, sind aber kein Rezept und auch keine höhere Einsicht, die anderen besserwisserisch vorgesetzt wird. Andere mögen mit anderen Wegen, Methoden und Strukturen deutlich besser fahren. Denn auch für das Innovationsmanagement selbst gilt: Keep innovating!

„In der aktuellen Phase der disruptiven digitalen Transformation [...] sind Innovationen ein überlebensnotwendiges Muss."
(Klaus Ceyonwa)

Die Untersuchung von Georgy (2010, S.30) hat gezeigt, dass sich Bibliotheken tendenziell als überdurchschnittlich innovativ bezeichnen. Diese Aussage der Bibliotheken zeugt wohl vor allem davon, dass man die Bedeutung der Thematik erkannt hat und dass man gewillt ist, neue Wege zu beschreiten. Der Verdacht liegt aber nahe, dass die Bibliotheksverantwortlichen den Innovationsgrad ihrer Bibliothek tendenziell zu hoch einschätzen. Denn von außen lässt sich beobachten, dass die dedizierten Stellen oder Organisationseinheiten für Innovationsmanagement in Bibliotheken noch sehr dünn gesät sind. Auch Aussagen wie Bibliotheken seien einer „Innovation aus Tradition" verpflichtet, weisen auf eine etwas konservative Vorstellung von Innovation hin (vgl. Ceynowa 2015).

In kleineren Bibliotheken können die zentralen Forderungen des Innovationsmanagements auch mit einfachen Mitteln umgesetzt werden.

Außerhalb der eigenen Branche werden nämlich Bibliotheken nicht unbedingt als Horte der Innovation gesehen. Stellvertretend steht hier der Leiter des Innovationszentrums St. Gallen, Lukas Schmid, der meint: „Ich nehme die Bibliotheken nicht als sehr innovativ wahr, auch nicht auf klassische Art und Weise. [...]. Vielleicht ist das der Wert einer Bibliothek, dass sie nicht innovativ ist, sondern dass sie puristisch auf ihr Modell setzt. Ein Modell, welches das Horten, Pflegen und Ausleihen von physischen Büchern beinhaltet. Vielleicht ist das ihre Daseinsberechtigung" (zitiert nach Dudli 2014, S.67). Er bezieht sich hier vor allem darauf, dass Bibliotheken kein eigenes Geschäftsmodell entwickeln und entsprechend auch keine Innovation in diesem Bereich anstreben. Außen- und Innenwahrnehmung der Innovationsfähigkeit von Bibliotheken weisen also eine große Differenz auf.

Die Hälfte der 2010 in einer Studie befragten Bibliotheken in Deutschland schätzt sich als überdurchschnittlich innovativ ein, 22 % als innerhalb der Branche führend, 25 % als durchschnittlich innovativ. (vgl. Georgy 2010, S.39)

Das Ergebnis der Studie von Georgy, wonach sich die überwiegende Mehrheit der Bibliotheken als überdurchschnittlich innovativ bezeichnet, kann auf zwei Arten interpretiert werden: Entweder die Bibliotheken überschätzen sich bezüglich ihrer Innovationsfähigkeit deutlich oder sie gehen von unterschiedlichen Innovationsbegriffen aus. Deshalb lohnt es sich, sich mit den verschiedenen Innovationsbegriffen, -arten und -strategien zu befassen. Eine Untersuchung der HTW Chur 2015 bei Schweizer Hochschulbibliotheken hat dieses Bild etwas korrigiert. Auf die Frage, wie sich die Bibliothek im Vergleich zu anderen Bibliotheken ihres Typs einschätzt, entstand ein realistischeres Bild. Nur gerade zwei Bibliotheken (3 %) haben ihre Innovationskraft als sehr hoch eingeschätzt, 29 % als eher hoch, 32 % als neutral, 12 % als eher schwach und eine Bibliothek als sehr schwach – 22 % machten keine Angaben.

Das Ergebnis verdeutlicht, wie wichtig die Fragestellung ist. Durch die Einordnung in einen Kontext fällt es den Bibliotheken leichter, sich realistischer einzuschätzen – allerdings sind 22 % der Bibliotheken nicht in der Lage, dies zu tun. Und jene Bibliotheken, die ihre Innovationskraft als sehr hoch bezeichneten, wurden in der Umfrage von den anderen Bibliotheken mehrfach als Beispiele für besonders innovative Bibliotheken erwähnt.

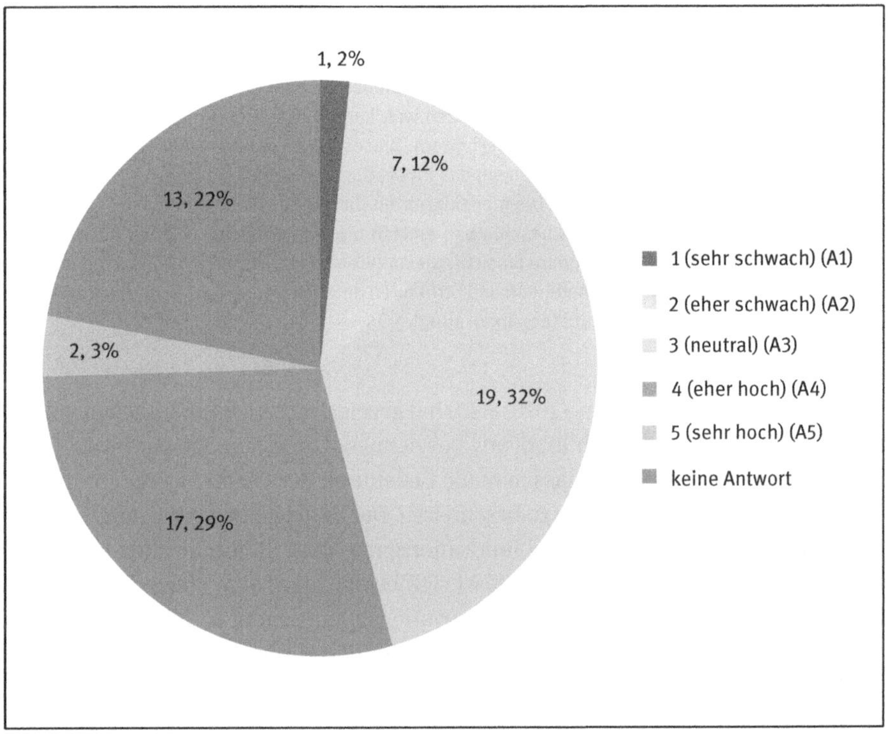

Abbildung 11: Umfrageergebnis zu Innovationskraft.
Antworten auf die Frage „Wie schätzen Sie die Innovationskraft Ihrer Bibliothek im Vergleich zu anderen Bibliotheken des gleichen Typs ein?" Umfrage bei Wissenschaftlichen Bibliotheken der Schweiz, 2015 (n=60).[2]

2 Die Ergebnisse der Umfrage waren zum Zeitpunkt des Redaktionsschlusses noch nicht veröffentlicht.

4.0.1 Fragen zum Stand der Innovationsorganisation in Ihrer Bibliothek

Wo steht Ihre Bibliothek bezüglich der Organisation von Innovation? Die Fragen sind abgeleitet von Birkenmeier/Brodbeck und vom Innovationsmonitor, der am Swiss Institute for Entrepreneurship an der HTW Chur entwickelt worden ist.

Checkliste: Innovationsstrategie
- Verfügt ihre Bibliothek über eine ausformulierte und verabschiedete Gesamtstrategie?
- Wann wurde diese Strategie erarbeitet oder aktualisiert?
- Wie wurde die Strategie entwickelt? Wurden Mitarbeitende mit einbezogen?
- Kennen Sie diese Strategie und wenden Sie diese regelmäßig an? Kennen die Mitarbeitenden die Strategie?
- Sind strategische Suchfelder und Schwerpunkte für Innovationen definiert?
- Ist festgelegt, welche Arten von Innovationen erwünscht sind?
- Sind Innovationsziele für die Bibliothek und einzelne Mitarbeitende formuliert?

Checkliste: Innovationsprozess
- Ist ein funktionsübergreifender Innovationsprozess vorhanden?
- Entspricht der formelle Innovationsprozess weitgehend den gelebten Abläufen in der Organisation?
- Sind die Rollen und Aufgaben im Innovationsprozess klar definiert und kommuniziert?
- Ist festgelegt, wer wann im Prozess welche Entscheidungen fällt?
- Gibt es gibt eine für das Innovationsmanagement zuständige Stelle in der Bibliothek?
- Werden Ideen regelmäßig und systematisch ermittelt und weiterverfolgt?
- Erfolgt die Bewertung von neuen Ideen anhand definierter, einheitlicher Kriterien?
- Wird eine Erfolgsbeurteilung (Controlling) der Innovation vorgenommen, Erfahrungswerte systematisch erfasst?
- Werden finanzielle und technische Risiken regelmäßig überprüft?

Checkliste: Innovationsstruktur
- Ist die Aufbauorganisation der Bibliothek konsequent auf die Kunden ausgerichtet?
- Fördern die Strukturen das Denken und Handeln in Prozessen und Projekten?
- Sind die Verantwortlichkeiten für das Innovationsmanagement und den Innovationsprozess festgelegt (Innovationsmanager, Steuerungsgremium)?
- Erfolgt die Bearbeitung von Innovationsprojekten in interdisziplinären Teams?
- Sind die Teams hierarchie- und bereichsübergreifend zusammengesetzt?
- Erfolgt ein regelmäßiger Gedankenaustausch mit externen Know-how-Trägern (z. B. in der Hochschule) zum Erkennen von Innovationspotential?
- Werden Kooperationen zur Beschleunigung von Innovationen systematisch gepflegt?
- Verfügen die Teams zur Umsetzung von Innovationen über eine gewisse Autonomie?

Checkliste: Innovationsinstrumente
- Werden Methoden zur Identifikation von technologischen Trends gezielt angewandt (Technologieradar, Scouts, Monitoring)?
- Werden Methoden zur Ermittlung von artikulierbaren Nutzerbedürfnissen gezielt eingesetzt (Kundenbefragungen, Fokusgruppen)?
- Werden Kundenfeedbacks und Beschwerden systematisch analysiert und fließen in den Innovationsprozess ein?

- Werden Methoden zur Ermittlung eines visionären Kundenverständnisses (künftige Bedürfnisse, neue Zielgruppen) gezielt eingesetzt (Lead User, Kundenbeobachtungen)?
- Werden regelmäßig Markt- und Konkurrenzanalysen durchgeführt?
- Setzt sich die Bibliothek mittels geeigneter Methoden systematisch mit der Zukunft auseinander (Szenarien)?
- Werden zur Ideengenerierung regelmäßig Kreativitätstechniken eingesetzt?
- Erfolgt die Erfassung und das Management von Ideen systematisch und wird durch geeignete Instrumente unterstützt?
- Gibt es zur Abwicklung der Projekte ein standardisiertes Projektmanagement?

Checkliste Innovationskultur:
- Werden die Mitarbeitenden regelmäßig und offen über Innovationsvorhaben informiert?
- Ist die Bereitschaft der Bibliotheksleitung sich auf Neues einzulassen hoch?
- Zeichnen sich die Mitarbeitenden durch ein überdurchschnittlich hohes Maß an Veränderungsbereitschaft, Engagement und Eigeninitiative aus?
- Sind innovationsfördernde Werte verankert und werden gelebt (z.B. Fehlertoleranz, Eigeninitiative, Veränderungsbereitschaft, Offenheit für Neues, Flexibilität)?
- Sind diese Werte im Leitbild beschrieben? Wurde das Leitbild mit den Mitarbeitenden entwickelt?
- Werden die für Innovationen wichtigen Kompetenzen gezielt gefördert (Personalentwicklung, Fortbildung)?
- Werden innovative Mitarbeiterideen gezielt gefördert?
- Steht den Mitarbeitenden innerhalb der regulären Arbeitszeit Freiraum für innovationsfördernde Aktivitäten zur Verfügung?
- Besteht eine Plattform für Prototypen, Beta-Versionen oder zum Testen von neuen Dienstleistungen (Lab, Spielwiese)?

4.1 Innovationsstrategie

4.1.1 Strategie einer Bibliothek

Innovationsvorhaben, die mit einer klaren Strategie umgesetzt werden, haben größere Erfolgschancen als solche ohne.

Strategien sind Teil des Managementsystems einer Organisation. Eine Untersuchung in Schweizer Hochschulbibliotheken im Jahr 2012 hat gezeigt, dass erst wenige Schweizer Bibliotheken über eine formulierte Strategie verfügten (Stöckli, 2012). Aber offenbar hat hier in den letzten zwei Jahren ein Umdenken stattgefunden, denn in der Untersuchung zu Innovation in Schweizer Hochschulbibliotheken haben 2015 von 38 antwortenden Bibliotheken 61% angegeben, dass sie über eine Gesamtstrategie verfügten. Und rund die Hälfte dieser Bibliotheken hat die Strategie im letzten Jahr verabschiedet. Man kann also sagen, dass zumindest die Schweizer Hochschulbibliotheken in den letzten Jahren in die Ausarbeitung von Strategien investiert haben.

Andererseits fordern Träger immer öfter eine aktualisierte, zukunftsgerichtete Strategie. So hat der Senatsausschuss der Leibniz-Gemeinschaft als Ergebnis einer Evaluation von der ZB MED dezidiert die Entwicklung einer zukunftsorientierten Gesamtstrategie gefordert: „Für den Fortbestand der Einrichtung ist es notwendig, eine übergeordnete Gesamtstrategie ohne Verzug zu entwickeln und so bald wie möglich schrittweise umzusetzen.“ (http://www.leibniz-gemeinschaft.de/fileadmin/user_upload/downloads/Evaluierung/Senatsstellungnahme-ZB-MED-2012.pdf)

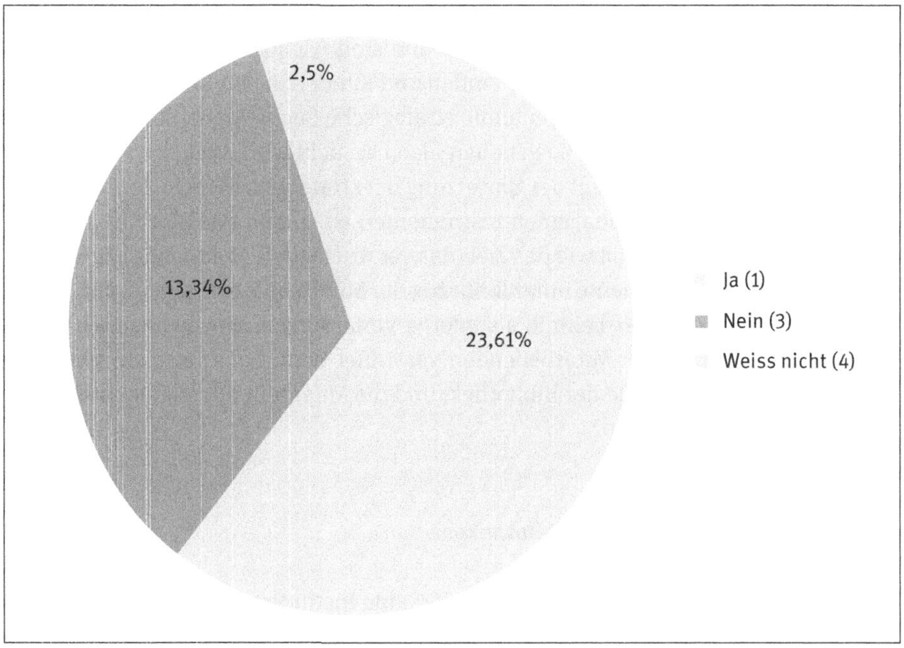

Träger fordern von Bibliotheken immer häufiger eine Strategie.

Abbildung 12: Umfrageergebnis Bibliotheksstrategie.
Antworten auf die Frage „Verfügt Ihre Bibliothek über eine Gesamtstrategie?" (n=38).

Bis vor kurzem fand man nur wenige publizierte Bibliotheksstrategien im Web. In jüngster Zeit haben aber verschiedene Bibliotheken Strategien entwickelt und diese auch veröffentlicht, wie zum Beispiel die UB Wien, die Schweizerische Nationalbibliothek oder die Österreichische Nationalbibliothek.

4.1.2 Wozu dient eine Strategie?

Die oberste Ebene des Managements wird auch als normatives Management bezeichnet (Bleicher, 2011). Hierzu zählen die Vision und das Leitbild einer Organisation. Diese Elemente beschreiben den Zweck des Unternehmens, die geltenden Normen (Leitbild) sowie der in nicht allzu ferner Zukunft gewünschte Zustand (Vision). Eine überzeugende Vision kann die Richtung angeben, in die sich die Bibliothek bewegen soll. Dagegen wird in einem Leitbild festgehalten, wie in der Organisation zusammengearbeitet wird, welche Werte in der Bibliothek gelten. Hier könnte zum Beispiel eine Aussage zum Stellenwert von Innovation oder zur Mitwirkung der Mitarbeitenden im Innovationsprozess formuliert werden.

Strategische Managementinstrumente und ihre Inhalte

Vision	Idealzustand in der Zukunft, Wegweiser
Mission	Auftrag der Organisation
Leitbild	Zweck der Organisation, „Grundgesetz" Oberste Ziele und Wertvorstellungen
Gesamtstrategie	Definition der Schwerpunkte, Positionierung, Geschäftsziele (Zeithorizont 3–5 Jahre)
Teilstrategien	z. B. Innovationsstrategie, IT-Strategie, Marketingstrategie

Diese übergeordneten Elemente – Vision, Leitbild, Strategie – geben somit den Rahmen für gewünschte Innovationen vor und sind wichtig für die Bewertung von Ideen und den Einbezug von Mitarbeitenden und Kunden in den Innovationsprozess. Aus der Strategie lassen sich sogenannte strategische Suchfelder ableiten, also Themenbereiche, in denen gezielt nach neuen Ideen gesucht wird. Dadurch wird die Ideenfindung fokussiert und dient der Umsetzung der strategischen Ziele der Bibliothek.

Bei der Strategie- und Leitbildentwicklung ist der Weg (mit Einbezug der Mitarbeitenden) mindestens so wichtig wie das Ziel (das verabschiedete Dokument)

Bei den genannten Managementinstrumenten ist zudem der Weg (die Entwicklung) mindestens so wichtig wie das Ziel (das verabschiedete Dokument). Es ist empfehlenswert, diese Dokumente unter Einbezug der Mitarbeitenden gemeinsam zu entwickeln. Insbesondere das Leitbild als interne Verfassung einer Organisation macht wenig Sinn, wenn es den Mitarbeitenden verordnet wird. Somit erreicht man eine Übereinkunft über die Ziele der Bibliothek, und die Mitarbeitenden können sich besser mit diesen identifizieren.

4.1.3 Arten von Innovation in Bibliotheken

Im Rahmen der Innovationsstrategie definiert eine Institution für sich selbst, was sie unter Innovation versteht und welche Art von Innovation sie anstrebt. Versteht sich die Bibliothek als „early adopter" oder als „Innovator" bzw. als „first mover"? Bezweckt sie eher nach außen gerichtete Produktinnovation oder nach innen gerichtete Prozessinnovation? Zielt die Bibliothek auf radikale oder auf inkrementelle Innovation?

Innovationsgrad

In der Bibliothekspraxis ist besonders die Frage der Intensitätsdimension relevant: handelt es sich um eine radikale Innovation, bei der komplett neue Produkte oder Geschäftsmodelle entwickelt werden? Oder handelt es sich eher um inkrementelle Innovation, bei der die Verbesserung und Weiterentwicklung bestehender Produkte im Vordergrund steht? Beides hat seine Berechtigung, je nach den Zielsetzungen der Organisation.

Innovationen in Bibliotheken sind tendenziell eher inkrementeller Art und umfassen keine radikal neuen Produkte oder Geschäftsmodelle.

Da sich Bibliotheken noch immer meist an einer lokal ausgerichteten Nutzerschaft orientieren – bei Hochschulbibliotheken sind dies in der Regel die Angehörigen der eigenen Hochschule, bei Öffentlichen Bibliotheken die Einwohnerinnen und Einwohner im Einzugsgebiet – besteht kaum der Anspruch auf und Bedarf an radikalen Innovationen, die weltweit erstmalig sind. Selbst innovative Bibliotheken sind selten Erfinder von neuen Produkten oder von radikal neuen Geschäftsmodellen sondern eher frühe Anwender neuer Technologien (sog. *early adopters*). Sehr häufig orientieren sich Bibliotheken bei ihren Neuerungen denn auch an anderen Bibliotheken. Jantz hat verschiedene Innovationen in sechs amerikanischen Hochschulbibliotheken verglichen und kommt zum Schluss, dass die meisten neuen Produkte und Dienstleistungen keine radikalen Innovationen darstellen sondern eher dem *State of the Art* entsprechen (Jantz, 2012, S. 9).

Man unterscheidet verschiedene Dimensionen von Innovation:
– Subjektdimension
– Intensitätsdimension
– Zeitdimension
– Raumdimension

Innovationsdimensionen

Weiter lassen sich verschiedene Dimensionen von Innovation unterscheiden (Franken/Franken 2011, S. 203):

- die Subjektdimension: Für wen ist die Innovation neu? Für die Bibliothek, für Experten, für die Nutzerinnen und Nutzer etc.
- die Intensitätsdimension: Wie neu ist die Innovation? Wie hoch ist der Innovationsgrad?

- die Zeitdimension: wie lange ist sie neu?
- die Raumdimension: wo ist die Innovation neu? Neu in Deutschland, in der Schweiz etc.?

Für Bibliotheken scheinen die Subjekt- und die Raumdimension sinnvolle Kriterien zu sein. Denn gerade in der – zumindest bisher – relativ kleinräumig organisierten Bibliothekslandschaft kann eine neu eingeführte Dienstleistung für bestimmte Zielgruppen oder für eine bestimmte Region neu sein. Und damit lässt sich mit gutem Grund von einer Innovation sprechen.

Es liegt also in der Natur der Sache, wenn eine Bibliothek eine Innovationsstrategie verfolgt, die nicht auf weltweit einmalige Neuerungen setzt. Letztlich ist für die Innovationsstrategie einer Bibliothek entscheidend, wie ihr Auftrag definiert ist, wer ihre Zielgruppen sind und wie deren Bedürfnisse erfüllt werden können. Eine ausformulierte Innovationsstrategie lehnt sich an oder ist Bestandteil einer allgemeinen Strategie der Bibliothek.

Checkliste: Welche Innovationsstrategie verfolgt meine Bibliothek?
- radikale Innovation oder inkrementelle Innovation?
- Bibliothek als Innovator oder Bibliothek als Early Adopter?
- Open Innovation oder geschlossene Innovation?
- Top-Down oder Bottom-Up?
- Arten von Innovation
  - Produktinnovation
  - Prozessinnovation
  - Dienstleistungsinnovation
  - Geschäftsmodellinnovation
  - Soziale Innovation
  - Organisatorische Innovation

Im Rahmen der Strategie legt die Bibliothek fest, welche Form von Innovation sie anstrebt und definiert die Schwerpunkte der Entwicklung. Es ist empfehlenswert dabei auf eine ausgewogene Mischung zu achten, wie es in Kapitel 2 zum Innovationskleeblatt gezeigt wurde. Je nach Größe und vorhandenen Ressourcen werden die Ansprüche an die Innovation unterschiedlich sein.

4.1.4 Bibliothek als Innovator – radikale Innovation

Bibliotheken sind vergleichsweise kleine Mitspieler im Markt. Im Vergleich zu kommerziellen Unternehmen im Sektor der Informationsvermittlung und -organisation verfügen sie über ein geringes Potential und eine beschränkte Reichweite. Echte Erfindungen sind in Bibliotheken entsprechend kaum zu finden. Bibliotheken betreiben keine Forschung und Entwicklung im größeren Stil und melden keine Patente an. Sie können allerdings Partnerschaften und Kooperationen mit Firmen und Hochschulen eingehen, um bei der Entwicklung neuer Technologien mitwirken zu können.

Eine Bibliothek, die sich als Innovator versteht, ist die Bayerische Staatsbibliothek. Sie definiert Innovation als etwas, das weltweit einmalig ist, dem State-of-the-Art um Jahre voraus ist und das beim Nutzer einen „Wow-Effekt" auslöst. Sie erreicht dies durch konzentrierte große Investitionen in neue Technologien, die sie im Bibliotheksumfeld erstmals einsetzt. Als Beispiel dafür kann die Einführung einer Gestensteuerung zur Navigation in digitalen Büchern aufgeführt werden, die zusammen mit einem kommerziellen Unternehmen entwickelt wurde. Oder die Entwicklung einer App zur Präsentation der Buchschätze (vgl. Hennecke, 2011).

Die Beispiele zeigen, dass über den Innovationsgrad dieser neuen Produkte durchaus diskutiert werden kann. Auch hier wird eine Technologie nicht wirklich erfunden, sondern lediglich erstmals im Bibliothekssektor eingesetzt. Somit muss der Begriff der Bibliothek als Innovator relativiert werden: Bibliotheken können sich meist allenfalls als Innovator im Bibliotheksbereich definieren. Die gleiche Aussage kann für den Innovationsgrad gemacht werden: radikale Innovationen im engeren Sinn – das heißt, solche mit einem hohen Neuheitsgrad oder solche, die gar eine komplett neue Technologie oder ein komplett neues Geschäftsmodell beinhalten – sind in Bibliotheken zwangsläufig sehr dünn gesät. Bei einem Vergleich innerhalb der Branche können allerdings schon relative Unterschiede festgestellt werden.

4.1.5 Bibliothek als Early Adopter – inkrementelle Innovation

Die ETH-Bibliothek positionierte sich 2010 explizit als „early adopter".[3] Sie setzte Innovation nicht mit Erfindung oder Eigenentwicklung von Produkten gleich. Als innovativ wurde an der ETH-Bibliothek ein Produkt oder eine Dienstleistung angesehen, wenn es oder sie in der vorliegenden Form in der Schweiz oder im Bibliothekswesen allgemein noch nicht eingesetzt wurde oder noch nicht weit verbreitet war. Im Vergleich zu weltweit operierenden Unternehmen muss also eine Innovation in der ETH-Bibliothek nicht „weltbewegend" sein, sondern kann durchaus auch darin bestehen, für ihre Nutzerinnen und Nutzer eine neue Dienstleistung anzubieten oder eine bestehende Dienstleistung zu verbessern.

Es ist somit denkbar, dass
- Technologien aus anderen Bereichen für Bibliotheksdienstleistungen eingesetzt werden,
- Geschäftsmodelle aus anderen Branchen übernommen werden oder
- Bibliotheksdienstleistungen adaptiert werden, die in anderen Ländern bereits im Einsatz sind.

Entsprechend werden die Entwicklungen im internationalen Bibliothekswesen wie auch in der Informationstechnologie allgemein verfolgt – mit dem Ziel, interessante neue Anwendungen frühzeitig zu erkennen und allenfalls übernehmen zu können (Mumenthaler, 2010, S. 137).

Eine Untersuchung bei Öffentlichen Bibliotheken in der Schweiz (Hüppi/Mattes im Rahmen einer Projektarbeit im Masterstudium an der HTW Chur) hat gezeigt, dass hier Innovation noch breiter verstanden wird. Wenn nachgefragt wird, welche Dienstleistungen die Innovationen der letzten Jahre waren, wird die Einführung eines E-Books-Angebots, das Redesign der Homepage, eine neue Möblierung oder die Ausdehnung der Öffnungszeiten genannt. Sie führen für ihr Umfeld neue Dienstleistungen ein, die somit bei den Zielgruppen durchaus als Neuerungen wahrgenommen werden. Außenstehende würden diese kleinen Neuerungen aber wohl nicht als Innovationen bezeichnen.

3 Die Ausführungen basieren auf Mumenthaler, 2010 und geben den damaligen Stand wieder.

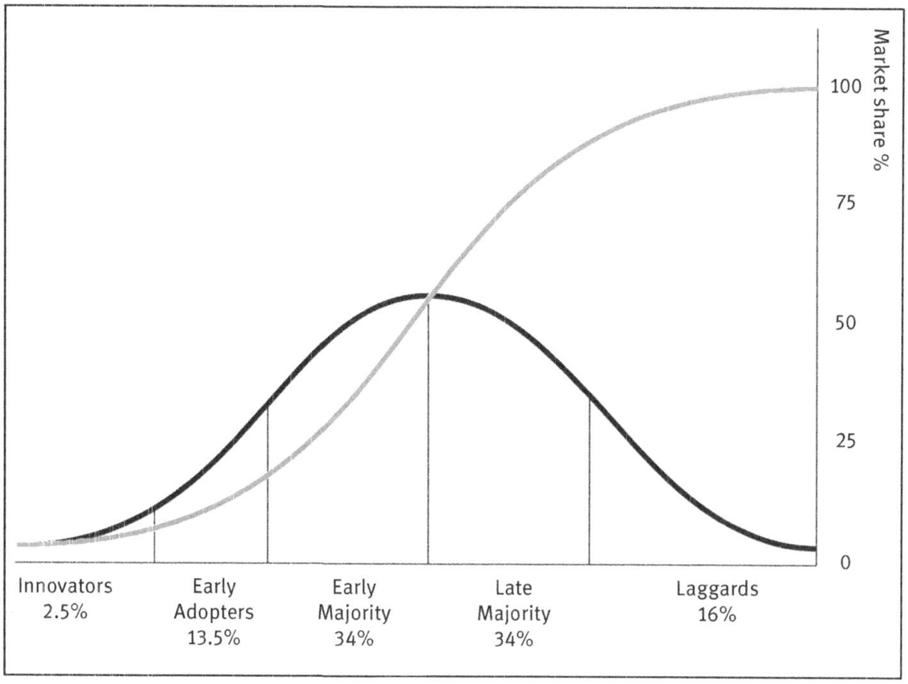

Abbildung 13: Die Diffusion von Innovation nach Rogers (Quelle: Wikimedia Commons).

Ausgehend vom Konzept der Innovationsdiffusion (Rogers, 2003) und der individuellen Bereitschaft, neue Technologien anzuwenden und der entsprechenden Gruppen (Innovators, Early Adopters, Early Majority, Late Majority, Laggards) können diese Bibliotheken eher der „frühen" oder der „späten Mehrheit" zugeordnet werden. Rogers bezieht sich in seinen Kategorien zwar auf Individuen, doch lassen sich diese nach Meinung der Autoren dieses Buches sinngemäß auch auf Institutionen übertragen.

An der Universitätsbibliothek Bern wird im Innovationsmanagement der Schwerpunkt bei den strategischen Handlungsschwerpunkten gesetzt.

Bei der Bereitschaft neue Technologien anzuwenden, unterscheidet man unterschiedliche Typen:
– Innovatoren
– frühe Anwender
– frühe Mehrheit
– späte Mehrheit
– Nachzügler
Diese Typen lassen sich auch auf Bibliotheken übertragen.

Fallbeispiel: Innovationsmanagement an der Universitätsbibliothek Bern

Von Petra Redmond, UB Bern, http://www.ub.unibe.ch

Die UB Bern kann nach wenigen Jahren Innovationsmanagement (IM) bereits erste Erfolge verzeichnen: Das Bewusstsein im Betrieb für innovatives Denken und Handeln wurde gesteigert, Mitarbeitende beteiligen sich aktiv im Innovationsprozess, und verschiedene Methoden der Kundenforschung konnten bereits erprobt und erfolgreich eingesetzt werden.
Die Universitätsbibliothek Bern (UB) hat 2012 ein strukturiertes IM eingeführt. Dafür wurde die 40 %-Stelle einer Innovationsbeauftragten geschaffen. Sie ist für die entsprechenden Prozesse verantwortlich und verfolgt das Ziel, die Innovationskraft im Betrieb zu steigern.
In der Startphase waren Verbesserungsvorschläge der Mitarbeitenden noch stark von einer betrieblichen Innensicht geprägt, zu wenige Ideen fokussierten auf Neuerungen bei Produkten oder Dienstleistungen. Es brauchte nach einer ersten Evaluation 2014 eine Neuausrichtung. Die stärkere Fokussierung des IM auf strategische Handlungsschwerpunkte war eine der daraus resultierenden Maßnahmen. Weiter haben folgende Punkte hohe Priorität:

- Implementierung einer systematischen Kundenforschung
- Förderung der internen Innovationskultur
- Institutionalisierung des internen Ideenmanagements

Nach einer Neuausrichtung des Innovationsmanagements fokussiert die UB Bern auf strategische Handlungsschwerpunkte. Sie setzt zudem auf neue Methoden in der Nutzerforschung.

Eine zentrale Aufgabe des Innovationsmanagements ist die Förderung der internen Innovationskultur. Dies geschieht u. a. durch ein systematisches internes Ideenmanagement.

Die UB plant in der künftigen Kundenforschung den Einsatz von quantitativen und qualitativen Methoden. Speziell kommen ethnographische Methoden, wie etwa teilnehmende Beobachtung, Kontext-Interviews, Fotointerviews, und auch Open-Innovation-Aktionen zum Einsatz.

Als wichtiger Einflussfaktor für die Steigerung der Innovationskraft ist die Förderung und Pflege der betrieblichen Innovationskultur zu sehen: Die UB Bern hatte schon immer einzelne Mitarbeitende, welche sehr engagiert mitdenken, die offen und mutig sind in Bezug auf Veränderungen und unvorhersehbare Risiken. Diese innovative Haltung auch den anderen Mitarbeitenden zu vermitteln ist u. a. Aufgabe des Innovationsmanagements. Es braucht die Bereitschaft der Mitarbeitenden aller Organisationseinheiten, Veränderungen zur Verbesserung der Dienstleistungen mit zu tragen, ihre eigene Arbeit in einem größeren Kontext zu sehen und an der Entwicklung eines innovativen Service-Denkens zu arbeiten.

Das interne Ideenmanagement war ein erstes Element bei der Umsetzung des Innovationsmanagements in der UB Bern. Mit dem Aufbau eines systematischen Ideenmanagements wird den Mitarbeitern vermittelt, dass ihre Ideen, ihr Wissen und ihre Erfahrungen für die Weiterentwicklung der Bibliothek wichtig sind. Die Abläufe im Ideenmanagement werden so einfach wie möglich gehalten, und die Möglichkeiten der Ideeneingabe sind bewusst niederschwellig gestaltet. Strategisch relevante Innovationen mit hohem konkretem Nutzen sollen mit einer Prämie honoriert werden. Über die Umsetzung von Ideen auf Ebene Gesamtbetrieb entscheidet die UB-Direktion. Das Innovationsgremium, welches der Innovationsbeauftragten unterstützend zur Seite stand, wurde nach zwei Jahren aufgelöst. Verfügbare Ressourcen sollen künftig möglichst direkt Innovationsprojekten zugute kommen. Dazu wird ein Stellen- resp. Mitarbeiterpool die Zuteilung geeigneter interner Fachkräfte vereinfachen.

4.2 Innovationsprozess

Die Gestaltung des Innovationsprozesses ist eine der zentralen Aufgaben des Innovationsmanagements. Dabei geht es darum, die Rollen und die Verantwortlichkeiten sowie den Prozess von der Ideenfindung bis zur Markteinführung eines neuen Produkts zu definieren. Grundsätzlich sollten so viele Ideen wie möglich aufgenommen werden, die wichtigsten erkannt und die erfolgversprechenden umgesetzt werden. Entsprechend soll der Prozess in verschiedene Phasen gegliedert werden.

Wir haben oben gezeigt, dass es in der Phase der Ideenfindung darum geht, das Kreativitätspotential von Mitarbeitenden zu aktivieren. In der kreativen Phase der Ideenfindung gelten andere Regeln als später bei der Umsetzung einer Idee zu einem Produkt. Wenn für ein Problem eine kreative Lösung gesucht wird, muss man Fantasie entwickeln, kontroverse Standpunkte einbringen, vielfältige Meinungen einholen und offen diskutieren. Erst danach sollte die Konsensbildung einsetzen. Man unterscheidet hier zwischen Phasen des *Diverge*, in denen divergentes Denken wichtig ist, und Phasen des *Converge*, in denen konvergentes Denken zielführend ist. In der Entscheidungsfindung ist es wichtig, zwischen der Informationsbeschaffung und dem –austausch, dem Meinungsaustausch und der Entscheidung in den Phasen zu differenzieren. Wenn in der frühen Phase unterschiedliche Meinungen einbezogen werden und auch unkonventionelle Ansätze einfließen können, steigert dies die Qualität der Lösung enorm. Dem sollte im Innovationprozess Rechnung getragen werden.

„Auch das direkte Suchen nach der praktischen Umsetzung und der Wunsch, die Idee sofort in bestehende Strukturen einpassen zu wollen, verhindert in der kreativen Phase schon das Aussprechen/Weiterdenken vieler Ideen." (Witten, Mathes, Mencke; 2007, S. 127)

Owens (2012, S. 83 ff) unterscheidet sieben Phasen des Innovationsprozesses. Jede der Phasen erfordert ein anderes Verhalten und andere Methoden:

- Phase 0: Identify Problem/Problem identifizieren
- Phase 1: Generate Ideas/Ideen finden. Hier ist divergentes Verhalten gefordert bzw. erwünscht.
- Phase 2: Assess Constraints/Bedingungen bewerten. Hierfür ist konvergentes Verhalten wichtig.

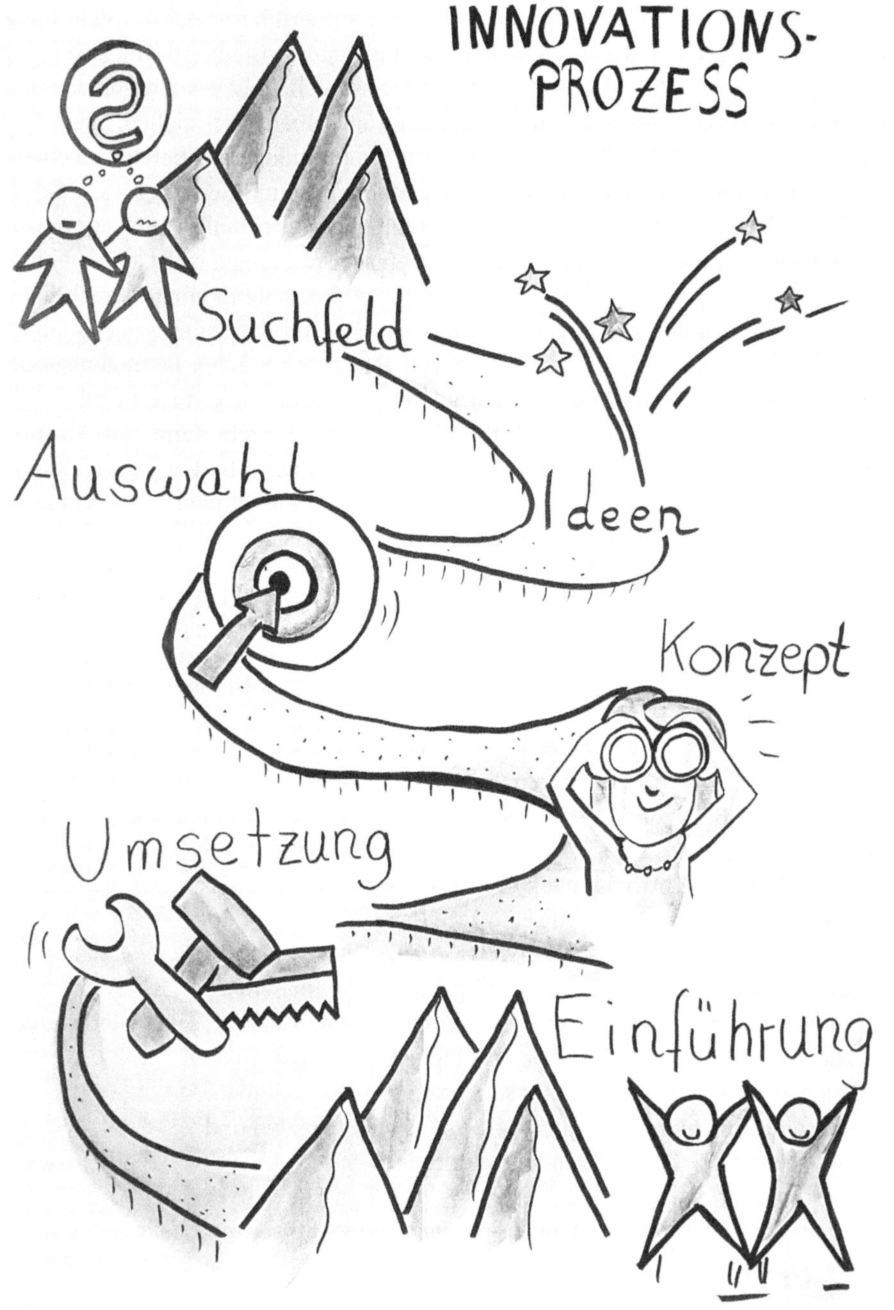

Abbildung 14: Innovationsprozess (Eigene Darstellung).

- Phase 3: Set Direction/Richtung festlegen. Das Team soll sich einer gewählten Richtung verpflichten.
- Phase 4: Design. Hier geht es um die Entwicklung des Konzepts bzw. Design. Dies wird am besten mit divergentem Verhalten erreicht.
- Phase 5: Refine/Verfeinern. Hierfür ist wieder eine Verengung des Blickwinkels und damit konvergentes Verhalten förderlich.
- Phase 6: Implement/Implementierung: Das Team nimmt keinen neuen Input mehr auf, sondern konzentriert sich darauf, das Projekt „abzuarbeiten“.

Nachdem das Problem identifiziert worden ist, werden also Ideen generiert. Dabei ist ein sogenanntes divergentes Verhalten erforderlich: Widerspruch, unterschiedliche Meinungen, unkonventionelle Vorschläge sind in dieser Phase wichtig. Steht hingegen die Entscheidung darüber an, welche Richtung man einschlagen will, ist dagegen ein konvergentes Verhalten erforderlich: Man muss sich einig werden und zu einem gemeinsamen Commitment kommen, damit alle am selben Strick ziehen. Ebenso soll man beim Entwerfen der Lösung verschiedene Standpunkte diskutieren, verschiedene Vorschläge prüfen, bevor man bei der Verfeinerung und dem Umsetzen der beschlossenen Variante wieder eine Phase der Einigung durchläuft. Oft ist es sinnvoll, in der Phase der Implementierung keine neuen Anforderungen mehr aufzunehmen. Ein gänzlich anderes Vorgehen wird allerdings mittlerweile in einer beträchtlichen Anzahl an Softwareprojekten gewählt, in denen Formen des agilen Projektmanagements zum Einsatz kommen, mit denen sich schnell ändernden Bedingungen und einer guten Einbindung von Kundenanforderungen Rechnung getragen wird.

Ein Problem, auf das Owens (2012, S. 88) hinweist, besteht darin, dass Gruppen dahin tendieren, schnell eine Lösung und einen Konsens zu finden. Dieser Tendenz muss man aktiv begegnen und sie entsprechend bei der Projektplanung berücksichtigen, um eine hohe Qualität der Lösungsfindung zu erreichen.

> Groups have a natural desire to get past the confusing early stages and move into the more stable production phase. This is where a well-planned schedule, with appropriate amounts of time allotted to each phase, can help a group resist the urge to converge prematurely (...). A better approach is to feed the desire for concrete action by starting small experiments to test your ideas to see what will work. (Owens, 2012, S. 88).

Auch dies verdeutlicht, warum eine bewusste Gestaltung des Innovationsprozesses so wertvoll ist. Bei der Ausgestaltung des Innovationsprozesses sind zudem verschiedene andere Aspekte zu berücksichtigen. Es sollen:
- die relevanten Entwicklungen berücksichtigt werden,
- Chancen für Innovation aufgespürt werden,
- die Mitarbeitenden mit einbezogen werden,
- Nutzerbedürfnisse in den Innovationsprozess einfließen,
- das Management der Bibliothek in den Entscheidungsprozess involviert werden,
- die Mitarbeitenden ein Feedback auf Ideenvorschläge erhalten,
- transparente Kriterien zum Einsatz kommen,
- die eingebrachten Ideen allen bekannt gemacht werden und
- ein Controlling der Maßnahmen stattfinden.

Ein weiteres Modell für einen idealtypischen Innovationsprozess liefert Scherer. Die als DO-IT-Ideenprozess bezeichnete Vorgehensweise besteht aus den vier Prozessphasen mit Unterschritten:
- Definieren des Themas (1. Analysieren, 2. Formulieren)
- Öffnen des Ideenstroms (3. Aktivieren, 4. A Produzieren, 4. B Differenzieren)
- Identifizieren der besten Ideen (5. Auswählen, 6. Bearbeiten, 7. Bewerten, 8. Dokumentieren, 9. Priorisieren)
- Transformieren der Ideen. (10. Umsetzen) (vgl. Scherer, 2007, S. 14).

Daneben gibt es eine große Anzahl weiterer Modelle für idealtypische Innovationsprozesse, die sich voneinander unterscheiden. Falls ein fixer Innovationsprozess für die eigene Bibliothek eingeführt werden soll, gilt es zu prüfen, welches Modell passend ist. Auch wenn kein fixer Innovationsprozess festgelegt ist, so ist die Beschäftigung mit den Prozessmodellen hilfreich, um bei den eigenen Innovationsaktivitäten ein Bewusstsein für ihren Stand und eine sinnvolle Gestaltung des weiteren Prozesses zu bekommen. Besonders bekannt ist das Modell von Cooper.

4.2.1 Das Trichtermodell von Cooper

Um das Risiko zu vermindern, aufwändige Produktentwicklungen durchzuführen für Produkte, die dann am Markt scheitern, hat sich ein mehrstufiges Verfahren etabliert. Im Trichtermodell (bekannt als Stage-Gate-Modell nach Cooper) (Cooper, 2002) werden zunächst möglichst viele Ideen gesammelt. Diese werden dann in einem weiteren Schritt nach transparenten Kriterien bewertet und hinsichtlich einer weiteren Verfolgung geprüft. Vielversprechende Ideen werden in der Regel in einer Machbarkeitsstudie oder einem Vorprojekt auf ihre Umsetzungsmöglichkeit untersucht. Hier kann auch ein Prototyp entwickelt werden, auf dessen Grundlage entschieden wird, ob die Idee weiterverfolgt wird. Nach einer positiven Entscheidung wird die Entwicklung des Produkts in Form eines Projekts in Angriff genommen. Vorausgesetzt werden ein Projektmanagement und ein Projektcontrolling, das den Fortschritt und den Ressourceneinsatz prüft und allfällige Korrekturen vornehmen kann. Schließlich wird das Projektergebnis abgenommen, und bei einem positiven Befund kann das Produkt bzw. die Dienstleistung in den Betrieb übergeben, bzw. auf den Markt gebracht werden.

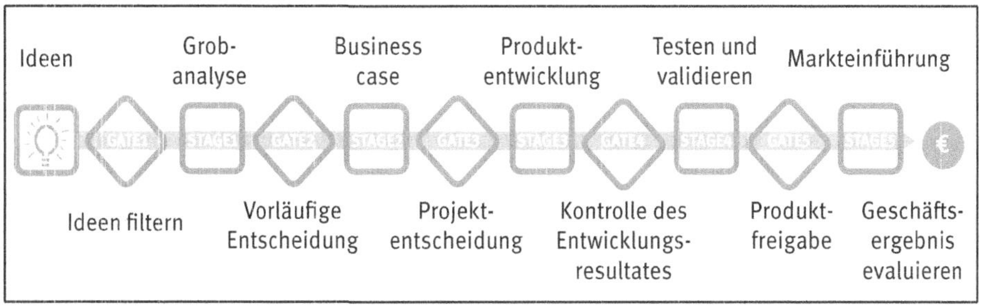

Abbildung 15: Stage-Gate-Prozess nach Cooper.

Die Idee hinter diesem Trichtermodell besteht darin, dass gerade die Entwicklung eines marktreifen Produkts sehr hoher Investitionen bedarf. Indem schon die Ideen gefiltert und nur die vielversprechenden weiterverfolgt werden, später noch Prototypen entwickelt oder Machbarkeitsstudien durchgeführt werden, gelingt es schließlich, nur die wirklich aussichtsreichen Produktideen umzusetzen.

Bezüglich der Verantwortlichkeiten und Rollen kann hier definiert werden, wer oder welches Gremium die Entscheidungen trifft. Dies dürfte im Regelfall das Führungsgremium sein. Mit den Entscheidungen werden auch die Weichen für den Ressourceneinsatz gestellt, weshalb es Sinn macht, wenn die Leitungspersonen der Abteilungen/Bereiche in diese involviert werden.

In Anlehnung an Cooper wurde auch der Innovationsprozess an der ETH-Bibliothek gestaltet (Mumenthaler 2009), der in allgemeiner Form in der folgenden Grafik dargestellt ist. Zwischen den einzelnen Schritten ist jeweils eine Entscheidung vorgesehen, die wie ein Meilenstein in einem Projekt das weitere Vorgehen festlegt. In Anlehnung an die Theorie des divergenten und konvergenten Phasen kann man hier unterscheiden zwischen der divergenten Phase der Ideenfindung, auf die eine konvergente Phase der Auswahl relevanter Ideen folgt, dann wiederum die divergente Phase der Machbarkeitsstudie, die verschiedene Varianten prüft und zu einer Phase der Konvergenz, nämlich der Entscheidung für eine Lösung und deren konsequenter Umsetzung führt.

Die Aufgabe eines Innovationsmanagers, einer Innovationsmanagerin besteht im Innovationsprozess darin, die Entscheidungen vorzubereiten und das Controlling zu übernehmen. Grundsätzlich ist der Innovationsmanager für den Prozess Innovationsmanagement verantwortlich – man spricht hier auch von Process Ownership.

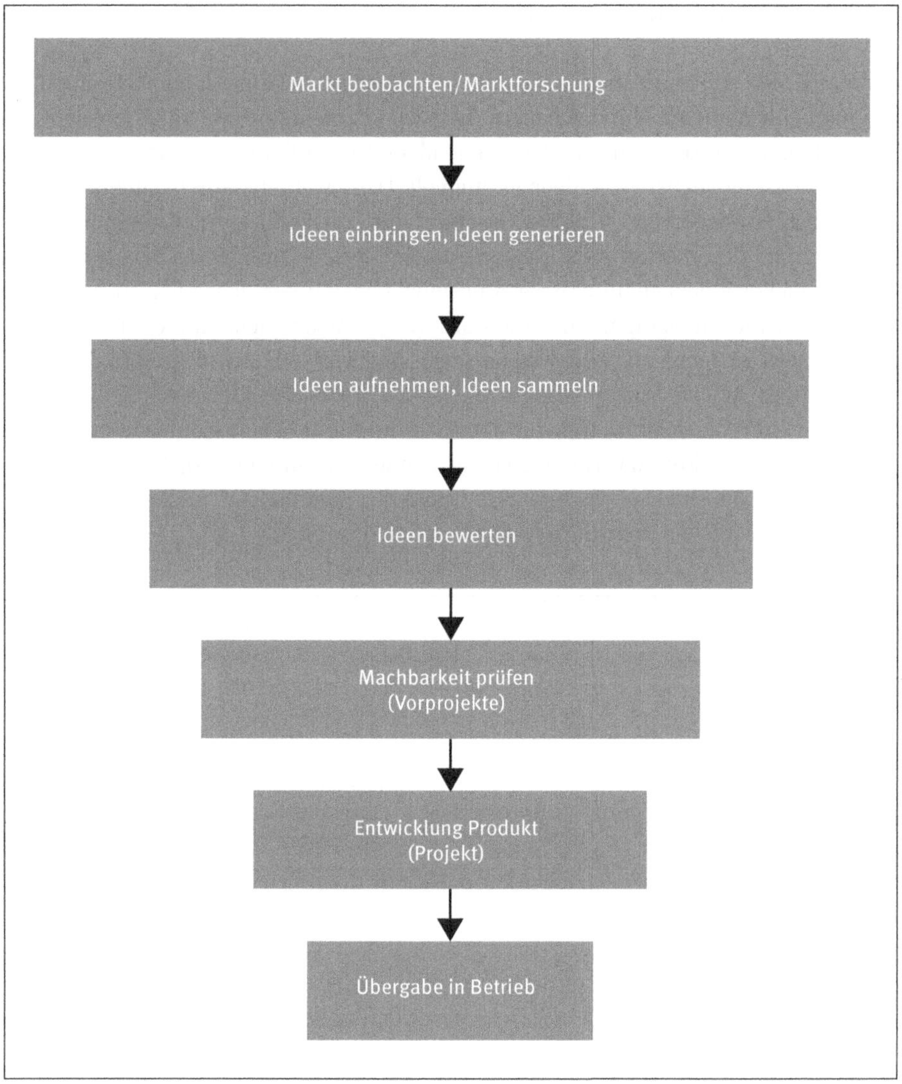

Abbildung 16: Innovationsprozess in einer Bibliothek (eigene Darstellung).

Er sorgt für die regelmäßige Besprechung der Ideen und für die Kommunikation mit den Ideengebern und Stakeholdern. Zudem wird er aktiv Ideen einsammeln, Mitarbeitende motivieren (beispielsweise mit Workshops) oder Nutzerinnen und Nutzer im Rahmen von Open Innovation mit einbeziehen. Wobei die Aufgaben natürlich davon abhängig sind, wie das Innovationsmanagement und die Rollen und Zuständigkeiten in der jeweiligen Bibliothek definiert sind.

Der Innovationsmanager ist für den Innovationsprozess verantwortlich – die Ideen sollen aber möglichst von allen Mitarbeitenden kommen.

Gerade wenn die Rolle des Innovationsmanagers neu besetzt wird, kann bei den anderen Mitarbeitenden die Erwartung (oder Befürchtung) entstehen, dass nun diese Person selbst die erfolgreichen Ideen einbringt und umsetzt. Natürlich wird die Innovationsverantwortliche auch eigene Ideen einbringen, aber ihre Hauptaufgabe besteht darin, den Innovationsprozess am Laufen zu halten. Als Process Owner oder Prozesspromotor trägt sie die Verantwortung für den geregelten Ablauf und für die Kommunikation mit allen Beteiligten.

Auf der anderen Seite werden nicht alle Mitarbeitenden und Führungskräfte begeistert sein, dass nun alle neuen Ideen über eine Stelle laufen sollen. Es kann vorkommen, dass einzelne Abteilungen und Bereiche ihren eigenen (kleinen, oft informellen) Innovationsprozess weiter pflegen möchten. Sie möchten die eigenen Ideen bei sich behalten und nicht aus den Händen geben. Möglicherweise ist das Ideenmanagement bislang dezentral angelegt, die Vorteile einer zentralen Organisation sind aber offensichtlich. Ist ein zentraler Innovationsprozess definiert worden, muss klar kommuniziert werden, dass es nur einen Innovationsprozess gibt, in den alle Ideen eingespeist werden sollen. Der Vorteil liegt auf der Hand: Alle Ideen werden gesammelt und diskutiert, wodurch allfällige Doppelspurigkeiten erkannt und ausgeräumt werden können. Und der eine strukturierte Innovationsprozess sorgt für eine Transparenz und Verbindlichkeit innerhalb der Bibliothek.

4.2.2 Marktstudie, Marktbeobachtung

Der Innovationsprozess beginnt damit, dass die Bibliothek systematisch und regelmäßig den Markt und die laufenden Entwicklungen beobachtet, besonders auch im Bereich der Informationstechnologien und ihrer Anwendungen. Diese Marktbeobachtung oder die Beobachtung des Umfelds mit seinen Chancen und Risiken ist Teil des strategischen Managements einer Bibliothek. Dabei geht es darum, dass Entwicklungen erkannt werden, die einen positiven oder negativen Einfluss auf die Bibliothek haben könnten. Gleichzeitig lassen sich so auch gewisse Trends erkennen, deren Bedeutung für die Bibliothek diskutiert werden sollte. Für die gezielte Suche nach Ideen in sog. Suchfeldern sind dies wichtige Grundlagen. Die Erkenntnisse aus der Marktbeobachtung fließen aber auch in SWOT-Analysen ein, die wiederum in einer frühen Phase der Strategieentwicklung oder -anpassung nötig sind.

Eine wichtige Quelle für neue Ideen und Anregungen sind Mitarbeitende, die Fortbildungsveranstaltungen oder Kongresse besuchen.

Fortbildungsveranstaltungen und Kongresse bieten gute Möglichkeiten, um neue Kenntnisse zu gewinnen und Ideen und Anregungen für die Bibliothek zu erhalten. Diese Gelegenheit wird von vielen Bibliotheken unterstützt und von zahlreichen Mitarbeitenden wahrgenommen. Es wäre also wichtig, dass die auf diesen Anlässen gewonnenen Erkenntnisse in die Ideenfindung einfließen. Nur zu oft geht dieses Wissen jedoch verloren, weil es keinen strukturierten Prozess zur Aufnahme und Verarbeitung dieser Informationen gibt. Wie diese Inputs in das System Bibliothek gelangen, hängt von vielen Faktoren ab. Bei größeren Bibliotheken könnten Vorlagen für Reise- oder Kongressberichte eingesetzt werden, die nach jedem Besuch einer Fortbildungsveranstaltung ausgefüllt und abgegeben werden. Die Entwicklung einer solchen Vorlage war eine der ersten Aktivitäten an der ETH-Bibliothek im Bereich Innovationsmanagement.

Mit der Bereitstellung der Vorlage muss natürlich die Verpflichtung zum Verfassen eines Berichts bei der Genehmigung einer Fortbildung oder eines Kongressbesuchs einhergehen. Und mindestens so wichtig ist die systematische Auswertung und Nachbereitung der Berichte. Die daraus gewonnenen Erkenntnisse sollten in der Geschäftsleitung und auch in den von der Thematik betroffenen Teams besprochen werden. Und schließlich sollte entschieden werden, ob die vorgeschlagenen Themen weiterverfolgt werden sollen.

Bei kleineren Bibliotheken dürfte es ausreichend sein, wenn Kongressbesuche und ähnliches regelmäßig in den gemeinsamen Sitzungen besprochen werden und die Ergebnisse schriftlich festgehalten werden.

Die wichtigsten Ergebnisse von Tagungsbesuchen u. ä. sollten dokumentiert und in der Bibliothek kommuniziert werden.

Vergleichbar kann auch mit Erkenntnissen aus der Lektüre von Zeitschriften, Blogs und anderer Informationsquellen vorgegangen werden. Auch hier finden sich zahlreiche Hinweise auf Initiativen und Projekte in anderen Bibliotheken oder auf mögliche Trends, die für die eigene Bibliothek relevant sein könnten. Diese Diskussionen können über elektronische Plattformen – z. B. ein internes Wiki oder Blog – oder real geführt werden. Eine innovationsfreundliche Bibliothek wird dafür einen geeigneten Rahmen finden.

Beispiel: Vorlage für einen Reise-/Kongressbericht (Vorlage siehe: http://www.degruyter.com/view/product/212678)

Reise-/Kongressbericht

Name, Vorname: Abteilung:

Name der Veranstaltung:

Datum: Ort:

Thema der Veranstaltung:

Art der Veranstaltung (Fortbildung, Kongress, Fachtagung usw.):

In welcher Rolle haben Sie an der Veranstaltung teilgenommen (Besucher, Referent usw.)?

Welche der Themen/Vorträge/Beiträge sind für die Bibliothek relevant?

Wo sehen Sie Handlungsbedarf für die Bibliothek?

Welche persönlichen Kenntnisse nehmen Sie aus der Veranstaltung mit?

Welche Kontakte sind für die Bibliothek wichtig (Institutionen, Personen inkl. Koordinaten)?

Würden Sie die Veranstaltung weiterempfehlen?

Datum:

Abbildung 17: Vorlage Reise-/Kongressbericht.

4.3 Innovationsorganisation: Einbettung des Innovationsmanagements in die Bibliothek

Das Innovationsmanagement ist eine Querschnittstätigkeit: *„Letztendlich repräsentiert Technologie- und Innovationsmanagement eine Querschnittsfunktion von der Forschung und Entwicklung als Produktionsfunktion über die Vermarktung von Innovationen als Absatzfunktion bis hin zur Organisation, Finanzierung und Controlling von Innovationen. Technologie- und Innovationsmanagement umfasst ferner in starkem Maße strategische Fragestellungen, muss aber auch viele operative Fragen beantworten, damit man konkret aus einer Idee zu einem neuen Produkt kommen kann.“* (Albers/Gassmann, 2011, S. V).

Daher sollte es eng verknüpft sein mit verwandten Bereichen wie
- Forschung und Entwicklung,
- Marketing,
- Personalentwicklung und
- Organisationsentwicklung.

Vor allem ist eine enge Anbindung an die Leitung unerlässlich. Ohne die Unterstützung der obersten Führung geht es nicht. Sie spielt also immer eine Rolle im Innovationsprozess. Versagt sie ihre Unterstützung, verhält sich allzu passiv, demonstriert nicht aus vollem Herzen, dass sie hinter Innovationen bzw. dem Innovationsmanagement steht, so kann das Innovationsmanagement gleich „einpacken“.

Wenn es um die optimale Eingliederung des Innovationsmanagements in die Bibliothek geht, ist an erster Stelle zu entscheiden, ob es sinnvoll ist, eine oder mehrere Personen mit dem Innovationsmanagement zu beauftragen oder ob es besser erscheint, die Verantwortung auf eine breitere Basis zu stellen. Zudem geht es darum, festzulegen, wie die Verantwortlichkeiten aussehen sollen. Ein breites Spektrum ist denkbar. Es reicht von der Gestaltung des Innovationsumfeldes und unterstützenden Dienstleistungen bis hin zur kompletten Begleitung von Innovationsprozessen sowie bis zu Entscheidungsbefugnissen darüber, welche Innovationsprojekte realisiert werden sollen.

Es ist wichtig, dass alle an einem Strang ziehen. Innovationen abgekapselt an einer Stelle in der Bibliothek zu bündeln erscheint daher eher ungünstig. Ziel sollte es sein, die gesamte Bibliothek auf Innovation zu „trimmen“ und alle mitzunehmen. Nur wenn sich alle einbringen können, steht das ganze Potential für Innovationen zur Verfügung – ein Erfolgsfaktor für die Bibliothek. Alle müssen die Innovationstätigkeiten mittragen. Das ist erst einmal das Wichtigste, ganz abgesehen davon, wo das Innovationsmanagement organisatorisch aufgehängt wird. Die ideale Lösung muss jede Bibliothek für sich selbst suchen – auch die Autorin und der Autor dieses Buches haben in unterschiedlichen Konstellationen gute Erfahrungen gemacht.

Wird das Innovationsmanagement als Funktion mit einer oder mehreren Personen besetzt, so ist es in jedem Fall sinnvoll, es zentral und ganz in der Nähe der Führung aufzuhängen. Gut geeignet ist dafür eine Stabsstelle. Die Nähe zur Leitung demonstriert auch die strategische Bedeutung des Innovationsmanagements – nach innen wie nach außen.

Ungünstig ist es hingegen, das Innovationsmanagement irgendwo im Organigramm „verschwinden“ zu lassen. Als untergeordnete Abteilung eines Programmbereichs, als eine Person in einer von vielen Abteilungen wird es eher schwierig. Denn Innovationsmanagement sollte für alle in der Bibliothek da sein und als Querschnittsaufgabe Verbindungen zu vielen, wenn nicht sogar allen, anderen Bereichen der Bibliothek aufweisen. Entsprechend sollte es zentral positioniert werden.

Die verschiedenen Möglichkeiten, wie Innovationsmanagement organisiert werden kann, im Überblick:

- Das Innovationsmanagement als Forschungs- und Entwicklungsabteilung, die für das Erfinden von Ideen zuständig ist und diese dann zur Umsetzung in andere Abteilungen weitergibt. Vorteile bestehen hier im Wesentlichen in der großen Schlagkraft. Allerdings besteht die Gefahr, dass eine Abkopplung von anderen Abteilungen stattfindet.
- Das Innovationsmanagement als neu eingerichteter Bereich bzw. Abteilung, die für das Finden und Umsetzen von Ideen verantwortlich ist. Vorteile hierbei: die Verantwortung für Innovationen liegt in einer Hand. Nachteil: Eingeschränkter Blickwinkel und z. B. kein direkter Kundenkontakt, den andere Abteilungen haben. Umso wichtiger ist hier eine gute Kommunikation.
- Das Innovationsmanagement als neue Aufgabe, die dezentral in den bestehenden Abteilungen bzw. Bereichen durchgeführt wird, mit einem Innovationsprozessmanagement oft als Stabsstelle, die bei der Leitung angebunden ist. Dies verleiht ihr die wichtige betriebliche Bedeutung. Wesentliche Vorteile: Effektivität und Systematisierung. Nachteile: Fehlende eigene Umsetzungsmöglichkeiten (vgl. Witten et al, 2007, S. 51 f).

Oft ist das Innovationsmanagement als Stabsstelle an der Leitung angegliedert. Diese Lösung ist zwar komplex hinsichtlich des Managements, hilft aber, die Nachteile der anderen Organisationsmöglichkeiten zu vermeiden. „Erfahrungsgemäß eignet sich das Innovationsprozessmanagement am besten dafür, die Aufgabe der Steuerung des betrieblichen Innovationsprozesses erfolgreich erledigen zu können." (Witten et al, 2010, S. 53) So kann ein Innovationsprozessmanager für die Gesamtorganisation die Koordination übernehmen und von dezentral eingesetzten Innovationsprozessmanagern unterstützt werden, die in einem Teilbereich der Organisation die Aufgabe übernehmen. „Sinnvoll ist sicherlich, diese Mitarbeiter auch dem Gesamt-Innovationsprozessmanager (fachlich bzw. idealerweise auch disziplinarisch) zuzuordnen. Insbesondere die disziplinarische Zuordnung wird sich aber möglicherweise aufgrund fehlender Ressourcen nicht umsetzen lassen." (Witten et al, 2007, S. 53)

4.3.1 Wer hat welche Rolle im Innovationsprozess?

Um Innovationen gut voranzubringen, brauchen Organisationen zwei Arten von Mitarbeitenden: Zum einen Innovationsmanager/„Innovationsführer", die auf der strategisch-taktischen Seite intern dafür sorgen, dass die benötigte Innovationskompetenz in der Organisation aufgebaut wird. Zum anderen „Intrapreneure", die auf der operativen Ebene dafür sorgen, dass aus Ideen und Forschungsergebnissen Innovationen werden (vgl. Lindegaard, 2010, S. 64).

Folgende Rollen sind für einen gut funktionierenden Innovationsprozess wichtig:

- Führungskräfte, die das Innovationsprojekt fördern,
- fachliche Expertinnen und Experten, die das Projekt mit ihrem Know-how unterstützen,
- eine oder mehrere Personen, die sich über eine gelungene Gestaltung des Prozesses Gedanken machen,
- Personen, die das Innovationsprojekt konkret durchführen.

Für das Innovationsmanagement insgesamt ist darüber hinaus wichtig, dass die folgenden Fragen beantwortet werden:
- Wer in Ihrer Bibliothek ist dafür zuständig, sich darauf zu fokussieren, was die Organisation nicht weiß?
- Wer fühlt sich dafür zuständig, neue Themen zu besetzen, „weiße Flecken" zu bearbeiten?
- Wer ist dafür verantwortlich, die Organisation wachzurütteln und aus dem Gleichgewicht zu bringen?
- Verfügt Ihre Bibliothek über ein System, um verinnerlichte Überzeugungen in Frage zu stellen?
- Wie stellt Ihre Bibliothek sicher, dass unbequeme Informationen nicht ignoriert werden?

4.3.2 Welche Eigenschaften sollten Innovationsmanager aufweisen?

Personen, die als „Innovationsführer" geeignet sind, zeichnen sich aus durch Optimismus, Leidenschaft, Neugierde und den Glauben an den Wandel. Zudem sollten sie gute Networking- und Kommunikationsfähigkeiten besitzen und die Fähigkeit, mit Unsicherheit umzugehen. Ein „Innovationsführer" sollte zudem in der Lage sein, über den Tellerrand zu sehen und das große Ganze zu betrachten (vgl. Lindegaard, 2010, S. 64).

Witten, Mathes, Mencke nennen folgende Eigenschaften für das Anforderungsprofil eines betrieblichen Innovationsmanagers:
- Führungserfahrung
- Resistenz gegen innerbetriebliche Blockaden
- „gesunder Optimismus"
- Vorurteilslosigkeit
- Menschenkenntnis und -liebe
- Zielstrebigkeit
- Strukturiertheit
- Fähigkeit, sinnvolle Prioritäten zu setzen
- Erfahrung in der Produktentwicklung
- Souveränes Auftreten
- Kreativität
- Verständnis für das am Markt Realisierbare
- Moderationskenntnisse
- Stressresistenz
- „Fazitkompetenz" (Witten et al, 2007, S. 60 ff)

„Nur wer selbst kreativ ist, hat ein Gespür dafür, ob alle Möglichkeiten zur Ideenfindung ausgeschöpft sind." (Witten et al, 2007, S. 61)

Diese Fazitkompetenz ist nicht nur in der Person des Innovationsmanagers notwendig, sondern muss auch in der Gesamtorganisation vorhanden sein und entwickelt werden. Damit gemeint ist die Fähigkeit, aus als relevant erkannten Trends und Ideen eine Umsetzung in die Verwertung am Markt zu managen (vgl. Witte et al, 2007, S. 61).

4.3.3 Innovationsmanagement in Bibliotheken als Linienorganisation

In der Industrie sind Abteilungen für Forschung und Entwicklung seit langem etabliert. Hier werden die Innovationsprojekte entwickelt, und meist sind diese Einheiten auch für das Innovationsmanagement zuständig. Mit Aufkommen der Elektronischen

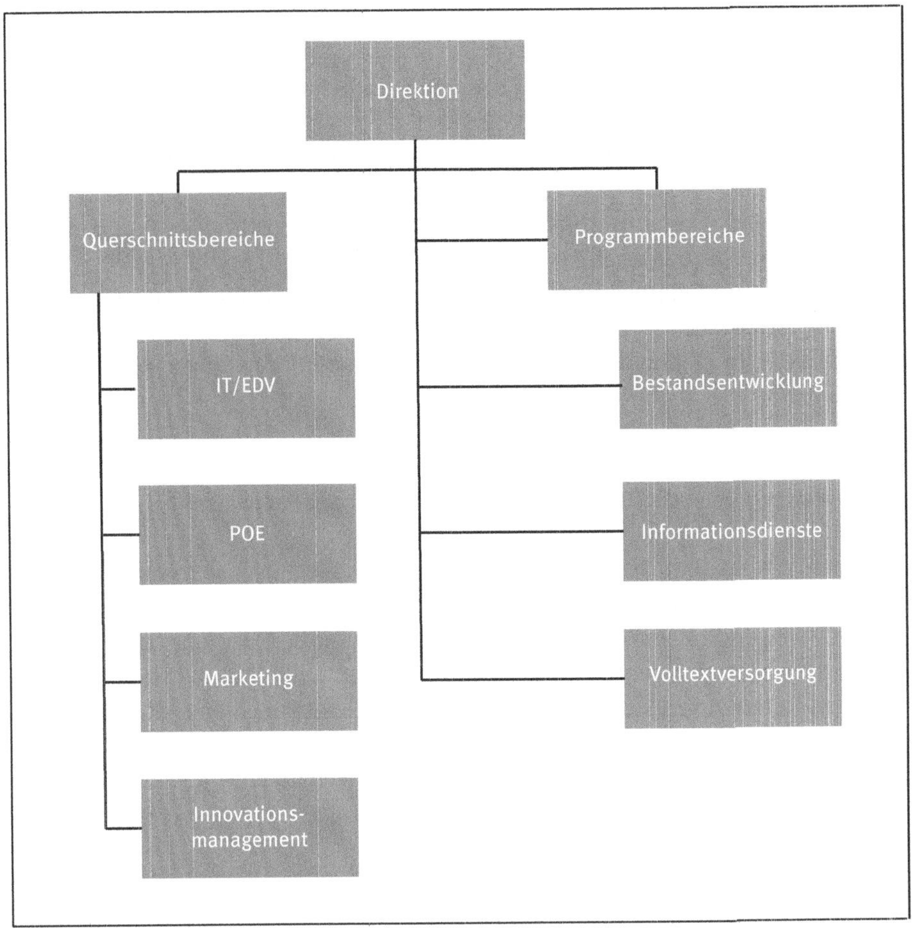

Abbildung 18: Organigramm mit IM als Querschnittsbereich (Bsp. ZB MED).

Datenverarbeitung entstanden solche Abteilungen auch an Bibliotheken, so z. B. an der ETH-Bibliothek in den 1960er Jahren, mit dem Ziel, ein eigenes Bibliothekssystem zu entwickeln. Diese Abteilung wurde denn auch zu Beginn Forschung und Entwicklung bezeichnet und später zur EDV-Abteilung umbenannt. Es ging hier jedoch nicht um Innovation allgemein, sondern nur um die Entwicklung und später den Betrieb und die Weiterentwicklung eines IT-basierten Bibliothekssystems.

Angesichts der großen Bedeutung von Informationstechnologie für Bibliotheken heute könnte man auf die Idee kommen, dieses ältere Konzept wieder zu aktivieren und die IT-Abteilung mit der Aufgabe des Innovationsmanagements zu betrauen. Natürlich spielen technische Aspekte und Informatiklösungen eine wichtige Rolle. Trotzdem wäre es zu kurz gegriffen, wenn Innovation mit IT gleichgesetzt würde. Wichtig scheint uns eine enge Zusammenarbeit, aber letztlich soll das Innovationsmanagement alle Bereiche und Abteilungen einer Bibliothek umfassen und mit einbeziehen (Ott/Regner, 2015, S. 228).

Wir empfehlen die Schaffung einer Organisationseinheit oder einer Stelle, die sich spezifisch und übergreifend um die Innovation in einer Bibliothek kümmert.

Wobei ein strukturiertes Innovationsmanagement erst ab einer gewissen Größe einer Bibliothek wirklich Sinn macht. Die Gründung einer eigenen Einheit für Innovationsmanagement ist ein deutliches Signal, dass diesem Thema seitens der Bibliotheksleitung hohes Gewicht beigemessen wird. Dadurch wird die Position dieser Stelle innerhalb der Bibliothek gestärkt. Gerade wenn die Aufgabe neu ist, kann diese Unterstützung wichtig sein, damit sich die Stelle gegen allfällige Widerstände durchsetzen kann. Es darf nicht davon ausgegangen werden, dass alle übrigen Mitarbeitenden die Einrichtung einer neuen Stelle, die unter Umständen noch mit relativ großen

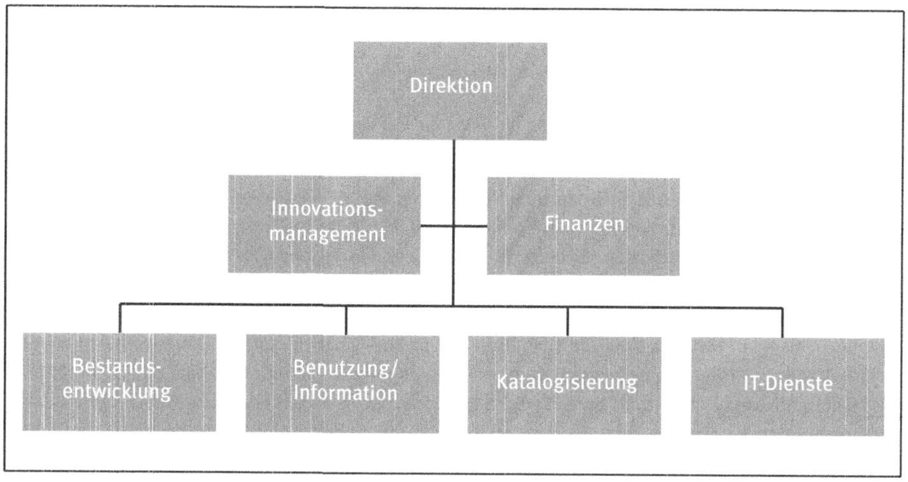

Abbildung 19: Organigramm mit IM als Stabsstelle (eigene Darstellung).

Kompetenzen ausgestattet wird, freudig begrüßen. Wie in jedem Change Prozess wird man dabei mit einem gewissen Widerstand, mit Ängsten und Machtkämpfen rechnen müssen. Und mit einer neuen Stelle für Innovationsmanagement sollte ja frischer Wind in die Bibliothek gebracht werden.

Die Einführung eines Innovationsmanagements ist ein Veränderungsprozess, der mit Methoden des Change Managements begleitet werden muss.

Auch wenn es sich um eine Einheit in der Linienorganisation handelt, sollte der Innovationsprozess über die gesamte Bibliothek organisiert sein. Dadurch wird die für diesen Prozess verantwortliche Stelle automatisch in Belange anderer Organisationseinheiten involviert sein. Diese Abteilung übernimmt also eine Querschnittsfunktion für die gesamte Bibliothek. Entsprechend kann sie auch als Querschnittsbereich definiert werden, wie das an der ZB MED der Fall ist. In den Querschnittsbereichen können Aufgaben zusammengefasst werden, die als Dienstleistung für alle Linienbereiche erbracht werden. So unterscheidet die ZB MED in ihrem aktuellen Organigramm zwischen den Programm- und Querschnittsbereichen, und das Produkt- und Innovationsmanagement gehört zu den Querschnittsbereichen.

Beim Modell Innovationsmanagement als Stabsstelle spielt die Unterstützung durch die Direktion eine entscheidende Rolle. Eine Stabsstelle ist per definitionem direkt der Direktion unterstellt. Im Unterschied zum ersten Modell verfügt somit das Innovationsmanagement über keine eigene „Hausmacht", sondern agiert im direkten Auftrag der Direktion. Tendenziell ist es für eine Stabsstelle schwieriger, sich als gleichberechtigte Partnerin in der Organisation zu behaupten. Gerade wenn eine solche Stelle neu mit einer externen Person besetzt wird, benötigt sie intensiv Unterstützung durch die Direktion.

Die Aufgabe Innovationsmanagement kann aber auch einer bestehenden Stelle übertragen werden, ohne dass dies im Organigramm sichtbar wird. Denkbar ist es, dass diese Aufgabe sinnvoll mit einer anderen Aufgabe kombiniert wird. Naheliegend sind die Kombination mit Projektmanagement, Produktmanagement (Beispiel ZB MED), Informationsmanagement (Beispiel Schweizerische Nationalbibliothek) oder mit Marketing.

In kleineren Bibliotheken sind solche Strukturen nicht nötig. Hier können regelmäßige Teamsitzungen, in denen das Thema neue Ideen auf der Tagesordnung steht, schon genügen (Mumenthaler, 2014a). Ergänzt allenfalls durch Workshops oder Klausuren, in denen man sich intensiv mit einigen wenigen Themen auseinandersetzt.

Wie Innovationsmanagement auch in kleineren Öffentlichen Bibliotheken umgesetzt werden kann, zeigt das Beispiel der Stadtbibliothek Baden. Es ist angelehnt an das Vorbild der Bücherhallen Hamburg, das im einführenden Kapitel vorgestellt wurde.

Fallbeispiel: Innovationsmanagement der Stadtbibliothek Baden

Von Charlotte Frauchiger, Stadtbibliothek Baden (Schweiz), http://www.stadtbibliothek.baden.ch

Das Innovationsmanagement der Stadtbibliothek Baden ist im 2012 erstellten Bibliotheksentwicklungskonzept verankert. Schwerpunkt des Konzepts ist die zielgruppenorientierte und nachhaltige Entwicklung der Angebote auf die Bedürfnisse der Bevölkerung. Die sich von diesem Konzept ableiten lassende Innovationsstrategie zielt somit auf die Anpassung der Bibliothek an die heutigen gesellschaftlichen und technologischen Standards. Ziel ist es, das gesamte Potential der Entwicklungen und Trends in einem effektiven Rahmen auszuschöpfen.
Strategisch ist das Innovationsmanagement auf Leitungsebene organisiert, die operative Entwicklung und Umsetzung ist meist Aufgabe des Projektteams der Stadtbibliothek. Die Zusammensetzung des fünfköpfigen Projektteams aus Personen mit pädagogischem, interkulturellem und informationswissenschaftlichem Hintergrund garantiert die Einbindung von verschiedenstem Know-How und den entsprechenden Netzwerken. Impulse werden entweder vom Personal durch Aus- und Weiterbildungen, den Besuch an Kongressen und Tagungen eingebracht oder kommen aus Kooperationen und dem Austausch mit Netzwerkpartnern. Bereits umgesetzte Beispiele des Innovationsmanagements der Stadtbibliothek sind die Verbundslösung ebookplus, das E-Book Festival oder das neu geschaffene Veranstaltungsnetzwerk. Die wesentlichsten Neuerungen seitens Aktivitäten sind die Programme zur Integrationsförderung, die gemeinsam mit der Fachstelle Integration erarbeitet wurden und die Veranstaltungsreihe „Little Makers", bei denen Kinder durch Mitmachen neues erlernen und erleben können. Aber auch beim Bestandesmanagement werden neue Wege eingegangen. So hat man 2015 einen Spiel- und Spielsachenbestand in die Kinderbibliothek integriert, der zur Interaktion und zum Ausprobieren anregen soll. Durch Crowdsourcing wurde 2013 versucht, Ideen und Wünsche für die Neugestaltung der Jugendbibliothek zu gewinnen. Das Potential solcher Methoden, welche die Kunden zu aktiven Mitgestaltern machen, wird seitens der Stadtbibliothek Baden noch zu wenig genutzt, ist aber in den zukünftigen Zielen der Projektmitarbeitenden und des Managements verankert.
Neben dem Einbringen und Bewerten von Ideen spielen in einer wirkungsorientiert geführten Bibliothek auch das Controlling und die ständige Überprüfung eine wichtige Rolle. Innovationen werden während des ganzen Implementierungsprozesses immer wieder überprüft und angepasst. In der Stadtbibliothek Baden findet diese Überprüfung nicht ausschließlich durch das Projektteam statt, was in der Praxis dazu führt, dass Ideen immer wieder mit neuen Impulsen bereits bei der Produkterstellung angereichert werden. Zudem wird so sicher gestellt, dass die hohe Zielgruppenfokussierung während der Umsetzung erhalten bleibt.

4.4 Ideenmanagement

Es nützt nichts, wenn geäußerte Ideen und eingereichte Vorschläge in einer Schublade landen und nicht weiter bearbeitet werden. Das Sammeln der Ideen ist eine Aufgabe des Innovationsverantwortlichen. Er stellt sicher, dass Mitarbeitende auf einfache Weise ihre Vorschläge einbringen können. Dies kann über unterschiedliche Kanäle geschehen. Aus der analogen Welt kennt man den Briefkasten, in den man Vorschläge einwerfen kann – sowohl für Mitarbeitende wie auch für Kunden. Auf elektronischem Weg ist die Einrichtung einer entsprechenden Mail-Adresse (idee@bibliothek.org) eine einfache und leicht umzusetzende Methode. Etwas aufwändiger ist die Einrichtung eines internen Blogs oder eines Wiki, in das Mitarbeitende ihre Ideen eintragen können.

Ideen sammeln kann man über analoge Kanäle, wie Briefkasten, Pinnwand oder digitale Wege, wie E-Mail, Blog oder Wiki.

Bei der Wahl der Methode gilt es das Umfeld zu beachten und allenfalls schon vorhandene Verfahren und Tools sinnvoll einzusetzen. Ein Wiki kann zum Beispiel auch für die Dokumentation von FAQs im Informationsdienst oder anderes eingesetzt werden. An der ETH-Bibliothek wurde die schon vorhandene Intranet-Plattform SharePoint mit der verfügbaren Blog-Funktion eingesetzt.

Wichtig ist bei der Eingabemöglichkeit für Ideen, dass diese niedrigschwellig erfolgen kann. Man sollte also keine komplizierten Mechanismen einbauen, da sonst Mitarbeitende eher abgeschreckt als ermuntert werden. Aus diesem Grunde ist es oft

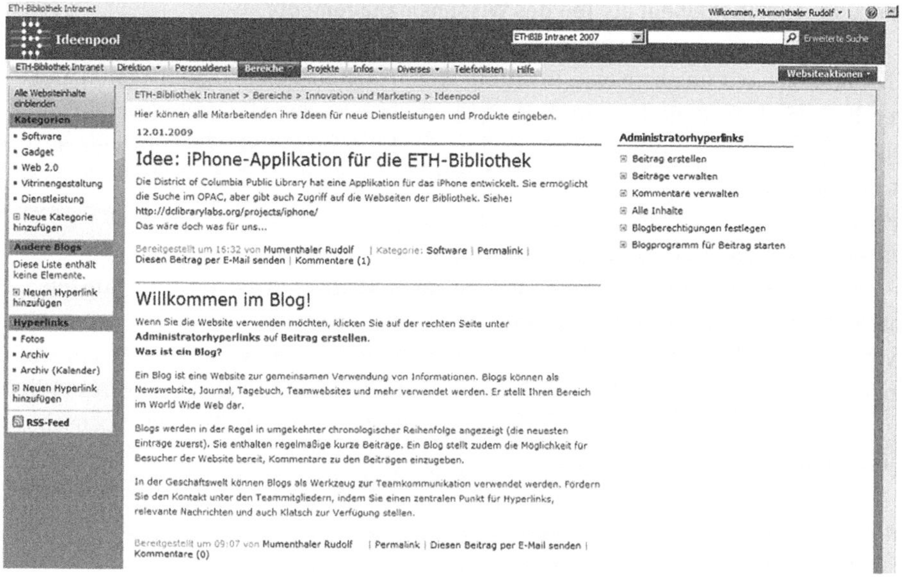

Abbildung 20: Blogfunktion von Share-Point als Ideenpool der ETH-Bibliothek (Mumenthaler 2010).

sinnvoll, nach Möglichkeit bereits vorhandene Plattformen/Kanäle einzusetzen. Prinzipiell können aber auch spezielle Ideenmanagementsysteme eingesetzt werden, die diesen Arbeitsprozess optimal unterstützen. Neben der Tatsache, dass dadurch noch ein weiterer Kanal bedient werden muss, spricht oft auch ihre Kostenpflichtigkeit gegen ihren Einsatz. Beispiele für Tools zum Ideenmanagement sind im Innovator's Guide zusammengestellt. (http://innovators-guide.ch/innovators-guide/software/)

Der Innovationsmanager sollte auch mündliche Anregungen oder auf informellem Weg eingebrachte Ideen in das Dokumentationstool aufnehmen. Nicht alle Mitarbeitenden sind bereit, sich mit der Eingabe einer Idee gleich an die bibliotheksinterne Öffentlichkeit zu wenden und sich so der internen Diskussion (und eventuell Kritik) zu stellen. Oft finden vor der Einreichung informelle Kontakte und Gespräche statt, in denen sich die Mitarbeitenden vergewissern, dass ihre Idee durchaus eingabewürdig ist. Falls die Idee in ähnlicher Form bereits eingereicht worden ist, kann die bzw. der Innovationsmanager die Kolleginnen und Kollegen entsprechend informieren. Sinnvoll kann auch eine Beratung bzw. ein Coaching von Ideengeberinnen und -gebern bei der Formulierung ihrer Ideen sein, wenn sie dies wünschen.

Für eine detailliertere Dokumentation der geeigneten Ideen eignen sich beispielsweise sogenannte Ideensteckbriefe (http://www.degruyter.com/view/product/212678). Ein Ideensteckbrief bietet einen guten Überblick über eine Idee und kann im Rahmen der weiteren Ausarbeitung des Ideenkonzepts nach und nach vervollständigt werden. Wertvoll sind zudem Skizzen, Modelle oder gebastelte Prototypen von Ideen, um sie verständlich zu dokumentieren. Dies besitzt ein großes Potential über die schriftliche Dokumentation der Idee hinaus!

Ein Ideensteckbrief beschreibt die Kernelemente einer Idee. In ihm wird auch auf Stärken und Schwächen bzw. Chancen und Risiken der Idee eingegangen, und eine grobe Beurteilung der Idee ist enthalten. Ähnlichkeiten mit dem Ideensteckbrief weist auch die Product Innovation Canvas (http://www.inknowaction.com/blog/2014/09/10/4in1-product-innovation-canvas-ein-tool-zur-einreichung-analyse-bewertung-und-konzeption-von-innovationsideen/) auf. Das Ausfüllen eines Ideensteckbriefes oder einer Product Innovation Canvas „zwingt" einen zudem gewissermaßen, sich eingehend mit der Idee zu beschäftigen und vielfältige Aspekte zu durchdenken.

4.4.1 Ideenmanagement als Teil des Wissensmanagements

Für die Entgegennahme von Ideen sind auch informelle Kanäle, wie ein Gespräch in der Kaffeepause, wichtig. Die Hürde für die Einreichung von Ideen sollte möglichst niedrig sein.

Hier bewegen wir uns bereits in Richtung Wissensmanagement. Zumindest in größeren Bibliotheken scheint es sinnvoll, dass alle Inhalte des Ideenmanagements über eine Plattform verwaltet und zugänglich gemacht werden. Ein Wiki ist geeignet, um z. B. auch die oben erwähnten Reise- und Kongressberichte aufzunehmen. Die eingereichten Ideenvorschläge erweitern die Wissensbasis. Und diese Inhalte sind auf diesem Weg transparent dokumentiert und für alle suchbar.

Wikis sind webbasierte Systeme, die kollaboratives Arbeiten unterstützen. Je nach Plattform sind gewisse Grundkenntnisse erforderlich, was die Nutzung von webbasierten Plattformen und ihrer Funktionen betrifft. Wikis sind zum Teil in kommerzielle Plattformen (wie SharePoint oder Moodle) integriert oder als eigenständige Lösungen über externes Hosting oder selbst gehostet verfügbar. An einer Hochschule dürften die entsprechenden Tools zur Verfügung stehen.

An Stelle eines Wikis kann hier auch eine andere Plattform für denselben Zweck eingesetzt werden, so z. B. ein Dokumentenmanagementsystem (DMS) oder eine Intranet-Plattform. Der Vorteil einer integrierten Lösung ist der einfache Zugriff für alle Mitarbeitenden.

In Frage kommen hier kommerzielle DMS wie Microsoft SharePoint oder Confluence, aber auch neuartige Kollaborationsplattformen wie Azendoo (www.azendoo.com), Humhub (www.humhub.org/) oder Base-camp (www.basecamp.com). Letztere sind webbasierte Plattformen, die zahlreiche Funktionalitäten des Web 2.0 aufweisen. Auch ein internes Blog, zum Beispiel auf der Basis von Wordpress oder Blogger, kann eingesetzt werden. Unsere Empfehlung lautet hier, dass am besten bereits eingeführte Systeme adaptiert werden.

4.4.2 Ideen bewerten: Kriterien für die Auswahl von Ideen

Für die Bewertung von Ideen sollten Kriterien definiert und diese der Belegschaft (ggfs. auch den Kunden) kommuniziert werden.

Grundsätzlich kann jede Bibliothek selbst definieren, nach welchen Kriterien sie neue Ideen bewertet. Wichtig ist dabei, dass diese Kriterien klar kommuniziert werden und den Mitarbeitenden bekannt sind. Sie dienen als Grundlage für die Bewertung von Ideen. Da die Zurückweisung der Idee eines Mitarbeitenden zu Frustration führen könnte, sollte die Ablehnung mit den bekannten Kriterien begründet werden können.

Umgekehrt dient die offene Kommunikation auch dazu, möglichen Neid zu vermeiden gegenüber den gutgeheißenen Ideen und ihren Protagonisten. Allerdings ist man in Bibliotheken – anders als zum Beispiel im Bankwesen – an solche Wettbewerbsverfahren noch wenig gewohnt, und die Akzeptanz wird nicht überall von Anfang an vorhanden sein. Der Innovationsverantwortliche, der für die Kommunikation mit den Ideengebern zuständig ist, wird sich auf die eine oder andere Diskussion mit Mitarbeitenden einstellen müssen, wenn diese nicht mit der Begründung für die Ablehnung einer Idee einverstanden sind.

Wie erwähnt, kann jede Organisation diese Kriterien selbst definieren. Methoden, die während des Innovationsprozesses eingesetzt werden können, um Ideen zu bewerten und auszuwählen, finden sich in Abschnitt 5.4.

Ob der Innovationsmanager die Ideen bereits vorbewertet oder möglichst neutral versucht, die eingereichten Vorschläge so aufzubereiten, dass sie vom Entscheidungsgremium gut verstanden werden, muss die Bibliothek selbst entscheiden. Denkbar ist auch, dass die Ideengeber ihre Ideen vor dem Entscheidungsgremium vorstellen können und dass im Anschluss an die Präsentation über deren Weiterverfolgung entschieden wird.

Ideensteckbrief			
Name der Idee			
Zusammenfassung (Alleinstellungsmerkmal) (max. 500 Zeichen)			
Beschreibung			
Stärken/Nutzen			
Schwächen/Risiken			
Grobe Beurteilung			
Umsetzbarkeit?	☐ leicht	☐ mittel	☐ schwierig
Marktpotenzial bzw. Innovationsgrad/ Förderfähigkeit?	☐ hoch	☐ mittel	☐ gering
Notwendige Investitionen?	☐ gering	☐ mittel	☐ hoch
Gesamtbeurteilung	☐ sehr gute Idee	☐ gute Idee	☐ Idee OK
Fazit/Empfehlung			

Abbildung 21: Ideensteckbrief.

Der gesamte Vorgang der Bewertung von Ideen inklusive die Entscheidungen der Geschäftsleitung sollten offen kommuniziert und dokumentiert werden.

Das Entscheidungsgremium sollte möglichst hoch in der Bibliotheksorganisation angesiedelt sein. Der Vorteil einer in der Bibliotheksleitung gefällten Entscheidung besteht darin, dass gleichzeitig die für die Weiterverfolgung der Idee notwendigen Ressourcen vom Führungsgremium bewilligt werden und dass dieses Gremium den Überblick über die eingereichten Vorschläge hat. Die Entscheidung wird anschließend innerhalb der Bibliothek kommuniziert, damit der gesamte Prozess transparent und für alle nachvollziehbar abläuft. Dies kann über ein veröffentlichtes Protokoll aus der Managementsitzung erfolgen oder über ein ständig aktualisiertes Dokument im Intranet.

Dies lässt sich leicht mit einer Excel-Mappe (http://www.degruyter.com/view/product/212678) umsetzen, die in der ersten Tabelle die eingereichten Ideen mit der Bewertung und dem Bewertungsentscheid enthält.

Logo Beispielbibliothek

Produktideen

ID	Idee	Beschreibung	Autor	Datum	Strategie	Kunden	Vorteil	Machbarkeit	Entscheid
I-001	Innovationsmanagement	Einführung eines Innovationsmanagements	B. Muster	30.09.14	⇧	⇨	⇧	⇧	ja
I-002	LOD	Publikation des Sachregisters als LOD	A. Beispiel	03.10.14	⇧	⇩	⇨	⇩	nein
I-003	geobasierte Suche	Kataloginhalte über geobasierte Suche verfügbar machen	C. Example	10.10.14	⇨	⇧	⇧	⇨	prüfen

Abbildung 22: Tabelle mit Ideen.

Eine mögliche Aufgabe im Innovationsprozess besteht darin, die eingereichten Ideen vorzuprüfen, notwendige Zusatzinformationen einzuholen und diese für die Besprechung in der Geschäftsleitung so aufzubereiten, dass eine brauchbare Entscheidungsgrundlage zur Verfügung steht. Dies kann der Innovationsverantwortliche übernehmen oder auch externe Expertinnen und Experten, die zu diesem Zweck beigezogen werden. Auch eine erste Einschätzung bezüglich der Erfüllung der Kriterien kann der Innovationsmanager zur Diskussion stellen. Unter Umständen sind hier Gespräche mit den Ideengebern angesagt, aber auch Erkundigungen außerhalb der eigenen Bibliothek. Auch im Hinblick auf die Machbarkeit lohnt es sich, vor dem Entscheid der Managementrunde Abklärungen mit den vermutlich betroffenen Bereichen oder Abteilungen der Bibliothek zu treffen.

4.4.3 Machbarkeit prüfen

Bei komplexeren Vorhaben oder Ideen für Produkte, bei denen unsicher ist, ob eine Umsetzung sinnvoll und machbar ist, wird dies im Rahmen eines Vorprojekts oder einer Vorstudie geprüft. Dies kann bedeuten, dass ein Prototyp oder eine Beta-Version für das geplante Produkt entwickelt wird. Oder dass verschiedene Geschäftsmodelle geprüft werden, um abzuklären, ob die angedachte Dienstleistung rentabel betrieben werden kann. Zum Teil wird man zuerst klären müssen, ob die Bibliothek über das notwendige Know-how verfügt, um die Idee umzusetzen oder ob es Partner gibt, mit denen man zusammenarbeiten könnte.

Diese Aufgabe wird den Fachbereichen übertragen. IT-lastige Produktideen werden entsprechend durch die IT-Abteilung geprüft, idealerweise gemeinsam mit den betroffenen Fachbereichen. Die Rolle des Innovationsmanagers ist dabei, allenfalls beratend zur Seite zu stehen und das Controlling des Projektfortschritts zu übernehmen. Somit ist es seine Aufgabe, über die Einhaltung der Termine zu wachen und gegebenenfalls zu intervenieren.

Projektmanagement ist eine wichtige Grundlage für die erfolgreiche Durchführung von Machbarkeitsstudien und die Entwicklung von Produkten.

4.4.4 Controlling

Die bei der Ideeneingabe vorgestellte Tabelle kann erweitert werden und dient dann gleichzeitig als Ideenpipeline und zum Controlling der weiteren Umsetzungsmaßnahmen. In der zweiten Tabelle wird dann der Status der Umsetzung (http://www.degruyter.com/view/product/212678) dokumentiert.

Logo Beispielbibliothek

Status der Produktideen

ID	Idee	Entscheid GL	Datum	Verantwortlich	Status	geplantes Enddatum	Termin
I-001	Innovationsmanagement	Umsetzung beschlossen, Modelle prüfen	12.10.14	B. Tester (Stab)	Vorstudie in Arbeit	31.12.14	OK
I-002	LOD	Idee abgelehnt	12.10.14		eingestellt		
I-003	geobasierte Suche	Machbarkeit prüfen	12.10.14	G. Sucher (IT)	Vorstudie in Arbeit	31.01.15	unsicher
I-004	Beispiel	Umsetzung beschlossen	12.10.14	XY	Projekt abgeschlossen	31.10.14	OK

Abbildung 23: Tabelle mit Status der Ideen.

Mit dem Controlling bewegen wir uns auf dem Gebiet des Projektmanagements (bei der Projektabwicklung) bzw. des Multiprojektmanagements (bei der Übersicht über mehrere laufende Projekte). Denkbar ist es, dass Projekt- und Innovationsmanagement von der gleichen Stelle ausgeübt werden. Wenn nicht, sind hier die Schnittstellen und die unterschiedlichen Rollen zu klären. Auf jeden Fall sind eine enge Zusammenarbeit und die Koordination der Aufgaben notwendig.

Projekt- und Innovationsmanagement können von der gleichen Stelle ausgeübt werden.

Der Status der laufenden Projekte wird regelmäßig in der Managementrunde besprochen. Die für das Controlling verantwortliche Stelle holt sich vor der Sitzung die notwendigen Informationen bei den Projektleitern ein und aktualisiert den Status in der Tabelle. Ein Ampelsystem mit den Farben grün für Projekt läuft planmäßig, gelb-orange für Projekt ist kritisch oder rot für Projekt ist außer Plan verhilft zu einer schnellen Übersicht und dient als Entscheidungsgrundlage.

Für das Projektcontrolling hat sich eine Übersicht in Form eines Ampelsystems bewährt. Dieses dient der Geschäftsleitung als „Cockpit“.

Droht ein Vorprojekt oder ein Projekt aus dem Ruder zu laufen, kann und muss hier die Notbremse gezogen werden. Je nach Ausgangslage gilt es dann, die Projektziele eventuell neu zu definieren, mehr Ressourcen (Zeit, Personal) zur Verfügung zu stellen oder das Vorhaben abzubrechen.

4.4.5 Abbruch eines Projekts

Es ist gerade der Sinn des Stage-Gate-Prozesses, dass schon in einem frühen Stadium, noch bevor viele Ressourcen in eine Produktentwicklung investiert worden sind, überprüft wird, ob das Vorhaben weitergeführt werden soll. Noch sind die Kosten relativ gering, was sich dann bei der meist aufwändigeren Umsetzung schnell ändern wird.

Somit ist ein Projektabbruch oder der negative Ausgang einer Machbarkeitsstudie kein Beinbruch, sondern der Beweis für einen funktionierenden Innovationsprozess.

Der rechtzeitige Abbruch eines Projekts oder die Nicht-Überführung einer Beta-Version in den Betrieb gehören zu einem erfolgreichen Innovationsmanagement.

Wer Neues wagt und sich auf unbekanntes Terrain begibt, wird öfters auch mal scheitern. Die Bereitschaft, dieses Risiko einzugehen, gehört zu den Qualitäten eines First Movers. Und dazu gehört auch die Fehlertoleranz als wichtiger Bestandteil der Innovationskultur.

Ein nachahmenswertes Beispiel aus der Bibliotheksbranche für eine solche Fehlertoleranz bieten die MIT Libraries, die Bibliotheken des Massachusetts Institute of Technology. Sie haben nicht nur eine Website mit Beta-Versionen von Diensten, die in Entwicklung sind, sondern auch noch eine Webseite, die sie als „beta graveyard", als Friedhof der Beta-Versionen, bezeichnen (http://libguides.mit.edu/betas). Hier werden Dienste aufgeführt, welche den Sprung von der Beta-Version zur produktiven Dienstleistung nicht geschafft haben.

Die Gründe dafür können sein, dass der Dienst nicht unterstützt werden kann, dass es eine bessere Lösung für den Anwendungsfall gibt oder dass es keinen nachgewiesenen Nutzerbedarf für die Anwendung gab. Diese Erkenntnis kann ein erfolgreiches Ergebnis einer Machbarkeitsstudie sein.

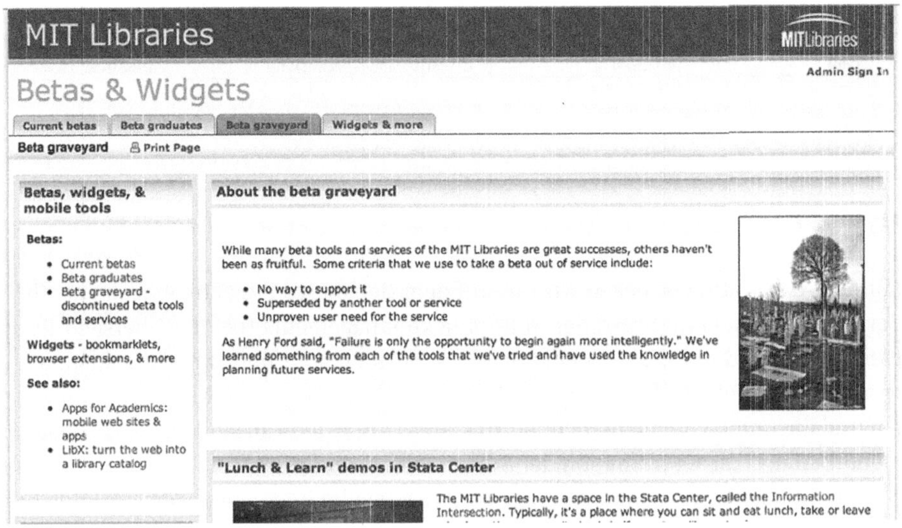

Abbildung 24: Beta Graveyard der MIT Libraries.

4.5 Open Innovation

Open Innovation bietet für Bibliotheken eine Möglichkeit, Ideen, Kreativität und Wissen von externen Personen in Innovationsprozesse einzubinden. Da kein Unternehmen und keine Bibliothek der Welt jemals alle Personen bei sich wird anstellen können, die einen wertvollen Beitrag zu Innovationen liefern könnten, bieten Open Innovation-Projekte die Möglichkeit, dennoch von ihrem Wissen und ihrer Kreativität zu profitieren.

Open Innovation ist die Innovation des Innovationsprozesses an sich: „Innovating Innovation". (Chesbrough, 2003, S. ix)

Angesichts des steigenden Wettbewerbsdrucks, der u. a. durch Start-Ups, die Bibliotheken zunehmend Konkurrenz machen, und sich ändernder Bedürfnisse von Kundinnen und Kunden sollten sich Bibliotheken keine Gelegenheit entgehen lassen, ihre Innovationsprozesse zu optimieren. Open Innovation bezeichnet eine Innovation des Innovationsprozesses an sich. Im Vergleich zu früher üblichen Innovationsprozessen, die „abgeschottet" in einer Organisation abliefen, wird bei der Open Innovation der Innovationsprozess geöffnet, um damit Personen, die nicht der eigenen Organisation angehören, einzubeziehen. Oft, aber keinesfalls immer, werden dabei Web 2.0-Elemente angewendet, die es heutzutage bedeutend einfacher machen, Externe einzubeziehen und Kundenbedürfnisse zu berücksichtigen.

Open Innovation passt damit gut in den Gesamtkontext sich ändernder Beziehungen innerhalb von Organisationen sowie zwischen Organisationen und ihren Kundinnen und Kunden:

- Vom Konsumenten zum Produzenten: Aus „passiven" Kundinnen und Kunden werden mehr und mehr Personen, die selbst etwas herstellen (z. B. eigene Texte im Internet veröffentlichen, handwerklich etwas herstellen, selbst innovative Produkte entwerfen (User Innovation)) und zunehmend von Anbietern „gehört", mit ihren Wünschen ernst genommen werden und nicht nur fertige Angebote „vorgesetzt" bekommen möchten.
- Maker-Bewegung: Dank einer zunehmenden Verfügbarkeit von 3D-Druckern, beispielsweise in speziell eingerichteten „Makerspaces" (wie z. B. in der Stadtbibliothek Köln) wird die Maker-Bewegung, der Trend zur Produktion in Eigenregie, von Einzelstücken per 3D-Druck, Handarbeiten oder der Reparatur kaputter Gegenstände unterstützt, wodurch u. a. mehr Nachhaltigkeit, individuelleren und passgenauer gestaltete Produkte möglich sind.

Es kann somit von einem Trend zur „Demokratisierung" von Innovation und Produktion gesprochen werden. Gleichzeitig zeigen diese Trends, dass es viele Personen gibt, die sich gerne freiwillig an (sinnvollen) Innovationen beteiligen.

Open Innovation ist eine Möglichkeit, die Demokratisierung der Innovation mit der eigenen Bibliothek zu leben und anderswo vorhandenes Wissen und Kreativität zu nutzen.

Schließlich gehört die Einbeziehung externen Know-hows zu den Erfolgsfaktoren des Innovationsmanagements (vgl. Spielkamp/Rammer, 2006, S. 57 ff). Zudem unterstützen Open-Innovation-Maßnahmen zum Teil den Market Pull wie Technology Push in den verschiedenen Phasen des Innovationsprozesses.

Open Innovation bezeichnet „... die Zusammenarbeit zwischen Unternehmen sowie externen Experten sowie Kunden und Abnehmern, die sich auf Wertschöpfungsaktivitäten im Innovationsprozess bezieht und auf die Entwicklung neuer Produkte für einen größeren Abnehmerkreis abzielt." (Reichwald/Piller, 2009, S.9)

Übung: Open Innovation in Bibliotheken

Welche Einsatzmöglichkeiten für Open Innovation sehen Sie in Ihrer Bibliothek?
Inwiefern könnte Open Innovation möglicherweise ein Potential bieten, in Ihrer Bibliothek vorhandene Innovationshürden zu nehmen?

Fallbeispiel: Öffentliche Bibliothek im Innovationsprozess:
Die Stadtbibliothek Köln erfindet sich neu

Von Bettina Scheurer und Dr. Hannelore Vogt, Stadtbibliothek Köln, www.stbib-koeln.de

Bibliotheken bieten vermehrt Raum für Menschen, die miteinander Neues ausprobieren und kreativ sein wollen.

Die Gesellschaft befindet sich im Umbruch, und dies gilt auch für die Rolle der öffentlichen Bibliotheken. Der gleichberechtigte Zugang zu Wissen hat sich weit über das geschriebene Wort hinaus entwickelt. Der Umgang mit neuen Technologien und den sozialen Netzwerken ist einer der Schlüssel zur gesellschaftlichen Teilhabe. Bibliotheken sind und waren keine reinen Büchersammlungen, sondern lebendige Erlebnisräume. Sie sind keine Lesesäle und „Orte der Stille", sondern „Makerspaces" – Räume, die zum eigenen Tun einladen. Die Menschen wollen nicht nur Rezipienten, sondern selbst aktiv sein. Sie wollen Neues ausprobieren, kreativ sein, eigene „Produkte" herstellen und ihr Wissen und ihre Ideen mit anderen teilen. Mit dem Makerspace-Gedanken tragen Bibliotheken einem global zu beobachtenden Phänomen Rechnung. Die Bibliothek stellt dabei vor allem die Infrastruktur zur Verfügung und vernetzt die Interessenten. Die Konsequenz: Bibliotheken arbeiten in Zukunft mehr mit Menschen als mit Medien. Sie unterliegen einem Rollenwechsel vom Wissensarchiv zur Umsetzungsplattform, vom Informationsanbieter zum Anbieter von Raum, Equipment und Vernetzung.

Klarer „...Trend zur „Mitmach-Innovation", der durch die Herausbildung und Verbreitung des Web 2.0 – des sogenannten „Mitmach-Webs" – als Plattform für Innovationsaktivitäten vorangetrieben wird." (Habicht et al., 2011, S. 47)

Innovationsmanagement ist der organisierte und strukturierte Weg, proaktiv diesen Wandlungsprozess mit der Implementierung neuer Angebote und Dienstleistungen zu begleiten. Dabei hat die Arbeit der Bibliothek zwei Schwerpunkte. Erstens sind Bibliotheken ein aktiver Trendmonitor. Was geschieht international, welche Top-Technologie-Trends werden (beispielsweise von Gartner oder dem Horizon Report) identifiziert? Zweitens: Bibliotheken vernetzen sich aktiv mit Vordenkern und

-machern. Diese sind nicht nur aktive Umsetzungspartner, sondern auch wichtige Inputlieferanten. Ein bibliotheksinterner Think-Tank sammelt, bewertet und entwickelt Umsetzungsstrategien.
Um kreative Innovationsprozesse zu ermöglichen, wird bei der Stadtbibliothek Köln auf gemeinsame Verantwortung gesetzt. Beispiel Makerspace: In der Stadtbibliothek wurde Anfang 2013 ein Makerspace eröffnet. 3D-Drucker, Oculus Rift, Finch-Roboter zum Selberprogrammieren, Arduinos für die Ausleihe, Vinyl- und Filmbar, Musikangebote (Gitarre Fender Stratocaster) usw. Ein Workshopangebot für Selbermacher wurde neben dem Angebot für Maker Kids und der „Digitalen Werkstatt" für Einsteiger etabliert. Verantwortlich für Konzept und Entwicklung ist ein Arbeitskreis, der Angebote und Dienstleistungen definiert. Möglichst viele Abteilungen, Hierarchie-Ebenen, Fachkenntnisse, Talente und Temperamente sind involviert. Killerargumente und Selbstzensur sind hier ein ausdrückliches „no go", um optimalen kreativen Input zu generieren. Ein Zeit-Maßnahmenplan sorgt für klare Strukturierung der identifizierten Jobs, personenbezogene Verantwortlichkeit und termintreue Umsetzung. Bewährt hat sich eine Matrix von persönlichen Spezialkenntnissen und Arbeitsschwerpunkten der Beschäftigten. So entsteht eine bunte Mischung von Vorschlägen und kreativen Weiterentwicklungen unserer Angebote.
Rückblickend sind zwei wesentliche Erfolgsfaktoren relevant: Ohne Kooperation kann ein solcher Change-Prozess nicht gelingen. Der Input kommt dabei auch von Kunden, Institutionen und Gruppen vor Ort. Für den Makerspace haben wir sowohl mit dem örtlichen Fab-lab „dingfabrik" zusammengearbeitet, als auch mit einem innovativen Gymnasium, dessen iPad-erfahrene Schüler inzwischen in der Bibliothek als „Junior Experts" Workshops für Kunden geben.
Zweitens: Die Wertschätzung von innovativem Input als Entwicklungsprozess der Bibliothek gelingt nur, wenn die interne Kommunikation alle Mitarbeiter ins Boot holt - auch wenn sie nicht unmittelbar an einem Projekt beteiligt waren. Regelmäßige Meetings Aller mit Präsentationen, ausreichend Termine für die Information bzw. Schulung am neuen Equipment sind ebenso selbstverständlich wie die Kommunikation im internen Blog. Dass die Prozesse in einem eigenen Wiki niedergelegt sind, versteht sich von selbst.
Innovation ist der neue Service!

4.5.1 Grundlegende Methoden der Open Innovation

Der Begriff der Open Innovation umfasst neben der Einbindung externer Personen in den Innovationsprozess (Outside-In-Prozess) auch den umgekehrten Weg: Ideen werde aus einer Organisation nach außen gegeben und verwertet, z. B. über Lizenzen (Inside-Out-Prozess). Letzteres wird aber auch von Unternehmen wenig eingesetzt. Für die meisten Unternehmen und auch Bibliotheken ist ausschließlich Outside-In der interessantere Prozess.

Dabei lassen sich vier Grundformen der Open Innovation unterscheiden:
- Innovationswettbewerbe
- Communities for Open Innovation
- Lead User-Integration
- Toolkits for Open Innovation

Unter Innovationswettbewerben werden zumeist Ideenwettbewerbe verstanden (eines von unzähligen Beispielen: LEGO Ideas, http://ideas.lego.com/). In der ZBW – Leibniz-Informationszentrum Wirtschaft wurden ebenfalls Ideenwettbewerbe durchführt (vgl. Fingerle, 2012). Als weitere Formen von Innovationswettbewerben gibt es etwa: Programmierwettbewerbe (z.B. Apps for Development: http://appsfordevelopment.devpost.com/) oder das Format der Broadcast Search (das z.B. auf der Plattform Innocentive.com angewendet wird), bei der es um die Suche technischer Problemlösungen geht.

Communities for Open Innovation bezieht sich auf den Einsatz von Communities im Internet zu Innovationszwecken. Schöne Beispiele für diese Anwendung sind beispielsweise Tchibo Ideas http://www.tchiboideas.de/ oder My Starbucks Idea http://mystarbucksidea.force.com/, bei denen Anbieter jeweils eine eigene Community für

die Einbindung von Kundinnen und Kunden und anderen als Ideengebern eingerichtet haben. Die Einbindung von Communities ins Innovationsmanagement kann jedoch auch weniger aufwändig begonnen werden. Vier Stufen der Einbindung lassen sich unterscheiden, von wenig bis sehr aufwändig:
- Beobachtung externer Communities,
- aktive Einbindung externer Communities,
- Einbindung eigener Community/Communities,
- Schaffung einer eigenen Innovationscommunity.

Den „Klassiker" unter den Formaten der Open Innovation stellt die Lead User-Integration dar, die oft in Form von Lead User-Workshops stattfindet. Das von von Hippel (1986) entwickelte Lead-User-Konzept ist die älteste und wohl bekannteste Methode der frühen Kundeneinbindung in den Innovationsprozess. Zentrales Merkmal der Lead User-Integration ist, dass besonders innovative Kundinnen und Kunden, die mit ihren Bedürfnissen dem Markt zeitlich voraus sind und in der Lage sind, ihre Bedürfnisse zu artikulieren, identifiziert und in den Innovationsprozess eingebunden werden.

„Die Lead-User-Methode besteht aus der Identifikation innovativer Anwender und deren Einbindung..." (Hilgers et al., 2011, S. 85).

Toolkits for Open Innovation können den Innovationsprozess dadurch unterstützen, dass sie es ermöglichen, Ideen für Innovationen oder für deren genaue Ausgestaltung in visueller Form zusammenzutragen. Reichwald/Piller unterscheiden drei Formen von Innovations-Toolkits für Open Innovation (vgl. Reichwald/Piller, 2009. S. 193; Dudli, 2014):
- Toolkits für User Innovation dienen der Generierung von Innovationsideen oder innovativen Leistungseigenschaften. Vorstellen kann man sie sich wie eine Art Chemiekasten, der einen sehr großen Lösungsraum anbietet und von Lead Usern eingesetzt wird.
- Toolkits für User Co-Design haben Überschneidungen zum Konzept der „Mass Customization", da sie der Individualisierung von Produkten für alle Kundinnen und Kunden dienen. Sie sind mit einem Lego-Baukasten vergleichbar und haben einen begrenzten, vordefinierten Lösungsraum, so dass nicht vollkommen frei alles Denkbare erstellt werden kann.
- Toolkits zum Ideentransfer: Mit ihnen können Innovationsideen der Kundinnen und Kunden übermittelt werden und sie richten sich in erster Linie an Lead User, die einen unbegrenzten Lösungsraum mittels Toolkit zur Verfügung gestellt bekommen, um so dem Anbieter ihre Ideen zu übermitteln.

Der Lego Digital Designer http://ldd.lego.com/de-de/ stellt ein Beispiel dafür dar, wie ein Toolkit in der Praxis aussehen kann.

Übung: Toolkits für Open Innovation in Bibliotheken
Welche Anwendungsbeispiele fallen Ihnen für den Einsatz von Toolkits für Open Innovation in Bibliotheken ein? Welches wären denkbare Einsatzbereiche für Bibliotheken?

Neben diesen „klassischen" vier Formen der Open Innovation entstehen auch immer wieder neue Mischformen, z. B. dadurch, dass Social Networks für Open Innovation eingesetzt werden. So werden teilweise auf Facebook, XING oder Pinterest direkt Open Innovation-Maßnahmen durchgeführt oder es werden darüber anderweitig laufendes Open Innovation-Projekte bekannt gemacht. Ein Beispiel ist die Facebook-Open Innovation-App von Unser aller (https://www.facebook.com/unserAller/app_116785261681324s).

Prinzipiell können Open Innovation und mit ihr verwandte Ansätze den Innovationsprozess in allen Phasen auf unterschiedliche Art und Weise bereichern. So kann beispielsweise Crowdfunding die Finanzierung von Innovationen ermöglichen und per Crowdsourcing kann die Umsetzung einer Innovation vorangebracht werden. Beispiele sind:

- Die Überprüfung oder Bearbeitung umfangreicher Datenbestände (sofern sie kein spezielles bibliothekarisches Know-how erfordern würde), könnte beispielsweise über Microjobs, z. B. clickworker.com, oder Citizen-Science-Projekte z. B. Be a Martian, http://beamartian.jpl.nasa.gov, erfolgen.
- Das Design von Innovationsangeboten könnte in einem Crowdsourcing-Projekt entwickelt werden.
- Crowdsourcing-Tester könnten die Innovation einem umfangreichen Praxistest, z. B. utest.com unterziehen.
- Design für Innovationen im Rahmen von Crowdsourcing, z. B. 99Designer

Übung: Bibliotheksinnovationen durch Open Innovation & Co fördern

- Gibt es bestimmte Phasen oder Probleme, an denen Innovationsprojekte bei Ihnen oft haken?
- Könnte Open Innovation oder verwandte Ansätze dazu beitragen, die Hürden zu verringern?

4.5.2 Chancen und Risiken von Open Innovation

Trotz all der Chancen von Open Innovation, ist sie keine Wunderwaffe und ihre Risiken sind sorgsam abzuwägen. Open Innovation kann nur funktionieren, wenn die Bibliothek dafür bereit ist und ein passendes Umfeld bietet, in dem Open Innovation mit den allgemeinen Prozessen des Innovationsmanagements ineinander greifen kann.

Zu den Chancen der Open Innovation zählt, dass Kundenbedürfnisse damit einfacher und besser berücksichtigt werden können und es daher zu einer besseren Marktpassung und zu niedrigeren Flopraten kommt. Durch den direkten Kontakt mit Kundinnen und Kunden können „Übersetzungsprobleme" und Informationsverluste, die beispielsweise bei der Anwendung von Marktforschungsmethoden leicht entstehen, insbesondere, wenn ein Marktforschungsinstitut zwischengeschaltet ist, vermieden werden. Wenn Kundinnen und Kunden ihre Ideen nicht ausschließlich verbal artikulieren können, sondern sie zum Teil beispielsweise mittels Toolkits illustrieren oder an ihnen in Workshops in anderer Form arbeiten können, wird eine Begrenzung auf oft limitierte Möglichkeiten von Verbaläußerungen vermieden. So kommen auch explizit vorhandenes Wissen und Ideen eher an die Oberfläche.

Open Innovation besitzt zudem das Potential, die Umsetzungsdauer für eine Innovation zu verkürzen, so dass sie schneller auf den Markt gebracht werden kann und auch geringere Kosten im Innovationsprozess entstehen. Nicht unterschätzt werden sollte außerdem der psychologische Aspekt: die Einbeziehung von externen Personen schafft ein größeres Dringlichkeitsgefühl bei den Beteiligten. Zudem kann Open Innovation „durch die Hintertür" dazu führen, eine Innovationskultur zu stärken sowie die Beziehungen zu Externen, wie Kundinnen und Kunden zu stärken oder neu zu definieren.

Auf der anderen Seite sollten auch die Risiken von Open Innovation betrachtet werden:

- Eine möglicherweise begrenzte Aufnahmefähigkeit der Bibliothek für externe Innovationsimpulse,
- das Not-Invented-Here-Syndrom, das dazu führt, dass Ideen von außerhalb kategorisch abgelehnt werden,
- die richtige Idee wird zur falschen Zeit geäußert,
- bei vielen Ideen fehlt es möglicherweise an ausreichend Zeit, jede einzelne intensiv zu prüfen und weiterzuentwickeln,
- großer Koordinationsaufwand für Open Innovation-Projekte,
- geäußerte, sinnvolle Ideen können nicht umgesetzt werden und daher entsteht Enttäuschung bei den Ideengebern.

Oft ist die Angst groß vor dem Diebstahl von Ideen und Wissen. Für Bibliotheken ist diese Angst vielleicht nicht ganz so begründet wie für Unternehmen. Zudem ist anzumerken, dass eine Idee alleine oft noch nicht viel wert ist. Nichtsdestotrotz kann es sinnvoll sein, gewisse „Sicherheitsmaßnahmen", z. B. in Form von rechtlichen Regelungen zu treffen.

Es gibt weitere Gründe dafür, dass Open Innovation-Projekte scheitern, etwa:

- Ungeeignete Anreizgestaltung,
- Fragestellung zu eng oder zu unspezifisch,
- zu geringes persönliches Interesse der Teilnehmenden,
- zu wenig Teilnehmende oder ihre Arbeitsqualität ist zu gering,
- „Sprachprobleme", etwa durch verschiedene Professionen oder weil Externe andere Ausdrücke verwenden oder sich vor einem anderen Erfahrungshintergrund bewegen als Interne. So kann es etwa vorkommen, dass der Wert von externen Ideen schlichtweg nicht verstanden wird,
- Probleme beim Projektmanagement und generell im Innovationsmanagement,
- Teilnehmende sind nicht richtig eingebunden oder fühlen sich manipuliert oder bevormundet,
- keine echte Offenheit bzw. kein echtes Interesse an den Wünschen von Kundinnen und Kunden,
- mangelhafte Einbindung von Internen.

Um diese Gründe fürs Scheitern und die Risiken zu umgehen, gilt es, zu überprüfen, ob die eigene Bibliothek bereits ein Umfeld bietet, das für Open Innovation geeignet ist – oder wie es andernfalls geschaffen werden kann. Im nächsten Schritt geht es um die planvolle Durchführung eines Open Innovation-Projekts.

Übung: Risiken und Gründe fürs Scheitern von Open Innovation

- Welche (zusätzlichen) Risiken von Open Innovation sehen Sie in Ihrer Bibliothek?
- Was befürchten Sie, woran ein Open Innovation-Projekt bei Ihnen scheitern könnte?
- Mit welchen Maßnahmen könnten Sie diesen Risiken bzw. einem Scheitern vorbeugen?

Was für den Erfolg von Open Innovation zählt, ist auch die Umgebung. Und es ist die Frage zu beantworten, was kann für einen erfolgreichen Praxistransfer getan werden? Jedenfalls gibt es nicht automatisch durch mehr Innovationsimpulse von Externen mehr Innovationen. Wichtig sind ein geeignetes Innovationsmanagement und –klima innerhalb der Bibliothek! Auch sinnvolle, intern vorhandene Ideen in Innovationen umzusetzen, ist schon eine große Leistung. Je mehr Ideen von außerhalb kommen, umso stärker muss auch gewährleistet werden, dass überhaupt die Zeit und Fähigkeit vorhanden sind, sie verarbeiten zu können. Wichtig ist es, dabei auch interne Innovationsimpulse zu berücksichtigen. Wer einen hohen Innovationsgrad anstrebt, sollte besonderes auf interne Innovationsquellen fokussieren, da externe Ideengeber hierbei eine eher untergeordnete Rolle spielen und ihre Einbindung eher zu nicht so innovativen Angeboten führt. (vgl. http://idw-online.de/de/news603294)

4.5.3 Bereit für Open Innovation?

Prinzipiell kann jede Bibliothek, groß oder klein, Open Innovation einsetzen, in welcher Form, wird allerdings vermutlich variieren. Bevor es an die Organisation eines Open Innovation-Projekts geht, ist es dringend angeraten, sich ein ehrliches Zeugnis über die Innovationsfähigkeit der eigenen Bibliothek abzulegen und gegebenenfalls notwendige Veränderungen anzugehen (vgl. auch vorne den Abschnitt zu „Was ist Innovationsmanagement?“ und zu Reifegradmodellen).

Checkliste: Fähigkeit zur Open Innovation/Selbsttest Innovationsfähigkeit
Hinterfragen Sie sich kritisch: Weisen Sie die folgenden Merkmale auf, um Open Innovation gewinnbringend anwenden zu können?
- Ihre Bibliothek besitzt die kulturelle Offenheit für externe Anregungen.
- Sie haben die erforderlichen Fähigkeiten, um zielführend intern wie extern mit anderen Personen, Bereichen, Organisationen zusammenzuarbeiten. Dazu gehören auch die entsprechenden technischen Fähigkeiten, Networkingfähigkeit und die Fähigkeit mit Personen mit verschiedenem (kulturellen) Hintergrund zusammenzuarbeiten.
- Sie haben die Fähigkeit, externe Ideen aufzugreifen und umzusetzen; sie besitzen dafür geeignete Strukturen und Prozesse.
- Sie sind in der Lage, externe Ideen zu identifizieren, zu evaluieren und auf ihren Kontext zu übertragen, sie für die Bedürfnisse Ihrer Kundinnen und Kunden anzupassen. Sie haben ausreichend (personelle) Ressourcen, um sich mit diesen Ideen und ihrer Umsetzung zu beschäftigen.
- Wenn bei Ihnen jemand (intern) mit einer neuen Idee ankommen würde, wüssten Sie sofort, was zu tun ist, wie damit weiter vorgegangen werden kann.

“There is no reason to go outside corporate boundaries if the company does not know what is happening within the company. Internal and external resources need to work hand in hand to make open innovation happen.” (Lindegaard, 2010, S. 4)

Open Innovation kann alleine mit Externen nicht funktionieren. Möchte eine Bibliothek nach außen hin mit einem Open Innovation-Projekt „trendy“ und innovativ wirken, also eine richtig tolle „Show“ aufführen, so kann dies nur nachhaltig gelingen, wenn auch hinter den Kulissen alle an einem Strang ziehen. Sonst könnte dies beispielsweise dazu führen, dass in der Öffentlichkeit ein irritierendes Bild entsteht.

Ohne geeignete personelle und finanzielle Ressourcen sind Open Innovation-Projekte zum Scheitern verurteilt. Angesichts der Vielzahl an unterschiedlichen mit Open Innovation verbundenen Aufgaben ist die Zusammenstellung eines passenden Projektteams ein wichtiger Faktor.

Selbsttest: Ressourcen:

Welche Ressourcen benötigt werden und wie viel davon notwendig ist, unterscheidet sich im Einzelfall sehr.

- Haben Sie ausreichende finanzielle Ressourcen, z. B. für die
  - Nutzung einer Open Innovation-Plattform oder für ein
  - Marketing-Budget?
- Personelle Ressourcen. Sind u. a. folgende Fragen geklärt?
  - Wer ist verantwortlich für das Projektmanagement?
  - Wer steuert die Kommunikation nach außen?
  - Wer moderiert eine Open Innovation-Maßnahme?

Haben Sie den Eindruck, dass sie noch nicht fit sind für Open Innovation, so könnte das Innovationskleeblatt aus dem Abschnitt „Was ist Innovationsmanagement" Ihnen Anhaltspunkte für geeignete Maßnahmen geben.

4.5.4 Wie plane ich ein Open Innovation-Projekt systematisch?

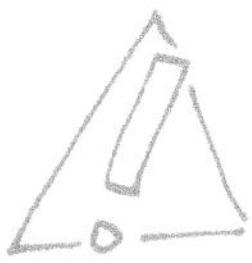

Planen Sie ein Open Innovation-Projekt, so könnten die folgenden Tipps für Sie hilfreich sein:

- Haben Sie einen klaren Auftrag von der Leitung, ein Open Innovation-Projekt durchzuführen und deren uneingeschränkte Rückendeckung?
- Wer sind Stakeholder Ihres Open Innovation-Projekts: Analysieren Sie interne und externe Stakeholder der Open Innovation: Wer ist in welcher Form betroffen? Wie sind welche Stakeholder für das Projekt zu gewinnen?
- Geht es um eine klar abgrenzbare Aufgabe bzw. Fragestellung? Steht eine wirkliche Herausforderung dahinter, deren Lösung notwendig ist? Haben Sie es mit einer komplexen Aufgabe oder verschiedenen Fragestellungen zu tun, ist es möglicherweise besser, eine Aufteilung in einzelne Module vorzunehmen und diese getrennt zu bearbeiten. Wenn Sie mit einem einzelnen Open Innovation-Projekt „zu viel" wollen, kann es leicht überfrachtet werden und die Zielsetzung unklar und damit nicht erreichbar werden.
- Definieren Sie, welche Art von Input Sie für Ihr Innovationsprojekt brauchen.
- Prüfen Sie, inwiefern in Ihrer Bibliothek das erforderliche Wissen bereits vorhanden ist. Bringen Sie die Personen zusammen, die erforderliches Wissen besitzen.
- Gibt es möglicherweise außerhalb Ihrer Bibliothek Personen (insbesondere (potentielle) Kundinnen und Kunden), die bereits aus Eigeninteresse Lösungen/ Innovationen entwickelt haben, die Sie suchen (User Innovations)?
- Wenn nicht, gibt es möglicherweise Personen, die ein Interesse daran haben könnten, mit Ihnen gemeinsam Innovationen zu entwickeln?
- Welche anderen externen Personen könnten Wissen oder Kreativität einbringen, die Sie als Input brauchen?
- Konzentrieren Sie sich darauf, das Problem, die Herausforderung, zu identifizieren und zu definieren. Suchen Sie nicht „wild" und undefiniert nach Ideen.
- Planen Sie Ihr Projekt vom Ende her. Eine sinnvolle Übung dafür ist, dass Sie eine „Pressemitteilung" verfassen, in der Sie die in Zukunft realisierten Ergebnisse Ihres Projekts beschreiben. Dies unterstützt Sie zum einen dabei, sich über die Zielsetzung sehr bewusst zu werden, und ermöglicht zum anderen auf dieser Basis eine Projektplanung vom Ende her: Wenn Sie dieses Ergebnis am Ende veröffentlichen wollen, müssen Sie vorher folgende Schritte tun ...

- Überlegen Sie vor der Veröffentlichung Ihres Projekts, wie die Ergebnisse weiter verwertet werden sollen. Planen Sie beispielsweise genau, was anschließend mit gesammelten Ideen geschehen soll. Auch wenn die Ideen noch nicht bekannt sind, so ist es doch möglich, dass Sie schon einmal überlegen, wie eine Umsetzung ungefähr möglich wäre und was mit Ideen geschehen soll, die – zumindest zunächst – nicht umgesetzt werden.

"Getting the right innovation processes in place is important, particularly as you move toward the more complicated world of open innovation. But nothing happens unless you have the right people with the right mindset and skills in the right place at the right time." (Lindegaard, 2010, S. 1)

Wie viel Zeit für die Durchführung eines Open Innovation-Projekts benötigt wird, hängt sehr von der Zielsetzung und der auf dieser Basis ausgewählten Methode ab. Als Beispiel und Anhaltspunkt sei hier der Zeitbedarf eines Ideenwettbewerbs genannt:

- Vorbereitungsphase: 3 Monate
- Feedback- und Einreichphase: 2 Monate
- Community Bewertungsphase: 2 Wochen
- Jury Bewertungsphase: 2 Wochen
- Nachbereitungs- und Umsetzungsphase: individuell sehr unterschiedlich, je nachdem, welche Idee umgesetzt werden soll.

Aufgaben, die man bei der Projektplanung berücksichtigen sollte, sind ganz grob für Open Innovation-Projekte im Allgemeinen:

- Eine klare Challenge formulieren
- Einen klaren Projektauftrag bekommen
- Zieldefinition
- Festlegung und Kommunikation von Rollen und Zuständigkeiten
- Zielgruppe und Anreize definieren
- Geeignete Methode auswählen
- Grobkonzept erstellen
- Feinheiten klären (z. B. genaue Fragestellung bzw. Aufgabenstellung)
- Durchführung des Open Innovation-Projekts
- „Belohnung" der Teilnehmenden
- Öffentlichkeitsarbeit, je nachdem wie öffentlich das Projekt sein soll
- Laufende Betreuung der (Community der) Teilnehmenden
- Ergebnisse des Projekts der „Verwertung" zuführen

Konkret am Beispiel eines Ideenwettbewerbs sind mindestens folgende Aufgaben einzuplanen:

- Grobkonzept erstellen
- Auswahlkriterien für eine Open Innovation-Plattform definieren (oder selbst eine entwickeln) und auswählen
- Plattform auswählen (Liste mit Open Innovation-Plattformen: http://www.boardofinnovation.com/list-open-innovation-crowdsourcing-examples/)
- Feinkonzept erstellen
- Fragestellung optimieren und testen
- Kommunikationsplan erstellen, Maßnahmen vorbereiten
- Text-Redaktion
- Ggfs. Tests der Open Innovation-Plattform und Anpassungen
- Website-Einbindung und Bekanntmachung
- Start Ideenwettbewerb
- Laufende Betreuung Feedback- und Einreichphase
- Community-Bewertung
- Ideen auflisten

- Jury: Auswertung, -Entscheidung und Benachrichtigung der Gewinner
- Verwertung für PR, Dankesmail an Teilnehmende
- Prämierung der Siegeridee
- Beginn Ideenverwertung: Ideen speichern, weitergeben, Siegeridee umsetzen, für weitere Ideen Umsetzung prüfen/vorbereiten

Eine möglichst große Anzahl an Ideen sollte nicht das Ziel Ihres Open Innovation-Projekts sein, sondern sehr gute, brauchbare Ideen (siehe Challenge-driven Innovation-Ansatz), die genau Ihre Fragestellung beantworten. Dafür werden in der Regel viele Ideen gebraucht, aber ein Open Innovation-Projekt ist nicht aufgrund der bloßen Anzahl an Ideen erfolgreich oder nicht. Vielmehr können gerade viele Ideen auch eine Herausforderung darstellen, besonders wenn viele unpassende dabei sind. Denn sie zu verarbeiten, zu lesen, zu verstehen, zu bewerten, kann viel Zeit kosten, wenn man dafür keinen geeigneten Prozess definiert hat, und kann alleine deshalb schon bei Teilnehmenden zu Unzufriedenheit führen, wenn sie nicht zeitnah eine Rückmeldung bekommen, was mit ihren Ideen geschehen ist.

Für den Erfolg des Open Innovations-Projekts ist auch die Wahl der geeigneten Open Innovation-Methode wichtig. Relevant für die Entscheidung sind verschiedene Dimensionen:
- Innovationsart
- Welche Art von Input wird benötigt?
- Ziel des Open Innovation-Projekts
- Zielgruppe des Open Innovation-Projekts; welche Externen sind die „Richtigen", um die Herausforderung zu lösen?
- Phase im Innovationsprozess
- Offenheitsgrad
- Ressourcen vs. Aufwand des Open Innovation-Projekts
- Anreize
- Verfügbare Zeit bis ein Ergebnis vorliegen muss

Auch auf die Formulierung der Fragestellung Ihres Open Innovation-Projekts ist viel Sorgfalt zu verwenden:
- Die Fragestellung sollte nicht zu eng und auch nicht zu offen sein.
- Sie muss für die Zielgruppe verständlich formuliert sein.
- Sie sollte an Testpersonen aus der Zielgruppe getestet werden, ggfs. modifiziert und weiter getestet werden, bis sie verstanden wird und die gewünschte Art von Antworten liefert.

In einem weiteren Schritt geht es darum, festzustellen, welche Anreize für die Ansprache der anvisierten Zielgruppe passend sind.

Möglichkeiten der Anreizgestaltung sind:
- Intrinsisches Interesse an einer spannenden Aufgabe,
- Spaß, herumexperimentieren, dabei sein,
- Identifikation mit dem Veranstalter oder Unzufriedenheit mit dem Produkt, Möglichkeit, die eigenen Kundenbedürfnisse einzubringen,
- die Möglichkeit, ein Angebot mitzugestalten,
- Anerkennung erhalten oder Reputation aufbauen,
- „schnelles Geld" oder (hohe) erfolgsabhängige Prämien.

Wirksame Anreize sind je nach Zielgruppe unterschiedlich und die richtige Auswahl kann entscheidend für ihre Teilnahmebereitschaft sein. Hohe Geldsummen oder attraktive Sachpreise können Aufmerksamkeit fördern und zum Erfolg führen – oder Abneigung hervorrufen. Überlegen Sie anhand der Zielgruppe, welche Mehrwerte Sie bieten können. Vor allem sind die Hürden für die Teilnahme möglichst gering zu halten, um potentielle Teilnehmerinnen und Teilnehmer nicht abzuschrecken.

Dennoch sollte man sich ein wenig Gedanken um das Thema „Recht" in Form der Teilnahmebedingungen machen. So sollte geregelt werden, wem entwickelte Ideen anschließend gehören bzw. unter welchen Bedingungen die eingereichten Ideen umgesetzt werden dürfen. Es sollte ein schriftliches Einverständnis zur Umsetzung einer Idee vom Ideengeber eingeholt werden, da dies guter Stil ist und es im Sinne guter Beziehungen zu den Ideengeberinnen und -gebern ist.

Soll eine Open Innovation-Plattform eingesetzt werden, so gilt es, eine Auswahl unter einer Vielzahl an Anbietern zu treffen. Die folgende Checkliste enthält einige Kriterien die dafür herangezogen werden können.

Checkliste: Auswahlkriterien für Open Innovation-Plattformen

- Kosten
  - Kosten für die Plattform-Nutzung (insgesamt bzw. für einzelne angebotene Services wie Ideengenerierung, Ideenbewertung)
  - Rekrutierungskosten für Teilnehmende
  - Kosten für die Prämierung (z.T. gibt es von Seiten des Plattformbetreibers hohe (Mindest-) Vorgaben bezüglich der Prämienhöhe)
  - Betreuungsaufwand (Wer moderiert, wer betreut das Projekt laufend (die Bibliothek selbst/Dienstleister?)
- Wird ein Service für alle gewünschten Phasen des Innovationsprozesses angeboten oder nur für bestimmte?
- Wird das Open Innovation-Projekt auf der Plattform „maßgeschneidert" im eigenen Look and Feel gestaltet? Kann zumindest das eigene Logo eingebaut werden?
- Wird der Auftraggeber geheim gehalten oder wird dies öffentlich gemacht?
- Kann direkt Kontakt zu Teilnehmenden aufgebaut werden? Können Lead User identifiziert werden?
- Wem „gehört" die Community bzw. gehören die Teilnehmer-Daten anschließend? Können sie für andere Aktionen „nachgenutzt" werden?
- Welche Tools stehen zur Verfügung und wie umfangreich und vielfältig können Ideen beschrieben werden?
- Wie gut ist die Usability der Plattform?
- Inwiefern gibt es vorgegebene Teilnahmebedingungen auf der Plattform oder inwiefern können sie selbst formuliert werden?
- Gibt es Community-Funktionalitäten? Können die Teilnehmenden untereinander Kontakt aufnehmen, Ideen bewerten, Kommentare geben, gemeinsam verbessern etc.?
- Inwiefern ist eine (Vor-) Bewertung durch die Community möglich? Kostet diese extra?
- Welche Möglichkeiten hat man als Moderator, die Zugriffszahlen und die Aktivität der Community zu beobachten?

Zu Beginn eines Open Innovation-Projektes sollten interne Rollen geklärt werden. Dazu gehört auch die Rolle von internen Ideen:

- Verändern sich bestehende Rollen durch Open Innovation?

- Wer spielt welche Rolle im Projekt? Wer gehört ins Projektteam? Wer muss/sollte mit wem eng zusammenarbeiten? Welche Qualifikationen werden benötigt?
  - Wer steuert die Kommunikation nach innen und außen?
  - Wer ist verantwortlich für das Projektmanagement?
  - Wer moderiert das Projekt?
- Wie soll mit den Ideen von Kolleginnen und Kollegen umgegangen werden?
- Werden ihre Ideen (separat) prämiert?

Um ein Open Innovation-Projekt bekannt zu machen, sollte schon in der Vorbereitungsphase ein detaillierter Kommunikationsplan entworfen werden. Dafür kann ein Mix an vielfältigen Maßnahmen angewendet werden:
- Klassische PR (z. B. Pressemitteilung, Hinweis auf Website),
- Werbung (z. B. Flyer, Lesezeichen, Plakat, Bannerwerbung),
- Social Media-Aktivitäten (z. B. Facebook, XING-Gruppen).
  - Aktivitäten einer Bibliothek in Sozialen Netzwerken spielen eine wichtige unterstützende Rolle.
  - Hat die Bibliothek dort bereits eine geeignete Community, so könnten Sie sie hier nutzen.

Während der Durchführung des Open Innovation-Projekts sollten Sie die Zusammenarbeit der Teilnehmenden fördern:
1. Aus der angestrebten Zielgruppe Teilnehmende rekrutieren
2. Zu möglichst aktiven Teilnehmenden machen
3. Aus Teilnehmenden eine Community formen!
   - Damit sie sich aktiv mit ihrem Wissen, ihren Erfahrungen, ihrer Kreativität einbringen und Feedback geben, sollten Vernetzung und Kommunikation untereinander gefördert werden.
   - Daher auch wichtig: laufendes Monitoring der Community-Aktivität.

Dies trägt auch dazu bei, Ihre anfangs selbst definierten Ziele zu erreichen. Erfolgskriterien können sein:
- Anzahl der eingereichten Ideen
- Anzahl der Teilnehmenden (Community-Größe)
- Anteil aller Teilnehmenden an der Zielgruppe
- Anzahl der Seitenaufrufe/Visits
- Ideenquote (Anzahl der eingereichten Ideen/Anzahl aller Teilnehmenden
- Realisierungsquote (Anzahl der umgesetzten Ideen/Anzahl aller eingereichten Ideen)
- Erfolgsquote (Anzahl der erfolgreichen Innovationen/Anzahl der eingereichten Ideen).

4.5.5 Kooperationen

Kooperationen können eine niedrigschwellige Form der Open Innovation darstellen. Auch kleine Projekte bieten die Möglichkeit, externe Personen einzubinden und so Innovationsprozesse (systematisch) in den verschiedenen Phasen zu fördern.

Beispiele dafür sind die
- Zusammenarbeit mit Lieferanten, etwa um gemeinsam an Prozessinnovationen zu arbeiten oder in einem gemeinsamen Projekt mit Kundinnen und Kunden

Ideen zu sammeln. Wird gemeinsam ein Open Innovation-Projekt gestartet, kann möglicherweise von Synergieeffekten profitiert werden.
- Durchführung studentischer Projekte. Dazu kann die Vergabe von Themen für Bachelor- und Masterarbeiten gehören und die Betreuung von Projektarbeiten.

4.6 Innovationskommunikation

„Innovationskommunikation wird [...] definiert als systematische Initiierung von Kommunikationsprozessen mit internen und externen Stakeholdern, in denen technische, ökonomische oder soziale Neuerungen befördert werden sollen." (Zerfaß, 2009)

In der Definition von Zerfaß wird deutlich, dass Kommunikation sowohl intern wie nach außen ein wichtiger Erfolgsfaktor von Innovation ist. Die Kommunikation innerhalb der Bibliothek haben wir schon im Innovationsprozess angesprochen. Und wie meist kann man dazu sagen, dass die Art und Intensität von den Rahmenbedingungen abhängen. In einer kleinen Bibliothek kann es genügen, dass man in den Teamsitzungen regelmäßig über die geplanten Innovationen und die laufenden Projekte informiert und darüber diskutiert. In größeren Bibliotheken kommen Plattformen zum Einsatz, über die alle Mitarbeitenden entsprechend auf dem Laufenden gehalten werden bzw. sich auf dem Laufenden halten können. Hier ist die Kommunikation eng mit dem Wissensmanagement verknüpft. Ohnehin kann man Innovationskommunikation nur als integralen Bestandteil der Gesamtkommunikation betrachten. Gleichzeitig ist die Kommunikation innerhalb der Bibliothek fester Bestandteil der Kultur. Wir empfehlen entsprechend nicht ein separates Konzept für die Innovationskommunikation, sondern eines für die gesamte interne Kommunikation.

In einem Kommunikationskonzept wird festgelegt, in welcher Form über welche Inhalte durch welche Personen aktiv kommuniziert wird. Wenn die Bibliothek groß genug ist und über eine Marketing-Abteilung verfügt, wird es eventuell deren Aufgabe sein, auch die interne Kommunikation zu koordinieren.

Die interne Kommunikation kann über Foren und Gremien erfolgen. Es wird definiert, welche Information von der Geschäftsleitung zu den Abteilungen und weiter zu den Teams fließen soll. Der Rhythmus der Besprechungen kann festgelegt werden. Dies mag etwas stark reglementiert erscheinen, aber der regelmäßige Informationsfluss von oben nach unten sowie von unten nach oben ist für die interne Kommunikation bedeutsam. Die Protokollierung der Sitzungsergebnisse und deren interne Veröffentlichung können ebenfalls diesem Zweck dienen. Und bei der Ablage von Protokollen sind wir wieder beim Wissensmanagement angelangt.

Ein modernes Intranet bietet die entsprechenden Möglichkeiten zur Fileablage, zur Vergabe von unterschiedlichen Zugriffsrechten und darüber hinaus auch zur Kommunikation.

4.6.1 Interne Kommunikation im Innovationsmanagement

Es besteht grundsätzlich hoher Bedarf am Austausch von Information im Kontext des Innovationsmanagements: im Ideenmanagement wird über eingegangene Ideen informiert sowie über die Entscheidungen bezüglich ihrer Weiterverfolgung. Die Dokumentation sorgt dafür, dass bereits eingereichte Ideen bekannt sind und auch die Gründe für eine allfällige Ablehnung der Idee. Gleichzeitig kann aktiv zur Einreichung von Ideen aufgerufen werden oder es können strategische Themenfelder vorgegeben werden, zu denen konkrete Ideen gesucht werden. Die Kommunikation dient hier auch der Motivation von Mitarbeitenden.

Vergleichbar wird über laufende Projekte informiert. Besonders wenn das Projekt voraussichtlich einen größeren Einfluss auf den internen Betrieb hat, sollten Mitarbeitende klare Informationen erhalten und auch die Möglichkeit haben, sich selbst zu äußern. In diesem Fall sind Methoden des Change Managements gefragt, um die Ängste und Sorgen der Mitarbeitenden aufnehmen zu können. Persönliche Kommunikation von Angesicht zu Angesicht ist in kritischen Situationen am besten geeignet. Wichtig sind hier vor allem die klare Kommunikation der Ziele und Absichten und die Gründe für die beabsichtigte Veränderung.

Innovationskommunikation bedeutet auch, dass intern über das Thema Innovation gesprochen wird. Die Einführung eines Innovationsmanagements geschieht oft, um die Mitarbeitenden für das Thema zu sensibilisieren und sie zu Innovationen zu motivieren. Entsprechend ist es wichtig, dass das Innovationsmanagement im Gespräch ist und dass über Erfolge berichtet wird. Die Erfahrung zeigt, dass sich Mitarbeitende auch wirklich für diese Themen interessieren und regelmäßige Informationen begrüßen.

Schließlich dient die interne Innovationskommunikation auch dazu, dass die Mitarbeitenden wissen, was in ihrer Bibliothek läuft. Dies unterstützt die Eigenverantwortung und ist gerade im Kundenkontakt eine wichtige Grundlage für weiterführende Auskünfte.

4.6.2 Externe Innovationskommunikation

Bei der externen Innovationskommunikation geht es zum einen um klassisches Marketing. Potentielle Nutzerinnen und Nutzer sollen von einer neuen Dienstleistung erfahren, damit sie diese auch nutzen. Entsprechend müssen Zielgruppen auf den für sie geeigneten Kanälen darüber informiert werden. Es können Einführungs- und Schulungsveranstaltungen durchgeführt werden, um den Mehrwert und Nutzen der neuen Dienstleistung zu erläutern. Diese Kommunikation ist Teil der jeweiligen Projekte in der Produktentwicklung. Hier wird in einem spezifischen Arbeitspaket konzipiert, mit welchen Methoden welche Nutzergruppen angesprochen werden sollen.

Externe Kommunikation kann aber auch als Dialog stattfinden. Wenn Nutzerinnen und Nutzer bei der Entwicklung neuer Dienstleistungen einbezogen werden (Stichwort: Open Innovation), läuft die Kommunikation in beide Richtungen. Die Bibliothek stellt die Fragen, moderiert Gespräche – und die Nutzerinnen und Nutzer bringen ihre Ideen und Gedanken ein. Auch für diese Form der Kommunikation sind unterschiedliche Methoden einsetzbar. Verschiedene Firmen (aber noch kaum Bibliotheken) setzen elaborierte Tools für diese Kommunikation ein.

Der Dienstleister Paper-C setzt mit UserVoice eine solche Plattform ein http://feedback.paperc.com. Sie dient dem Kundenfeedback, der Eingabe von Ideen und der Kommunikation über laufende und geplante Entwicklungen. Bei Anregungen und Ideen gibt das Unternehmen an, ob sie diese umsetzen wird (gelb=geplant) (grün=Umsetzung läuft), bereits umgesetzt hat (hellblau) oder nicht realisieren (dunkelblau) wird. Kundinnen und Kunden können die einzelnen Themen gewichten und diskutieren. Hier sind also Beschwerdemanagement, Ideenmanagement und Kundenkontakt in einem System integriert.

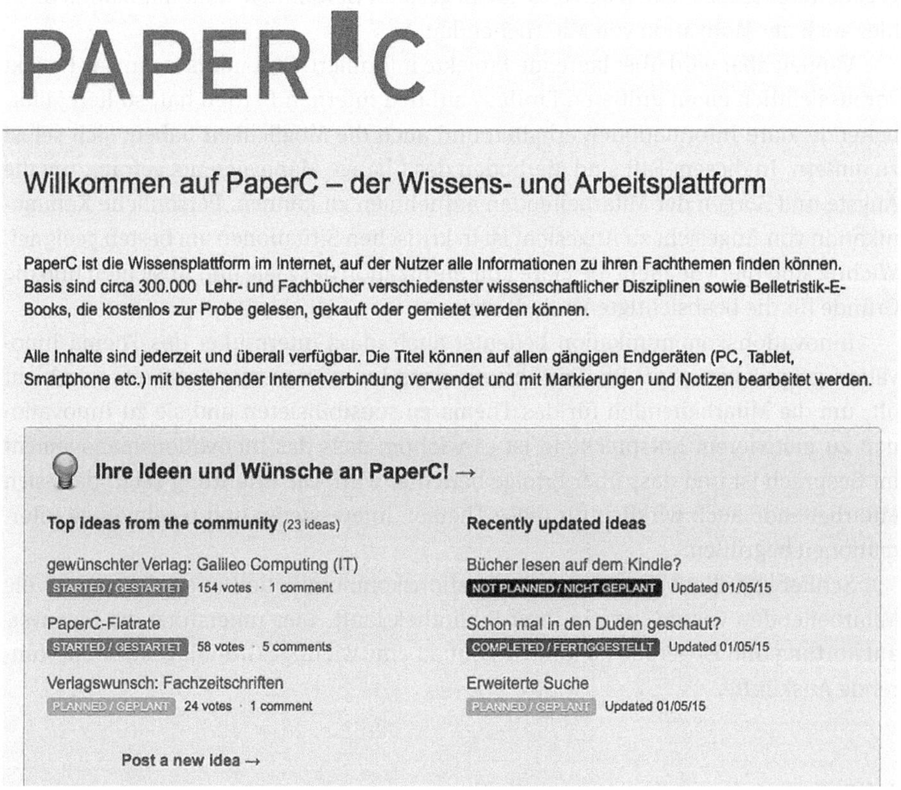

Abbildung 25: Screenshot der Feedback-Plattform von PaperC.

Ein positiver Aspekt dieser integrierten Lösung besteht darin, dass alle Kundenkontakte zusammen kommen und so z. B. auch Beschwerden als Input fürs Ideenmanagement und fürs Controlling genutzt werden können. Und als Nebeneffekt signalisiert man dem Kunden, dass seine Meinung wichtig ist.

Eine etwas einfachere Variante besteht darin, dass für die interaktive Kommunikation mit Nutzerinnen und Nutzern ein Blog eingesetzt wird. Diese Möglichkeiten nutzen heute bereits viele Bibliotheken. Stellvertretend sei hier das Blog der TIB Hannover genannt, das in einem Beitrag genau diese Funktion im Blog thematisierte http://blogs.tib.eu/wp/tib/2015/07/22/ihre-meinung-ist-uns-wichtig/. Es heißt hier:

> Es ist uns wichtig, mit Ihnen im Dialog zu sein, denn manchmal gibt uns Ihre Kritik auch die Gelegenheit, Ihnen zu erläutern, warum bestimmte Gegebenheiten – zumindest zum heutigen Zeitpunkt – unabänderlich sind.

Blogs unterstützen diesen Dialog durch die Kommentarfunktion und die Möglichkeit, ein Feedbackformular zu integrieren.

4.7 Produktmanagement

Wenn im Bibliotheksumfeld von Produkten und Produktmanagement gesprochen wird, muss der Begriff erst erläutert werden. Im Marketing spricht man bekanntlich von den vier P: Product, Place, Price, Promotion. Produkt wird hier weiter gefasst als im täglichen Sprachgebrauch. Der Begriff umfasst nicht nur Erzeugnisse einer Produktion, sondern alles, was zum Kundennutzen beiträgt. Entsprechend können auch Dienstleistungen als Produkte betrachtet werden.[4] Im Gabler Wirtschaftslexikon ist Produkt folgendermaßen definiert: „Ergebnis der Produktion und Sachziel einer Unternehmung oder auch Mittel der Bedürfnisbefriedigung. Einteilung in Sachgüter (materiell, Gebrauchsgüter und Verbrauchsgüter), Dienstleistungen (immateriell) und Energieleistungen.“ (zitiert nach: http://wirtschaftslexikon.gabler.de/Definition/produkt.html). Der Begriff Produkt kann entsprechend auch im Non-Profit-Bereich verwendet werden und bezieht sich dort vorwiegend auf Dienstleistungen.

Aus der kunden-, bzw. nutzerorientierten Marketingperspektive bedeutet der Begriff Produkt, dass hier etwas entwickelt und angeboten wird, das einem Nutzerbedürfnis entspricht, für das es eine Nachfrage gibt. Entscheidend scheint uns hier die Perspektive, wonach sich die Bibliothek aktiv um ihre Angebote kümmern muss, prüfen muss, ob sie nachgefragt werden, ob sie einen Mehrwert darstellen und ob sie in der vom Nutzer gewünschten Qualität erbracht werden.

Im Kontext Innovationsmanagement heißt dies, dass die Ideen zu erfolgreichen Dienstleistungen/Produkten entwickelt und auf den Markt gebracht werden. Dies bedeutet wiederum, dass diese Produkte sich in einem Markt gegenüber der Konkurrenz behaupten müssen.

4.7.1 Bibliotheken und der Markt

Bibliotheken stehen heute als Anbieter auf dem Informationsmarkt in Konkurrenz zu kommerziellen Dienstleistern und Unternehmen.

Vor nicht allzu langer Zeit gab es für Menschen mit einem spezifischen Informationsbedürfnis kaum einen Weg an der Bibliothek vorbei. Umfangreiche Enzyklopädien, Fachzeitschriften und Fachliteratur konnten sich nur wenige privat leisten. Wissenschaftliche Bibliotheken beschafften die für ihre Nutzerinnen relevante Information und stellten sie ihnen meist lokal zur Verfügung. Sich Literatur aus anderen Bibliotheken oder gar aus Bibliotheken in anderen Ländern zu beschaffen, war eine Wissenschaft für sich, welche das Fachpersonal in der Bibliothek beherrschte.

Betrachten wir die Situation heute mit – gerade im Wissenschaftsbereich – weitgehend auch elektronisch verfügbarer Information, hat sich die Ausgangslage für Bibliotheken deutlich verändert. Für die Recherche nach Literatur muss ich nicht mehr in die Bibliothek gehen und den Katalog konsultieren oder Bibliografien ausleihen und durcharbeiten. Heute kann ich den OPAC meiner eigenen oder einer anderen Bibliothek aus der Ferne benutzen, direkt bestellen oder das elektronische Dokument im Idealfall direkt herunterladen. Oder ich nutze eine der vielen Möglichkeiten, um online direkt nach der Information zu suchen. Allgemeine oder spezifische Suchmaschinen (z. B. Google oder Google Scholar), bibliografische Datenbanken (z. B. Web of Science, Scopus, PubMed) oder Anwendungen wie Mendeley und ResearchGate bieten hier eine durchaus nützliche Alternative. Mit den über Lizenzgebühren oder Werbung finanzierten kommerziellen Dienstleistern und Unternehmen hat sich eine echte Konkurrenz für die Bibliotheken in ihrem Kerngeschäft etabliert. Und wenn sich die Bibliothek neue Aufgaben sucht und diese findet, dann trifft sie hier oft ebenfalls auf Konkurrenten, die sich ein Geschäft versprechen oder bereits auf diesem Gebiet aktiv und etabliert sind. Das können auch andere Organisationen sein, zum Beispiel wenn sich die Bibliothek für den Auf- oder Ausbau eines kulturellen Angebots entscheidet oder wenn sie im Weiterbildungssektor aktiv werden möchte.

4 Eine ausführlichere Diskussion dazu gibt es auf Wikipedia: http://de.wikipedia.org/wiki/Produkt_(Wirtschaft)

Eine Marktanalyse dient dazu, die Zielgruppen und ihren Bedarf zu ermitteln.

Mittels einer Marktanalyse können „Zielgruppen und ihr Bedarf analysiert sowie Wettbewerber und Umfeldentwicklungen in Bezug zum eigenen Unternehmen bzw. der Bibliothek bewertet [werden], um daraus Differenzierungs- und Wettbewerbsvorteile zu eruieren und das Unternehmen oder die Organisation erfolgreich am Markt zu positionieren. Damit dient die Marktanalyse dem frühzeitigen Erkennen von Trends und aktuellen Entwicklungen sowie der Bewertung von Chancen und Risiken für das eigene Unternehmen oder die Bibliothek." (zitiert nach Frauke Schade (2012) im Bibliotheksportal: http://www.bibliotheksportal.de/themen/marketing/marktanalyse.html).

Eine Marktanalyse geht über herkömmliche Nutzerbefragungen hinaus. Dabei wird untersucht,
- welche Mitspieler und Konkurrenten sich im gleichen Markt befinden,
- welches die Zielgruppen der Bibliothek sind,
- welche Produkte und Dienstleistungen sie anbieten soll,
- welche externen Entwicklungen ihre Produkte und Dienstleistungen beeinflussen,
- wie und zu welchen Bedingungen (Preis) diese den Kundinnen und Kunden angeboten werden sollen.

In einer umfassenden Marktanalyse kann auch der Gap (Graben) zwischen dem Bedarf und dem bestehenden Angebot analysiert werden.

Die ZB MED hat als Grundlage ihrer Strategieentwicklung und Neuorganisation eine umfassende Marktanalyse erstellen lassen. Die Ziele bestanden darin, gesicherte Erkenntnisse über die Entwicklungen in Bezug auf Märkte, Zielgruppen und deren Bedürfnisse zu gewinnen, eine Analyse der strategischen und operativen Lücken vorzunehmen (eine Gap-Analyse) und schließlich Empfehlungen zu bestehenden und möglichen neuen Produkten und Services abzugeben (Korwitz/Gail, 2014; Heinold, 2014).

Bei der erwähnten Gap-Analyse geht es darum, den Gap, also den Graben, zwischen den Erwartungen/Bedürfnissen potentieller Nutzerinnen oder Kunden und den tatsächlich angebotenen Dienstleistungen zu definieren. Es liegt auf der Hand, dass diese Bedürfnisse nicht durch eine einfache Nutzerbefragung zu ermitteln sind. Denkbar sind hier Methoden wie Nichtnutzerstudie, Beobachtung oder Workshops in Fokusgruppen. Die Ergebnisse können als wertvoller Input in den Innovationsprozess einfließen.

4.7.2 Produktmanagement als Prozess und Methode

Worum geht es denn beim Produktmanagement? Analog zu vergleichbaren Methoden wie Projekt- oder Prozessmanagement geht es darum, Verantwortlichkeiten zu klären, Kriterien und Ziele zu definieren und standardisierte Abläufe einzuführen. Das Produktmanagement soll die Antwort auf die Frage geben, ob die Bibliothek das Richtige tut. Und es soll sicherstellen, dass die Produkte und Dienstleistungen der Bibliothek in hoher Qualität erbracht werden und technisch auf dem aktuellen Stand sind. Im Rahmen des Innovationsmanagements soll das Produktmanagement klären, welche Dienstleistungen und Produkte überholt sind oder nicht mehr nachgefragt werden, so dass nicht mehr genutzte Dienstleistungen eingestellt und die Kräfte auf andere, erfolgreiche Produkte konzentriert werden können. Das Produktmanagement sorgt also dafür, dass die neuen Produkte aus dem Innovationsmanagement mit den bestehenden Ressourcen betrieben werden können. Denn es muss davon ausgegangen werden, dass die Bibliothek nur in seltenen Fällen zusätzliches Personal für neue Dienstleistungen erhält.

4.7.2.1 Ziele des Produktmanagements

Durch die klare Verteilung von Verantwortung und das strukturierte Sammeln und Aufbereiten relevanter Daten und Informationen wird die Grundlage für eine regelmäßige Aktualisierung des Dienstleistungsangebotes geschaffen. Das Produktmanagement trägt somit dazu bei, dass die Ressourcen der Bibliothek in die richtigen, nämlich in die von Kundinnen und Kunden gewünschten und nachgefragten Produkte investiert werden, die dem technischen State-of-the-Art entsprechen. Konkret bedeutet dies:

Durch das Produktmanagement wird ein Überblick über die Produkte (Dienstleistungen) der Bibliothek geschaffen. Zudem werden die Verantwortlichkeiten geregelt.

- Kontinuierliche Pflege des Produktportfolios – regelmäßige (jährliche) Bewertung auf Grundlage aktueller Informationen sowie transparenter und vergleichbarer Kennziffern
- Raum für neue Produkte schaffen – um neue Services bei gleichbleibenden Ressourcen anbieten zu können, müssen weniger erfolgreiche Dienstleistungen eingestellt werden (die Steigerung der Effizienz durch Prozessoptimierung ist ein weiterer Ansatz)
- Erhöhung der Servicequalität – laufende Einbeziehung des sich wandelnden Bedarfs in die Bewertung der Produkte der Bibliothek
- Steigerung der Managementqualität – aufbereitete und laufend gepflegte Datenbasis zur Entscheidungsfindung
- Entlastung des Managements – gestärkte Verantwortung der Produktverantwortlichen und Unterstützung durch Produktmanager
- Das Produktmanagement erlaubt es, Verantwortlichkeiten und Kompetenzen zu delegieren und stärkt die Eigenverantwortung
- „Lernende Organisation“ – Eigenverantwortung wird gestärkt, Erfolge messbar und sichtbar gemacht, eine Kultur der Offenheit und Transparenz gefördert
- Qualitätssicherung – mit der einheitlichen Pflege von Produktblättern werden einheitliche Standards formuliert und die Grundlage für ein umfassendes Qualitätsmanagement gelegt

Auf Grundlage der Daten aus den Produktblättern wird eine Produktportfolio-Matrix erstellt, mit deren Hilfe ein Entscheidungsgremium über die Fortführung, Veränderung oder Einstellung von Produkten entscheidet.

4.7.2.2 Instrumente des Produktmanagements

Produktmanager

Analog zum Projekt- oder Prozessmanagement scheint es sinnvoll, dass sich eine Stelle innerhalb der Bibliothek um das Produktmanagement kümmert. Wobei diese Aufgabe mit anderen kombinierbar ist. So ist an der ZB MED der Innovationsmanager gleichzeitig auch der Produktmanager. Auch Projekt- und Produktmanagement können gut verbunden werden.

Der Produktmanager ist für den Prozess Produktmanagement verantwortlich. Er sorgt für einheitliche Abläufe und Unterlagen, unterstützt die Mitarbeitenden und insbesondere die Produktverantwortlichen bei ihrer Tätigkeit und ist für das Controlling zuständig. Konkret erstellt er die unten erwähnten Produktblätter, fordert die Kennzahlen ein, stellt die Ergebnisse zusammen und bringt sie in der Leitung zur Diskussion.

Produktverantwortung

Ähnlich wie beim Prozessmanagement werden im Produktmanagement die Verantwortlichen bestimmt und mit den nötigen Kompetenzen ausgestattet.

Aus dem Prozessmanagement kennt man die Funktion des Process Owner: jemand in der Organisation ist Prozesseigner und somit verantwortlich für diesen Prozess. Der Prozesseigner ist für die reibungslosen Abläufe verantwortlich und dafür, dass die Vorgaben des Managements erfüllt werden. Dafür werden Kennzahlen erhoben, die regelmäßig überprüft werden. Der Prozesseigner trifft operative Entscheidungen und sorgt für die Kommunikation im Betrieb.

Ganz ähnlich funktioniert das Prinzip beim Produktmanagement: für jedes Produkt gibt es eine verantwortliche Stelle und Person. Wobei im Falle der Produkte von der Kundin bzw. vom Kunden her gedacht wird. Falls ein interner Prozess zu einem Produkt führt, können die Prozess- und Produktverantwortung auch zusammengelegt werden.

Der Produktverantwortliche ist dafür zuständig, dass das Produkt in der gewünschten Qualität bereitgestellt wird, dass Kundenbedürfnisse erfasst und Beschwerden behandelt und aufgenommen werden. Er ist zuständig für die Erfassung und Bereitstellung von Kennzahlen zu seinem Produkt, wie z. B. die Nutzungszahlen. Als Fachperson in seinem Aufgabenbereich kennt er auch das Umfeld, mögliche Konkurrenz oder Kooperationspartner und informiert sich über laufende Entwicklungen.

Wenn die Bibliotheksorganisation nach den Produkten ausgerichtet ist (eine mögliche Form der Struktur, aber nicht die einzige), entsprechen die wichtigen Produkte in der Regel einer Organisationseinheit (Team, Gruppe), und der Leiter dieser Gruppe ist dann auch der Produktverantwortliche. Wenn mehrere Gruppen bei einem Produkt beteiligt sind, werden Produktteams (analog zu Projektteams) eingesetzt, die sich gemeinsam unter einem Produktverantwortlichen um dieses Produkt kümmern.

Die Übernahme der Rolle des Produktverantwortlichen bedeutet eine anspruchsvolle Aufgabe, die als Job-Enrichment verstanden werden kann. Auf diese Weise kann Verantwortung delegiert und das Management entlastet werden. Dies funktioniert jedoch nur, wenn auch die für die Erfüllung der Aufgabe notwendigen Kompetenzen delegiert werden. Die Einführung eines Produktmanagements kann entsprechend weitreichende Auswirkungen auf die Unternehmenskultur haben und stellt einen echten Change Prozess dar.

Die Auflistung der Produkte und die Festlegung der Verantwortlichkeiten birgt einiges Konfliktpotenzial. Die Bibliotheksleitung muss hier entscheiden, bis auf welche Ebene man Produkte definieren will und die Zuständigkeit klären. Die Partizipation der Beteiligten und Betroffenen führt hier zu zielgerichteten Lösungen und größerer Akzeptanz der Entscheidungen.

Produkte und Produktgruppen

Eine Mindmap hilft dabei, sich einen Überblick über die Produkte zu verschaffen und diese zu gruppieren.

Die Granularität der Produktliste wurde schon angesprochen. Diese muss in einem vernünftigen Verhältnis zur Größe der Bibliothek und der Bedeutung des einzelnen Produkts stehen. Nach einer ersten Erhebung des IST-Zustands wird es darum gehen, ähnliche und verwandte Angebote zu bündeln und aus ähnlichen Produkten Gruppen zu bilden. Im Rahmen der Reorganisation der ETH-Bibliothek wurde 2009 eine solche Produktanalyse vorgenommen. Aus 135 verschiedenen Angeboten wurden schließlich 34 Produkte in 8 Produktgruppen definiert. Um hier die angestrebte Übersicht zu schaffen, wurde ein Mindmapping-Tool eingesetzt, mit dessen Hilfe die einzelnen Produkte erfasst und gruppiert werden konnten (Littau; Mumenthaler, 2011).

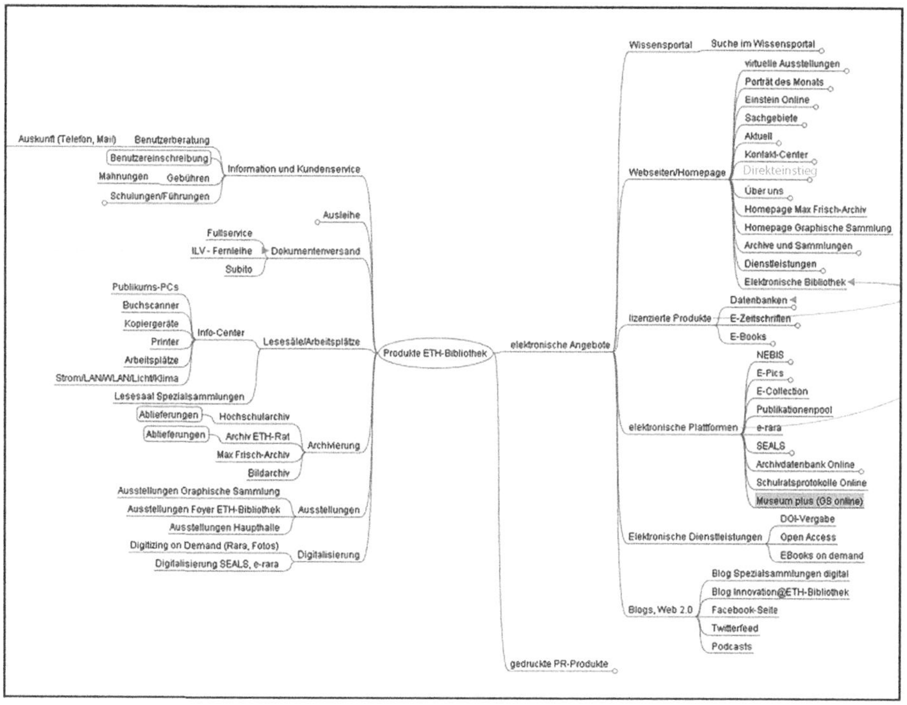

Abbildung 26: Mindmap der Produktlandkarte ETH-Bibliothek (Stand 2009).

Der Vorteil einer Mindmap besteht darin, dass man verschieben, umordnen, einfügen und löschen kann, bevor man die Struktur festlegt. Und es lassen sich Ebenen ausblenden, was die Übersichtlichkeit verbessert. So entsteht schließlich die Produktliste.

Dabei müssen auch noch Entscheidungen getroffen werden, um offene Fragen zu klären: gelten z. B. Spezialsammlungen als Produkte – oder eher als Organisationseinheiten, oder als Marken? Wie steht es mit dem Bestand? Ist er ein Produkt für sich oder bietet er die Grundlage für andere Produkte/Dienstleistungen, wie z. B. die Ausleihe? Auch hier gilt: die Entscheidung muss von der Bibliothek selbst getroffen werden, generische Lösungen taugen wenig. Wichtig ist, dass man sich auf diese Liste einigt, dass innerhalb der Bibliothek ein Commitment besteht, was als Produkt bezeichnet und als solches betreut wird.

Produktblätter

Produktblätter geben als Steckbrief eine strukturierte Übersicht über die wichtigsten Informationen zu einem Produkt.

Für jedes Produkt wird ein Produktblatt erstellt – wobei dieses natürlich auch elektronisch geführt oder in einer Datenbank ausgefüllt werden kann. Beim Produktblatt geht es darum, dass die relevanten Kennzahlen zum Produkt definiert und dann mindestens jährlich auch ermittelt werden. Gleichzeitig stellt es einen Steckbrief mit den wichtigsten Angaben dar, der besonders bei der Übergabe der Aufgabe an eine andere Person für gleichbleibende Qualität sorgt. Was das Produktblatt genau enthält, hängt von den Aufgaben und Zielen der Bibliothek ab.

Einen Stolperstein stellt dabei gerne die geeignete Kennzahl dar. Wie genau wird der Erfolg eines Produkts gemessen? Da im Non-Profit-Bereich die einheitlichen Messgrößen Umsatz und Gewinn fehlen, muss man sich mit zum Teil schwer vergleichbaren Kriterien behelfen. Sinnvollerweise orientiert man sich dabei an Standards, wie zum Beispiel der Bibliotheksstatistik. Sehr oft sind jedoch keine solchen Standards verfügbar oder die allgemeinen Kennzahlen sind zu wenig aussagekräftig. Es ist Aufgabe des Produktverantwortlichen, jener Person, die das Produkt und das Umfeld am

ID	Produkt
1	Bereitstellung von Informationsressourcen
1.1	Ausleihe von Büchern und Zeitschriften
1.2	Postversand von Dokumenten
1.3	Elektronisches Angebot lizenzierter Zeitschriften
1.4	Angebot von E-Books
1.5	Fachdatenbanken
1.6	Elektronische Kopien und Dokumentenversand
1.7	Bestellung von Dokumenten aus Fremdbeständen
1.8	Digitalisierung von eigenen Beständen
2	Aufbereitung und Vermittlung von Informationen
2.1	Online-Publikation von Beständen
2.2	Information nach Sachgebieten, Tutorials
2.3	Ausstellungen
2.4	Führungen zu Beständen
3	Angebot von Recherchemitteln
3.1	Wissensportal
3.2	OPAC
3.3	Online Recherche nach Zeitschriften (SEALS)
3.4	Archivdatenbank
4	Publikation und Registrierung wissenschaftlicher Arbeiten
4.1	Archivierung und Publikation auf Dokumentenserver
4.2	DOI-Vergabe

Abbildung 27: Produktliste der ETH-Bibliothek, Ausschnitt (Littau/Mumenthaler, 2009).

besten kennen sollte, geeignete Kriterien vorzuschlagen. Das Management entscheidet schließlich, welche Kennzahlen pro Produkt erhoben werden. Diese können in einem Produktblatt (http://www.degruyter.com/view/product/212678) dokumentiert werden.

[Name Produkt]		
Produktverantwortung	[Bereich/Einheit]	[Person]
Definition des Produkts	[konkrete Bestandteile des Produkts/ des Service]	
Kurzbeschreibung des Produkts		
Prozesse	[für das Produkt relevante Prozesse gemäss Prozessliste]	
Kundennutzen	[was wird mit dem Produkt bezweckt, welches Kundenbedürfnis wird befriedigt]	
Zielgruppe		
Messgrösse für Nutzung	[Visits, Besucher, Downloads...]	
Nutzungszahlen	[Vorjahr]	[Aktuelles Jahr]
[weitere Kennzahlen]		
Trend	[Einschätzung durch PV: steigend, bleibt gleich, sinkend]	
Geplante Veränderungen	[Weiterentwicklung, Ausbau, Einstellung etc.]	
Datum		

Abbildung 28: Muster für eine Produktblatt.

4.7.2.3 Das Produktportfolio

Das Produktportfolio wird oft als BCG-Matrix dargestellt. Die Übertragung auf den Non-Profit-Bereich ist eine anspruchsvolle Aufgabe.

Das Produktportfolio stellt die Gesamtheit der Produkte und Dienstleistungen der Organisation dar. In größeren Bibliotheken verliert man leicht den Überblick über die aktuellen Angebote und ihren Status. Eine geeignete Visualisierung bietet dem Management eine leicht verständliche und überprüfbare Übersicht als Grundlage für die Steuerung. Eigentlich kann auch schon eine konsolidierte Produktliste als Portfolio bezeichnet werden.

Häufig wird der Begriff Produktportfolio jedoch mit der BCG-Matrix in Verbindung gebracht. Diese Methode der Boston Consulting Group eignet sich für das strategische Management in Unternehmen. Sie verbindet die relativen Marktanteile (x-Achse) mit dem Marktwachstum (y-Achse) für die Produkte eines Unternehmens. Auch die Größe des Umsatzes pro Produkt wird berücksichtigt und findet sich in der Darstellung in der Größe der Blasen wieder. In der Visualisierung werden im Quadranten rechts oben die Produkte mit hohem Marktanteil in einem wachsenden Markt dargestellt – die sogenannten Stars. Hoher Marktanteil in einem eher stagnierenden Markt bedeutet ein Produkt, das zu den „Cash Cows" gezählt wird. Produkte mit geringem Marktanteil in einem Wachstumsmarkt werden als „Fragezeichen" bezeichnet, jene mit niedrigem Marktanteil in einem schrumpfenden Markt als „Dogs" – arme Hunde.

Mit diesen Kategorien sind unterschiedliche Strategien verknüpft: So wird man bei den Stars versuchen, diese Position zu halten oder auszubauen, bei den Cash Cows eher zurückhaltend investieren und auf Prozessoptimierungen setzen, um den Aufwand zu reduzieren. Die Fragezeichen heißen so, weil man sich hier überlegen muss, ob es sich lohnt, dieses Produkt durch geeignete Maßnahmen in Richtung Stars zu befördern.

Die Übertragung dieser Methodik auf Non-Profit-Organisationen ist verlockend, aber nicht trivial. Die im Profitbereich angewandten Kriterien sind messbare Werte – auch wenn wichtige Aspekte nicht berücksichtigt werden. Der Vorteil besteht aber

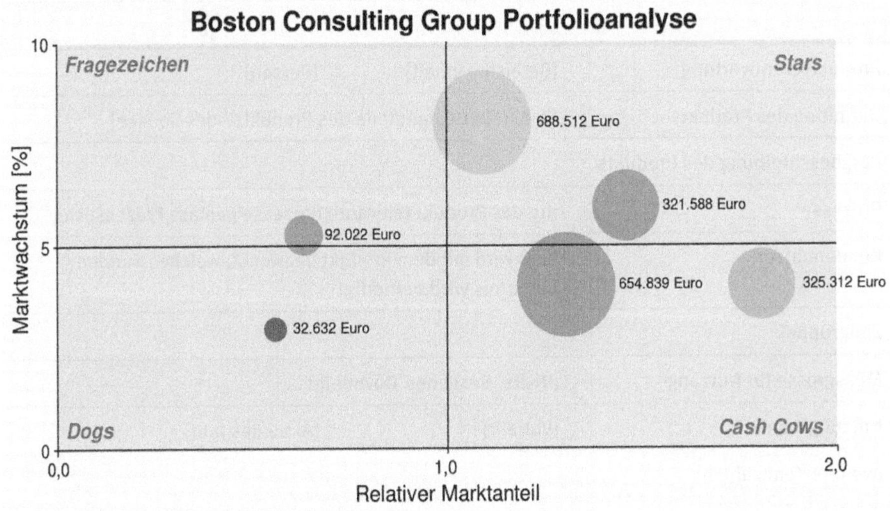

Abbildung 29: BCG-Matrix Portfolioanalyse. (Quelle: http://commons.wikimedia.org/wiki/File:BCG-Matrix2.svg).

Bei Non-Profit-Organisationen fehlen die objektiven Messgrößen Umsatz oder Marktanteil. Für jedes Produkt muss die geeignete Messgröße definiert werden.

darin, dass Marktanteile und Umsatzgrößen für alle Produkte verglichen werden können. In Bibliotheken müssen diese Messgrößen für jedes Produkt definiert werden, wodurch sie tendenziell nicht untereinander vergleichbar sind. Die Visualisierung muss also mit Vorsicht eingesetzt werden.

An der ETH-Bibliothek wurde dieses Verfahren angepasst und auf die Bibliothek übertragen. Anstelle des Marktanteils wurden auf der x-Achse Nutzungszahlen erfasst und auf der y-Achse die Trendeinschätzung zum jeweiligen Produkt. Diese (subjektive) Einschätzung erfolgte in Workshops mit den Führungskräften der Bibliothek. Zudem wurde noch der Ressourcenaufwand bei der Erbringung der Dienstleistung mit der Größe der Blasen dargestellt.

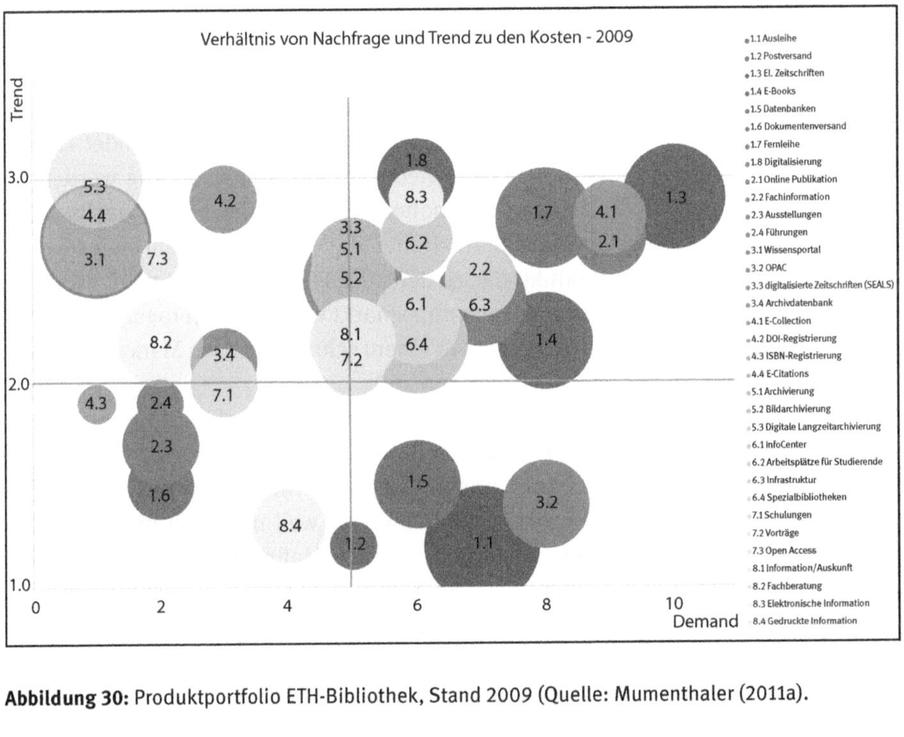

Abbildung 30: Produktportfolio ETH-Bibliothek, Stand 2009 (Quelle: Mumenthaler (2011a).

Dieses Beispiel illustriert, dass elektronische Angebote (z. B. E-Journals) im Vergleich zu physischen (z. B. Führungen, Schulungen) bevorteilt werden. Es wurde auch ersichtlich, dass „Dogs" nicht einfach eingestellt werden sollten. Darunter befinden sich zum Teil kleine Dienstleistungen, die aber für gewisse Zielgruppen wichtig sind oder die mit sehr geringem Aufwand einen guten Nutzen bringen. Aus dem Produktportfolio gestrichen wurden aufgrund dieser Analyse die Ausstellungen in der Haupthalle der ETH. Bei sehr großem Aufwand war der Nutzen (Ausstellungen waren jeweils nur für wenige Wochen möglich) zu gering. Dies wusste man zwar schon vor der Visualisierung im Produktportfolio, doch wurde das Verhältnis von zu hohem Aufwand und zu geringem Nutzen hier offensichtlich.

Sinnvoll ist der Vergleich der Entwicklung der einzelnen Produkte über die Jahre. So lässt sich Handlungsbedarf gut erkennen.

Wenn auch die Momentaufnahme durch die erschwerte Vergleichbarkeit der Nutzungszahlen mit Vorsicht zu genießen ist, gewinnt man durch die jährliche Wiederholung und die Analyse der Entwicklung für die einzelnen Produkte doch wichtige Erkenntnisse.

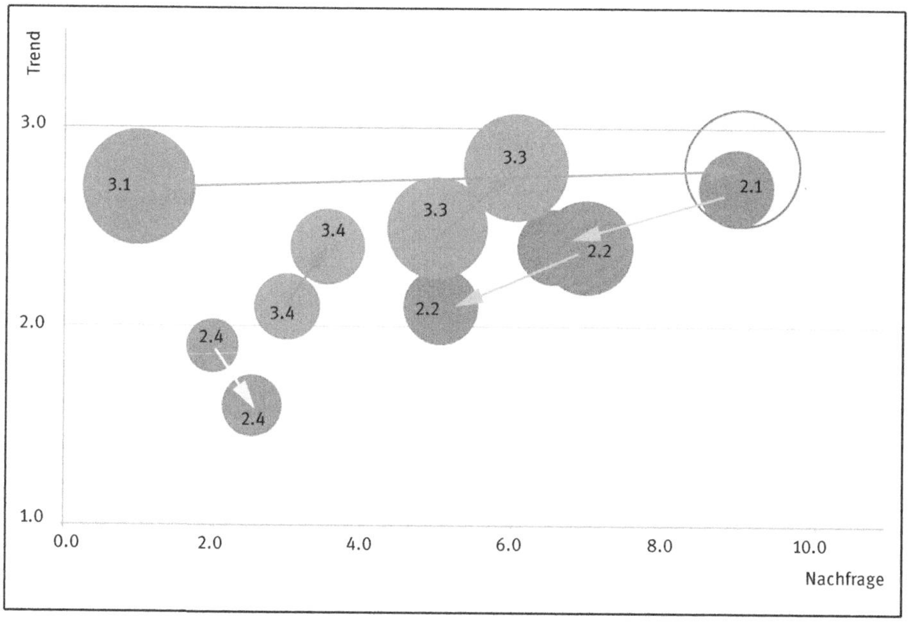

Abbildung 31: Produktportfoliomatrix mit Veränderungen gegenüber Vorjahr
Quelle: Mumenthaler (2011b).
Legende:
dunkelgrün: Produkte mit gesteigerter Nutzung und zunehmendem Trend: 3.1 Wissensportal, 3.3 digitalisierte Zeitschriften, 3.4 Archivdatenbank
mittelgrün: Produkte mit sinkender Nachfrage und sinkendem Trend: 2.1 Online-Publikationen (virtuelle Ausstellungen etc.), 2.2 Fachinformation
hellgrün: Produkt mit gesteigerter Nutzung und sinkendem Trend: 2.4 Führungen

In diesem konkreten Beispiel mit der Auswahl von Produkten, die sich gegenüber dem Vorjahr markant veränderten, wurde intensiv über die möglichen Maßnahmen bei den Produkten mit sinkender Nachfrage und sinkendem Trend diskutiert. Aus dem zeitlichen Vergleich wurde sehr gut sichtbar, bei welchen Produkten Handlungsbedarf besteht.

Im Rahmen der Strategieentwicklung wurde ein integriertes Produkt- und Innovationsmanagement entwickelt.

Fallbeispiel: Produkt- und Innovationsmanagement bei ZB MED

Von Fabian Gail, ZB MED Köln, http://www.zbmed.de

Ausgehend von einem umfassenden Projekt der Strategieentwicklung und Neuorganisation wurde von 2013 bis 2014 das Konzept eines integrierten Produkt- und Innovationsmanagements bei ZB MED entwickelt, das 2015 in einer Erprobungsphase aktiv umgesetzt wird. Während das Produktmanagement eine strukturierte Informationsbasis zur Bewertung des Produktportfolios sicherstellt, dient das Innovationsmanagement zunächst der Aktivierung und Strukturierung von Ideen. Beide Aspekte greifen in einem integrierten Prozess ineinander, wenn es darum geht, bestehende Produkte einzustellen, zu modifizieren oder neue Produkte in das Angebot von ZB MED aufzunehmen.

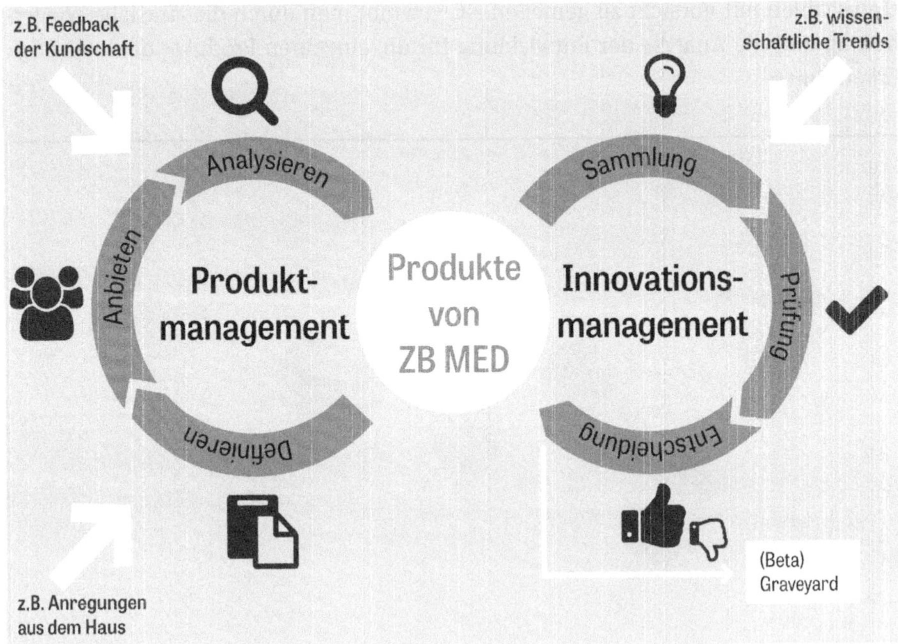

Abbildung 32: Produkt- und Innovationsmanagement ZB MED.

Wie die Grafik zeigt, werden im Kreislauf des Produktmanagements Produktblätter definiert, Daten aus dem Angebot des Produktes gesammelt und analysiert. Zusätzlich werden auch weitere Impulse von außen aufgenommen, z. B. aus der Marktbeobachtung. Im Prozess des Innovationsmanagements werden zunächst Ideen gesammelt, die sowohl von bestehenden Produkten ausgehen können („Prozessinnovationen") als sich auch auf neue Produkte („Produktinnovationen") richten können und sowohl aus ZB MED selbst, als auch aus dem Umfeld (z. B. Kundinnen und Kunden oder Forschung) herangetragen werden können. Prüfung und Entscheidung erfolgen dann anhand transparenter, gemeinsamer Kriterien.

Das „Produkt- und Innovationsmanagement" ist bei ZB MED als Stabsstelle vom Autor dieser Zeilen besetzt, der zugleich als persönlicher Referent des Direktors fungiert. Er strukturiert und pflegt den Prozess mit dem Ziel einer optimalen Entscheidungsvorbereitung für das Management. Gleichzeitig bietet er Unterstützung für die Produktverantwortlichen und stellt transparentes Feedback für Verbesserungsvorschläge sicher. Dabei ist es wichtig zu betonen, dass er weder selbst die Entscheidungen trifft, noch der Zuständige für gute Ideen bei ZB MED ist. Seine Aufgabe ist vielmehr die Pflege des Prozesses und die Unterstützung bei der Herstellung von Transparenz. So wird einerseits Klarheit über das Potential bzw. den Veränderungsbedarf bei bestehenden Produkten geschaffen. Andererseits wird sichergestellt, dass die Entwicklung neuer Produkte in Abstimmung mit dem gesamten Management und in Rückkopplung mit der Gesamtstrategie erfolgt.

Durch transparentes Feedback wird die Wertschätzung für Ideen und Anregungen aus dem Haus gesteigert, entsprechend dem Anspruch als „Lernende Organisation". Zusätzlich ist das aktive Einholen von Ideen und Anregungen aus dem Bereich der Kundinnen und Kunden oder auch von Partnern (z. B.

durch Fokusgruppen-Interviews oder auch das Format „Open-Innovation") vorgesehen. Die ersten Schritte im „Innovationsmanagement" richten sich auf den Aufbau eines betrieblichen Vorschlagswesens, um die Potentiale im Haus zu erschließen. Parallel erfolgt eine verstärkte Öffnung für Kundenfeedback und Trends in der Wissenschaft. Dies geht einher mit dem Ausbau der eigenen, anwendungsorientierten informationswissenschaftlichen Forschung von ZB MED.
In der aktuellen Pilotphase der Einführung des Produkt- und Innovationsmanagements ist die Kernaufgabe zunächst die Erstellung einer Produkt-Portfolio-Analyse, als Grundlage für eine jährliche Bewertung durch das Management. Hierzu wurden Produktverantwortliche benannt und einheitlich strukturierte Produktblätter entworfen und ausgefüllt. Neben der Ermittlung der Kosten werden gemeinsam geeignete Kennziffern zur Messung der Nutzung und Qualität der Produkte entwickelt und erhoben. Die entstehende Informationsbasis liefert dafür jedoch dem Management von ZB MED die bestmögliche Entscheidungsgrundlage, um über die Zukunft von Produkten zu entscheiden. Im gleichen Zug werden so auch Ressourcen für das Angebot neuer Produkte freigesetzt, die in einem transparenten Verfahren auf ihre strategische Relevanz sowie auf ihren Mehrwert für die Kundinnen und Kunden von ZB MED geprüft wurden.

5 Konkrete Methoden für die einzelnen Phasen eines Innovationsprojektes

In diesem Kapitel werden zunächst grundlegende Fragestellungen, die Sie sich in Zusammenhang mit der Planung eines konkreten Innovationsprojektes stellen sollten, dargestellt. Anschließend werden für die einzelnen Phasen Methoden vorgestellt, die den Innovationsprozess bereichern können.

5.1 Welche Punkte gibt es generell bei der Durchführung eines Innovationsprojekts zu berücksichtigen?

Wird ein konkretes Innovationsprojekt durchgeführt, so sollten die Rahmenbedingungen überprüft werden. Zur Orientierung bietet sich hierfür wieder das Innovationskleeblatt vom Anfang des Buches an (siehe Abschnitt 2). Dieses Mal wird es herunter gebrochen auf ein einzelnes Projekt.

Zur Veranschaulichung ist auch hier jedem der Bereiche eine Reihe von Fragen zugeordnet, die Sie reflektieren können:

Ziel

Da Handeln ohne ein Ziel kaum erfolgreich ist, sollte bei der Planung eines Innovationsprojekts ein Ziel definiert werden und während der Durchführung immer wieder überprüft werden, ob dieses Ziel noch sinnvoll ist. Zudem sollten Ziele, die eventuell nur vorgeschoben sind, systematisch hinterfragt werden, um das eigentliche bzw. übergeordnete Ziel zu identifizieren und an den wahren Sinn zu gelangen. Innovationen sollten schließlich keinen Selbstzweck darstellen, und durch das genaue Hinterfragen des Zieles ist es möglich, herauszustellen, inwiefern sie beispielsweise der Zukunftssicherung der Bibliothek und der Sicherheit der Arbeitsplätze dienen. Dies sind Aspekte, die bei der Kommunikation der Veränderungen gut aufgegriffen werden können und damit den Erfolg des Projekts wahrscheinlicher machen. Für das Hinterfragen des Zieles eignet es sich sehr gut, fünf Mal „Warum" zu fragen (siehe auch Abschnitt 2).

Ziel auf der Ebene des einzelnen Innovationsprojekts:
- Welches Ziel hat das Innovationsprojekt?
- Gibt es wichtige Nebenziele, die erreicht werden sollen? Welche sind dies?

Vision & Strategie

Da eine erstrebenswerte Zukunftsvision der vor einem liegenden Arbeit Sinn verleiht und motiviert, sollte auch immer überprüft werden, inwiefern ein Innovationsprojekt in dieses Bild passt. Das Vorhandensein und Kommunizieren einer Vision ist wichtig, um darzustellen, inwiefern die aktuellen Veränderungen einen Baustein für die Zukunft darstellen. Wenn alle Beteiligten erahnen können, wohin die Reise gehen könnte, so gibt diese zusätzlich Kraft.

Vision auf der Ebene des einzelnen Innovationsprojekts:
- Wie sieht die langfristige Vision für unser Projekt aus? Was soll langfristig mit den Ergebnissen des Projekts geschehen?
- Worin besteht der tiefere Sinn der Arbeit am Projekt; worin besteht sein Beitrag zur Gesellschaft?
- Inwiefern sind die Ergebnisse des Projekts für die Beteiligten langfristig erstrebenswert?

Menschen

Motivierte Mitarbeiterinnen und Mitarbeiter, Kolleginnen und Kollegen sind der zentrale Erfolgsfaktor für Innovationen. Eine Betrachtung der einzelnen Personen, die im Innovationsprojekt mitwirken bzw. von ihm betroffen sind, mit ihren Wünschen und Bedürfnissen ist daher von elementarer Bedeutung und erleichtert eine gute Kommunikation. Schließlich sind es meist emotionale Barrieren, die Veränderungsprojekte ins Stocken geraten lassen. Sie können entstehen, wenn eine Person beispielsweise befürchtet, aufgrund ihrer Qualifikationen nicht in der Lage zu sein, mit den Veränderungen Schritt zu halten. Durch mangelnde Informationen können Befürchtungen, dass sich die eigene Position verschlechtern könnte, zu Widerstand führen. Darüber hinaus sollte geprüft werden, ob es berechtigte Bedenken der Betroffenen gibt, die gegen das Projekt sprechen oder bei seiner Durchführung zu berücksichtigen sind. Ein offener Dialog bietet die Chance hierzu.

Menschen auf der Ebene des einzelnen Innovationsprojekts:
- Wer ist bei Entscheidungen in Bezug auf das Projekt involviert?
- Sind die Mitarbeiterinnen und Mitarbeiter für das Projekt motiviert?
- Dürfen die Mitarbeiterinnen und Mitarbeiter innerhalb des Projekts kreativ und innovativ sein?
- Wer hat welche Befugnisse oder Freiräume im Projekt?
- Sind die Mitarbeiterinnen und Mitarbeiter in der Lage, kreativ und innovativ zu sein?
- Werden die Mitarbeiterinnen und Mitarbeiter bei der Umsetzung der Innovation unterstützt?
- Wird das Potenzial aller Mitarbeiterinnen und Mitarbeiter optimal für das Projekt eingesetzt? Sind alle Personen, die etwas Wichtiges beizutragen haben, in das Projekt involviert?
- Haben alle gute Arbeitsbedingungen, sind motiviert und haben Spaß an dem Projekt?
- Werden Betroffene zu Beteiligten gemacht?
- Was könnte sich für von dem Projekt betroffene Personen ändern? Was steht für sie auf dem Spiel? Was haben sie Positives zu erwarten?
- Wo lauern mögliche emotionale Barrieren?
- Wie könnten die betroffenen Personen unterstützt werden?
- Wie könnte eine neue Perspektive für die vom Projekt betroffenen Personen aussehen?
- Sind Personal- oder Organisationsentwicklungsmethoden zu ergreifen?

Prozess

Hier gilt es das gesamte Vorgehen innerhalb des Innovationsprojekts zu hinterfragen.

Prozess auf der Ebene des einzelnen Innovationsprojekts:
- Worin bestand der Auslöser für dieses Innovationsprojekt?
- Gibt es eine grundlegende Projektplanung?
- Besteht innerhalb des Innovationsprojektteams Einigkeit über das Vorgehen?
- Wer prüft an welchen Stellen, ob das Innovationsprojekt in dieser Form weiter Sinn macht? Wer entscheidet über einen möglichen Projektabbruch?
- Gibt es im Projektteam eine Person, die explizit die „Prozess"-Brille aufsetzt, also darauf achtet, ob der Prozess optimal abläuft?

Methoden

Für eine professionelle und effiziente Durchführung von Innovationsprojekten sind die Kenntnis und der Einsatz geeigneter Methoden hilfreich.

Methoden auf der Ebene eines einzelnen Innovationsprojekts:

- Verfügt das Projektteam über die erforderlichen Methoden, um das Innovationsprojekt erfolgreich durchzuführen?
- Gibt es mindestens eine Person mit der notwendigen Methodenkenntnis „an Bord" oder „Zugriff" auf eine entsprechende Person?
- Wie und wo könnte sich das Team geeignete Unterstützung organisieren?
- Sollten Personalentwicklungsmaßnahmen durchgeführt werden, um das erforderliche Methoden-Wissen ins Projektteam zu holen?
- Wie könnte sich das Team eine geeignete Infrastruktur und notwendige Materialien organisieren, sofern nicht bereits vorhanden?

Umfeld

Eine Umgebung, die Innovationen und Kreativität fördert, ist eine wichtige Voraussetzung für das gute Gedeihen des Projekts.

Umfeld auf der Ebene des einzelnen Innovationsprojekts:

- In welchem Kontext ist das Innovationsprojekt angesiedelt?
- Was für eine Kultur, was für ein Umgang miteinander wird in der Bibliothek bzw. innerhalb des Projekts und seinem direkten Umfeld gepflegt?
- Wie werden die Verbindungen zu Personen außerhalb des Projekts gestaltet?
- Wie offen und transparent wird nach innen und außen kommuniziert?
- Gib es eine (starke) Hierarchie innerhalb des Projekts?
- Wie wird damit umgegangen, wenn jemandem ein Fehler unterläuft?

Kreativität

Wie sieht es mit den Bedingungen innerhalb des Innovationsprojekts aus, Kreativität zu fördern?

Kreativität auf der Ebene des einzelnen Innovationsprojekts:

- Wie stellt das Projektteam sicher, dass es sich immer wieder in eine kreative Stimmung bringen kann, wenn es darum geht, neue Ideen zu generieren bzw. auftauchende Probleme zu lösen?
- (Wie) Wird Stress aktiv gemanagt bzw. bekämpft?
- Hat das Team Warnmechanismen, die anspringen, wenn es nicht wirklich kreativ ist?
- Kann das Team Räumlichkeiten nutzen, die die Kreativität fördern?
- Verfügt das Team über Know-how rund um Kreativitätstechniken?

Werte / Menschenbild

Die Werte und das Menschenbild, die bei den Projektmitgliedern und den Führungskräften verbreitet sind, bestimmen, wie sie mit anderen Menschen umgehen. Dies hat unmittelbare Auswirkungen auf die Motivation der Beteiligten.

Werte/Menschenbild auf der Ebene des einzelnen Innovationsprojekts:

- Welche Werte und welches Menschenbild haben die Teammitglieder?
- Welches Menschenbild verkörpern insbesondere die Führungskräfte mit ihrem Verhalten?

- Was ist den Teammitgliedern wichtig?
- Werden Eigeninitiative und Autonomie der Teammitglieder unterstützt oder eher zurückgedrängt?

Rolle
Klare Rollen erleichtern die Zusammenarbeit im Innovationsprojekt.

Rolle auf der Ebene des einzelnen Innovationsprojekts:
- Wer übernimmt die Projektleitung?
- Wer ist Auftraggeber des Projekts?
- Sind allen ihre Rollen klar? Wissen alle, warum sie Teil des Projektteams sind?
- Sind die Rollen explizit geklärt worden?
- Sind innerhalb eines bzw. der Projektmeetings Rollen geklärt? (Moderation, Dokumentation, Zeitnehmer?)

Rahmen
Rechtlicher Rahmen
Hier ist zu klären, ob es juristische Sachverhalte gibt, die sich auf das Innovationsprojekt auswirken könnten.

Rechtlicher Rahmen auf der Ebene des einzelnen Innovationsprojekts:
- Gibt es rechtliche Bedenken oder Einschränkungen, die bei der Durchführung des Innovationsprojekts berücksichtigt werden müssen?
- Gibt es Punkte, die rechtlich geregelt werden sollten, z. B. vertraglich fixiert werden sollten?

Organisatorischer Rahmen
Welche organisatorischen Rahmenbedingungen können die Innovationsaktivitäten einschränken – oder unterstützen?

Organisatorischer Rahmen auf der Ebene des einzelnen Innovationsprojekts:
- Wie sieht der organisatorische Rahmen für das Projekt aus?
- Wie sieht der organisatorische Rahmen innerhalb des Projekts aus?
- Stehen ausreichend Ressourcen zur Verfügung?

Technologischer Rahmen
Der technologische Rahmen gibt technische Gegebenheiten vor, die Auswirkungen auf das Innovationsprojekt haben können.

Technologischer Rahmen auf der Ebene des einzelnen Innovationsprojekts:
- Welche Technologien sollten oder müssen bei dem Innovationsprojekt berücksichtigt werden?
- Welcher Wandel zeichnet sich im technologischen Bereich ab?

Markt (Kundinnen & Kunden, Wettbewerber):
Für das Innovationsprojekt relevante Marktteilnehmer sind in diesem Bereich zu beobachten.

Markt auf der Ebene des einzelnen Innovationsprojekts:
- Wer sind die Stakeholder des Projekts?
- Wie sollten sie eingebunden bzw. berücksichtigt werden?

- Was erwarten (potentielle) Kundinnen und Kunden?
- Welche Trends sollten berücksichtigt werden?

Diese Punkte sollten Sie für das Innovationsprojekt klären bzw. an verschiedenen Stellen im folgenden Innovationsprozess immer wieder beleuchten. In den nun folgenden Abschnitten wird aufgezeigt, welche Methoden sich in welcher Phase des Innovationsprozesses eignen. Dafür werden die einzelnen Phasen eines Innovationsprozesses nacheinander chronologisch durchgegangen. Dabei werden ausgewählte Innovationsmanagementmethoden jeweils kurz und praxisnah anwendbar beschrieben und auf weiterführende Spezialquellen verwiesen.

5.2 Potenzial für Innovationen identifizieren

In der Phase der Potenzialidentifizierung geht es darum, den Rahmen für Innovationen abzustecken. Eine Bibliothek kann sich nicht darauf verlassen, dass die von Mitarbeitenden oder Nutzerinnen und Nutzern eingebrachten Ideen auch tatsächlich jene Themen abdecken, die in Zukunft von zentraler Bedeutung sein werden. Nutzerfeedback und Ideen von Mitarbeitenden erfolgen in der Regel eher zufällig aus einer oft eher individuellen Sicht. Es ist entsprechend die Aufgabe der Bibliothek systematisch die für sie relevanten Themen zu definieren. Dabei dürfen und sollen natürlich auch die Mitarbeitenden und die Nutzer aktiv mit einbezogen werden. Die Verantwortung für die strategische Ausrichtung liegt jedoch bei der Bibliothek und ihrer Leitung.

Eine frühzeitige und intensive Einbindung von Mitarbeiterinnen und Mitarbeitern sichert zudem eine gute Basis für die Akzeptanz der Notwendigkeit von Innovationen und ihre Umsetzung. Denn für die Veränderungsbereitschaft ist es von großer Bedeutung, sehr viel miteinander zu kommunizieren und für eine gute Diffusion von Kontextinformationen zu sorgen. Für das Vermeiden von Widerständen ist es wichtig, zu einem gemeinsamen Verständnis davon zu gelangen, dass und warum Veränderungen notwendig sind. Über die Art und Weise, wie diese Veränderungen aussehen sollten, kann dann miteinander diskutiert werden. Verneinen Betroffene aber generell die Notwendigkeit von Veränderungen, so ist es wichtig, dass durch das Verbreiten bzw. gemeinsame Erarbeiten weiterer Kontextinformationen ein gemeinsames Verständnis hergestellt wird. Denn solange die Meinung, dass Innovationen notwendig sind, nicht geteilt wird, kann auch nicht produktiv an ihrer Entwicklung gearbeitet werden (vgl. auch Fingerle 2013, S. 188 ff).

„Solange nämlich die Betroffenen rundum zufrieden sind, ihre Situation für selbstverständlich oder für unveränderbar halten, fehlt grundsätzlich die Voraussetzung für eine Veränderung.“ (Doppler 2011, S. 25 f)

Durch systematische und massive Kontextinformationen über den Wandel in der Umwelt der Bibliothek kann zudem dem Problem begegnet werden, dass ein Zustand der Selbstzufriedenheit dazu führt, dass sich nichts ändert. Ein solches „inneres Gleichgewicht“ der Organisation immer wieder ins Wanken zu bringen, um den Nährboden für Innovationen zu legen, ist auch Aufgabe des Innovationsmanagements.

Weiter oben wurde bereits über die Bedeutung und den Nutzen von formulierten Strategien gesprochen. Wenn nun eine Bibliothek die Themen definiert hat, die ihrer Ansicht nach in den nächsten Jahren die Schwerpunkte der Entwicklung bilden sollen, kann sie gezielt in diesen Bereichen, den sogenannten Suchfeldern, nach Ideen oder Erfolgspotentialen suchen.

5.2.1 Suchfelder definieren

Die Definition von Suchfeldern basiert auf der Strategie der Bibliothek und diese wiederum auf einer ehrlichen Situationsanalyse und Standortbestimmung.

Suchfelder definieren ist eigentlich ein logischer Schritt im Innovationsmanagement, wird aber auch als spezifische Methode beschrieben (vgl. Birkenmeier/Brodbeck, 2010). Dieser Schritt bedingt, dass man die strategischen Ziele wie auch die eigenen Stärken und Schwächen kennt. Dies lässt sich beispielsweise mit einer SWOT-Analyse für die eigene Bibliothek unterstützen, bei der die Strengths/Stärken, Weaknesses/Schwächen, Opportunities/Möglichkeiten und Threads/Gefahren erarbeitet werden (vgl. Künzli, 2012, S. 126–129 oder Reinbacher, 2009, S. 72–76), zum Beispiel in spielerischer Form innerhalb eines Workshops (vgl. Gray et al, 2010, S. 212 f). Vorgelagert sind also zentrale Elemente eines strategischen Managements: Die Bibliothek weiß, wo sie steht und in welche Richtung sie sich bewegen will. Dazu muss sie die Bedürfnisse und Wünsche ihrer Nutzerinnen und Kunden, das Umfeld mit möglichen Kooperationspartnern und Konkurrenten und dort auftauchenden Innovationen sowie die eigenen Erfolgspotentiale kennen: Was kann die Bibliothek gut, welches sind ihre Kernkompetenzen, wo bestehen gute Chancen auf künftige erfolgreiche Dienstleistungen? Welches ist das Problem von morgen, an dem die Bibliothek schon heute beginnen sollte zu arbeiten? Bei welchem „unmöglich" oder „können wir nicht" ist es erforderlich, es zukünftig in ein „möglich" bzw. „können wir" umzuwandeln?

Um diesen Punkten auf die Spur zu kommen, eignen sich auch die folgenden Methoden:
- Mit Cover Story werden die Vorstellungskraft angeregt und Visionen für die Zukunft der Organisation entwickelt, um später konkrete Innovationsideen zu generieren. Es geht darum, sich den Idealzustand der Organisation in der Zukunft vorzustellen und anhand einer imaginären Titelgeschichte auf einem Magazin darzustellen (vgl. Gray et al, 2010, S. 87 ff).
- Die History Map macht Stärken und Besonderheiten aus der Vergangenheit sichtbar. Denn diese können als Inspiration für die Zukunft dienen – vielleicht in adaptierter Form in der Zukunft nutzbar gemacht werden. Zugleich ist sie eine Chance zur Beschäftigung mit der Vergangenheit der Organisation und ihrer Würdigung. Dies ist gerade im Kontext von Innovation und Wandel wichtig und dafür sollte unbedingt ausreichend Zeit eingeräumt werden (vgl. Gray et al, S. 100 ff).
- Lisa Bodell listet in ihrem Buch „Kill the company" (Bodell 2013) eine Reihe weiterer sehr interessanter Methoden auf, die eingesetzt werden können, um Innovationsblockaden abzubauen und Innovationen zu fördern. Für die Potenzialidentifizierung eignet sich u. a. die Methode „Kill the company" sehr gut, nach der das Buch benannt ist. Bei „Kill the company" versetzt man sich in die Lage eines Konkurrenten, der die eigene Organisation zerstören möchte. So lassen sich Schwachpunkte der eigenen Bibliothek aufdecken (vgl. Bodell, 2013, S. 166 ff). Auch „Ein Bild der Zukunft" entwerfen, ist eine nützliche Methode, um eine langfristige Vision zu entwickeln (vgl. Bodell, 2013, S. 181 ff).

Auf der Grundlage dieser Vorarbeiten können nun die Suchfelder benannt und anschließend detailliert beschrieben werden. Sehr wahrscheinlich werden nochmals vertiefte Analysen notwendig sein. Diese Zyklen sind im modernen Management ohnehin die Regel: es genügt nicht, Analysen einmal vorzunehmen, Strategien einmal zu formulieren. Diese sollten regelmäßig überprüft und gegebenenfalls an die neuen Bedingungen angepasst werden.

Für jedes Suchfeld beantwortet die Bibliothek nun folgende Fragen:
- Wie entwickelt sich dieser Bereich in Zukunft? Was sagen Trendanalysen dazu?
- Was wünschen sich die Nutzerinnen/Kundinnen in diesem Bereich? Wie verhalten sie sich in ihrem Alltag?
- Wie gut unterstützen wir unsere Nutzerinnen/Kunden bei dieser Aufgabe? Wie ist das heute, wie könnte dies künftig sein? Was brauchen wir, um zu diesem Punkt zu kommen?
- Wie gut beherrschen wir die Technologie, welches sind unsere Kompetenzen in diesem Bereich?
- Was tun andere in diesem Bereich? Was tut die Konkurrenz? Gibt es Kooperationspartner?
- Wie präsentieren sich die Strukturen und Prozesse der Bibliothek?
- Wo besteht Entwicklungspotential für einzelne Mitarbeitende?

Diese Themen werden sinnvollerweise breit abgestützt diskutiert. Denkbar sind Workshops mit Mitarbeitenden in Gruppen (z. B. aus den direkt vom Thema des Suchfelds betroffenen Einheiten) oder auch mit Nutzerinnen und Nutzern in Fokusgruppen. Das Ziel besteht darin, das Potential oder auch vorhandene Probleme in diesen Bereichen zu verstehen, um nicht voreilige Schlüsse zu ziehen. In der Literatur wird immer wieder auf Fälle verwiesen, in denen am falschen Ort oder auf der falschen Ebene nach Lösungen gesucht wurde, weil man das Problem nicht richtig verstanden hat. Dies unterstreicht noch einmal die Bedeutung des Challenge-driven Innovation-Ansatzes, weil dabei ein zentraler Punkt die genaue Definition des vorhandenen Problems ist.

Es lohnt sich also, hier genau nachzufragen und nachzuhaken: Was will der Nutzer wirklich? Will er eine schnelle Dokumentlieferung oder nicht doch lieber direkten Zugang zur elektronischen Information? Welche Art von Raum wollen die Nutzerinnen und Nutzer? Wie verhalten sie sich heute? Wissen die Nutzerinnen überhaupt, was sie wirklich wollen und welche Optionen vorhanden sind? Was haben andere hier für Beobachtungen und Erfahrungen gemacht? Usw.

Nachdem die einzelnen Suchfelder ausgeleuchtet wurden, können sie nochmals als Ganzes betrachtet und priorisiert werden. Im Endeffekt erhält man eine Liste der wichtigsten Themen mit all ihren Facetten – und nun kann man gezielt in diesen Suchfeldern nach möglichen Innovationen suchen. Denkbar wäre es, zum Thema eines Suchfelds einen Wettbewerb auszuschreiben, womit wir hier auf den Abschnitt zu Methoden der Ideengenerierung verweisen.

5.2.2 Trendforschung

Bibliotheken stehen weltweit vor vergleichbaren Herausforderungen. Die Entwicklungen im Umfeld, zum Beispiel im Bereich der Informationstechnologie, beeinflussen das Nutzerverhalten und betreffen somit direkt oder indirekt alle Bibliotheken. Entsprechend ist es sinnvoll, sich über die Grenzen von Ländern und Branchen hinaus mit aktuellen Entwicklungen und Trends zu befassen. Wir haben oben gezeigt, dass eine Standortbestimmung sowie die Analyse der äußeren Entwicklungen von zentraler Bedeutung sind, um gezielt nach wichtigen Themen und neuen Ideen zu suchen.

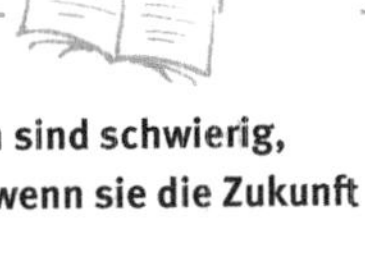

„Prognosen sind schwierig, besonders wenn sie die Zukunft betreffen."

Es gibt einige Trendanalysen, die für Bibliotheken relevant sind oder sie sogar direkt betreffen. Bei Trendanalysen sind zunächst gewisse Vorbehalte anzubringen: Aussagen über die Zukunft sind immer unsicher, auch wenn sie in seriösen Verfahren ermittelt wurden. Auch Experten können mit ihren Prognosen falsch liegen, wie einige berühmt gewordene Aussagen dokumentieren.

Das geflügelte Wort „Prognosen sind schwierig, besonders wenn sie die Zukunft betreffen“ wird verschiedenen Urhebern zugeschrieben (Karl Valentin, Mark Twain, Winston Churchill, Niels Bohr oder Kurt Tucholsky).

Trendanalysen gehen von einer kontinuierlichen Entwicklung aus: ausgehend vom aktuellen Zeitpunkt, oft auf der Grundlage von Erfahrung (der Experten) wird eine Extrapolation in die Zukunft vorgenommen. Im Rahmen einer gerichteten Veränderung sind fundierte Prognosen möglich. Unvorhersehbare Ereignisse können die Entwicklung jedoch in eine andere Richtung lenken. Sprunghafte, radikale Innovationen können das Nutzerverhalten komplett ändern. Oder Einbrüche bei den Staatsfinanzen oder bei der Trägerschaft können die Finanzierung von Bibliotheken innerhalb kurzer Zeit in Frage stellen. Dennoch verdeutlicht dies, dass es wichtig ist, nicht nur kurzfristige Trends, sondern auch sogenannte übergeordnete Megatrends zu beobachten, die einen breiten Einfluss auf die Situation in Gesellschaft, Politik, Recht und Wirtschaft haben und auf deren Basis einzelne Trends entstehen können. Trendanalysen befassen sich jedoch nicht mit disruptiven Entwicklungen. Hier geht es um auf Expertenmeinungen abgestützte Aussagen einer mehr oder weniger ungestörten Entwicklung. Trendanalysen liegen sozusagen im Trend – jedenfalls gibt es zahlreiche kommerzielle Anbieter, wie zum Beispiel Trendwatching.com, Springwise.com oder Trendhunter.com. Wir möchten hier nur auf einige Analysen aus dem technologischen und speziell bibliothekarischen Bereich eingehen.

Eine wichtige Quelle für die technologische Entwicklung ist der Gartner Hype Cycle for Emerging Technologies. Der Bericht des kommerziellen Beratungsunternehmens ist kostenpflichtig und teuer (ca. $ 2000). Doch die Übersicht der Themen und der bekannte Hype Cycle werden auf der Website des Unternehmens kostenlos präsentiert. Das Prinzip des Hype Cycles sieht fünf Phasen der Wahrnehmung neuer Technologien vor:
- Technologische Auslöser (Technology Trigger)
- Gipfel der überzogenen Erwartungen (Peak of Inflated Expectations)
- Tal der Enttäuschungen (Through of Disillusionment)
- Pfad der Erleuchtung (Slope of Enlightenment)
- Plateau der Produktivität (Plateau of Productivity)

(www.gartner.com/technology/research/methodologies/hype-cycle.jsp)

Der Gartner Hype Cycle zeigt den Reifegrad neuer Technologien auf. Den Transfer zum Bibliothekswesen muss jede Bibliothek selber leisten.

Der Hype Cycle dient dabei als Einschätzung des Reifegrads und Potentials einer neuen Technologie. Die Grundidee besteht darin, dass eine Technologie zunächst in einzelnen Prototypen oder Konzepten auftaucht, dann ein sog. Hype wird. Nach diesem ersten Hype ereilt die neuen Technologien in der Regel das gleiche Schicksal: die im Hype geäußerten Hoffnungen erfüllen sich (noch) nicht, es macht sich Enttäuschung breit. Schließlich zeigen sich aber Möglichkeiten des sinnvollen Einsatzes, die Technologie reift allmählich und erreicht schließlich den Mainstream. Nun spricht man nicht mehr über die Technologie, da sie alltäglich geworden ist.

Der Hype Cycle hat nicht Bibliotheken im Fokus, sondern allgemeine Technologien. Er gibt für Bibliotheken also einen ersten Hinweis, welche Technologien in naher Zukunft relevant werden könnten. Im aufgeführten Beispiel von 2015 wären dies Themen wie Consumer 3D-Printing, Wearables, Internet of Things oder Machine Learning, die alle in der Nähe des Gipfels der überhöhten Erwartungen aufgeführt werden, wogegen Augmented Reality gerade ins Tal der Desillusionierung taucht, in dem die Virtual Reality schon seit längerer Zeit dümpelt.

„Innovationsbereitschaft entsteht durch die Förderung von massiven Kontextinformationen: „Das größte Risiko für unser Unternehmen ist, sich *nicht* zu ändern.“ (Groh 2010, S. 244)

Der nächste Schritt wäre dann, jede dieser Technologien eingehend zu prüfen im Hinblick darauf, ob und wie sie Einfluss auf die Bibliotheksarbeit nehmen könnte. Welches Potential steckt dahinter? Werden Nutzerinnen und Nutzer diese Technologi-

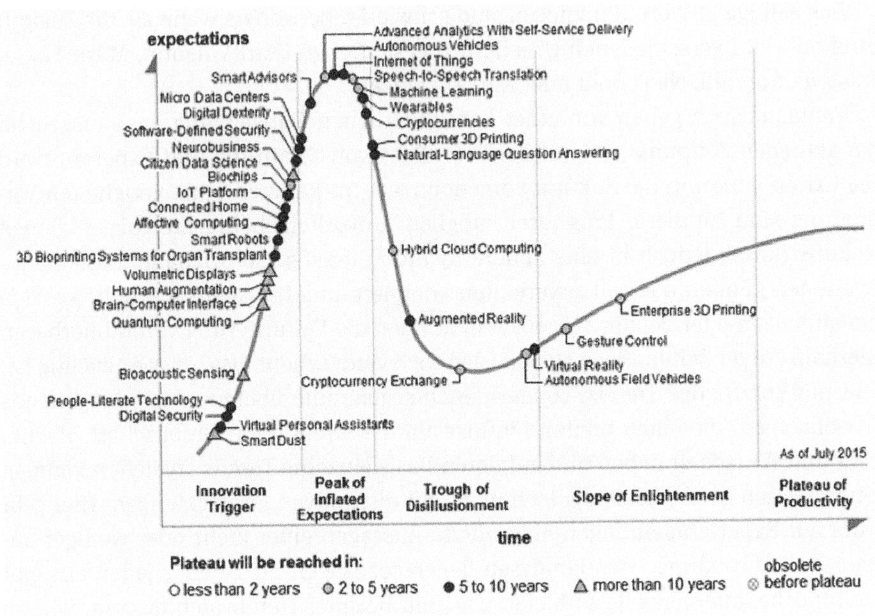

Abbildung 33: Gartner Hype Cycle für 2015 http://www.gartner.com/newsroom/id/3114217

en einsetzen? Was kann die Bibliothek tun? Besitzt sie das Know-how, um diese Technologie zu adaptieren? Welches Nutzerbedürfnis könnte damit befriedigt werden?

Spielen wir das am Beispiel des Internet of Things durch: Meistens stellt sich als erstes die Frage, was denn diese Technologie genau bedeutet. Wo wird sie bereits eingesetzt und wofür? Oft wird hier das Beispiel des denkenden Kühlschranks zitiert: die Dinge im Kühlschrank sind vernetzt (z. B. über RFID), senden ihr Ablaufdatum an den Kühlschrank, der auch feststellen kann, welche Produkte noch da sind und welche gekauft werden sollten. Im Haus der Zukunft sendet der Kühlschrank dann selbständig die Bestellung an den E-Shop, worauf die Ware automatisch ins Haus geliefert wird. Wären solche Szenarien auch in einer Bibliothek denkbar? Die mit RFID ausgerüsteten Bücher gibt es bereits. Welche Anwendungen sind hier denkbar? Könnten Sammlungsobjekte mit dieser Technologie auch verwaltet und genutzt werden?

Natürlich eignet sich längst nicht jede der im Hype Cycle aufgeführten Technologien für den Einsatz in Bibliotheken. Der Aufwand, alle Möglichkeiten für die eigene Bibliothek durchzuspielen, ist sehr groß. Deshalb wird der Hype Cycle auch eher zur allgemeinen Information über neue Technologien genutzt.

Die American College & Research Libraries veröffentlichen alle zwei Jahre einen Report zu den Top Trends in Academic Libraries.

Es gibt jedoch auch spezifische Trendanalysen für den Bibliotheksbereich. Die Association of College & Research Libraries veröffentlicht alle zwei Jahre den Bericht „Top Trends in Academic Libraries". Gerade für wissenschaftliche Bibliotheken sind die ermittelten Trends von hoher Relevanz, auch wenn der Transfer der US-Verhältnisse auf die lokalen Bedingungen noch gemacht werden muss. Der Vorteil für den deutschen Sprachraum besteht darin, dass die Trends sich in den USA oft einige Zeit früher manifestieren und somit ein gewisser „Blick in die Zukunft" möglich ist. Wobei auch hier relativiert werden muss, dass nicht alle Entwicklungen zeitverschoben auch in Westeuropa durchlaufen werden. Der Trendreport liefert relativ kurze Beschreibungen der ermittelten Themen mit möglichen Implikationen für wissenschaftliche Bibliotheken. (http://crln.acrl.org/content/75/6/294.full)

In der Ausgabe für 2014 wurde als übergreifendes Thema vertiefte Zusammenarbeit („deeper collaboration") gewählt. Auch hier muss die einzelne Bibliothek noch den Transfer leisten: Was bedeutet dies nun in ihrem konkreten Umfeld? Worin besteht das Potential? Ist die Bibliothek bereit für diese Entwicklung? Was kann sie oder muss sie tun, um dieses Thema aufzugreifen und umzusetzen?

Schon seit 2004 veröffentlicht das New Media Consortium (www.nmc.org) jährlich den Trendbericht Horizon Report Higher Education. Dabei definieren in einem angepassten Delphi-Verfahren rund 50 internationale Experten die Themen, die in den nächsten Zeithorizonten einen großen Einfluss auf Hochschulen (besonders die Lehre) haben werden. Mittlerweile werden nicht nur Technologien sondern auch allgemeine Trends sowie Herausforderungen bestimmt, jeweils für einen nahen (1-2 Jahre), mittleren (3-4 Jahre) und einen entfernteren Zeithorizont (5 Jahre und mehr). Die Reports werden unter einer Creative Commons-Lizenz veröffentlicht und sind somit weltweit frei zugänglich (Mumenthaler, 2014c).

Im Horizon Report Library Edition werden die aktuellen Trends, Technologien und Herausforderungen für wissenschaftliche Bibliotheken vorgestellt.

Das erfolgreiche Modell wurde 2014 erstmals für einen Horizon Report Library Edition angewandt.[5] Es wurden sechs Schlüsseltrends, sechs signifikante Herausforderungen und sechs wichtige technologische Entwicklungen bestimmt, welche in den nächsten Jahren (unterteilt in drei Zeithorizonte) großen Einfluss auf wissenschaftliche Bibliotheken haben werden. Der Bericht ist auch auf Deutsch erschienen (http://blogs.tib.eu/wp/horizon), die zweite Ausgabe folgte 2015, jedoch nicht auf Deutsch (http://www.nmc.org/publication/nmc-horizon-report-2015-library-edition/). Der Horizon Report Library Edition soll den Bibliotheksleitungen und Mitarbeitenden als Wegweiser für die strategische Technologieplanung dienen. Dabei werden die Auswirkungen auf die Strategie, das Management und die Praxis von Bibliotheken vertieft analysiert. Es bleibt aber auch hier die Aufgabe der Bibliotheken den Transfer in die eigene Organisation vorzunehmen. Vor dem Hintergrund der oben beschriebenen Definition von Suchfeldern liefern diese Trendreports aber auf jeden Fall wichtigen Input. Der Bericht bietet neben einer vertieften Analyse der einzelnen Themen auch Best Practice-Beispiele von konkreten Umsetzungen und Anwendungen in Bibliotheken.

5.2.3 Transfer von Trendreports in die Bibliothek

Die allgemeinen Trendreports bieten keine Anleitung für die Umsetzung in einer einzelnen Bibliothek. Die Ergebnisse von Studien und Trendanalysen geben zwar allgemeine Hinweise auf aktuelle und künftige Entwicklungen, doch bleibt es Aufgabe der einzelnen Bibliothek (oder eines Verbunds), diese Aussagen auf die Institution herunter zu brechen. Die einzelne Bibliothek muss prüfen, welche Themen für sie relevant sind, welche einen Bezug zu ihrem konkreten Auftrag und ihren Zielgruppen haben. Es darf auch nicht erwartet werden, dass alle Mitarbeitenden oder alle Mitglieder des Managements die einschlägigen Studien kennen und die Reports gelesen haben.

Diese Reports eignen sich aber sehr gut, um Mitarbeitende und Management für die Themen zu sensibilisieren und eine interne Diskussion zu führen. Es empfiehlt sich, den Transfer gemeinsam anzugehen. Ein wichtiges Ziel besteht darin, dass man sich innerhalb der Bibliothek einig über die künftig wichtigen Themen wird. Somit eignet sich dieses Vorgehen auch als Grundlage für strategische Entscheidungen und die Entwicklung oder Überarbeitung der Bibliotheksstrategie. Dafür bieten sich Workshops an. Erprobt ist dieses Vorgehen mit dem Horizon Report Edition Bibliotheken, der sich in der deutschen Übersetzung gut dafür eignet.

Zur Adaption von Trendreports eignen sich interne Workshops, in denen die Themen in Gruppen vertieft diskutiert und Anwendungsmöglichkeiten in der Bibliothek besprochen werden.

5 Der Autor Rudolf Mumenthaler ist als Co-Principal Investigator in dieses Projekt involviert.

Die Bibliothek führt einen halbtägigen Workshop für Mitarbeitende durch. Bei großen Bibliotheken bietet sich die Aufteilung in Gruppen (z. B. nach Abteilung/Bereich) an. Inhaltlich ist die/der Verantwortliche für das Innovationsmanagement für die Gestaltung des Workshops zuständig.

Agenda des Workshops:

- Begrüßung (Programm und Ziele des Workshops) (Bibliotheksleitung, 10 min)
- Präsentation aktueller Trendreports mit den wichtigsten Ergebnissen (Innovationsmanager/externe Referentin, 30 min)
- Auswahl der relevanten Themen: Auflistung auf Flipchart, Abstimmung durch Vergabe von Punkten (z. B. 5 farbige Punkte pro Person, die diese auf die Flipcharts zu den favorisierten Themen kleben können) (Innovationsmanager/alle, 15 min)
- Bildung von Gruppen (ideal sind 5–8 Personen pro Gruppe)
- Pause (15 min)
- Gruppenarbeiten: Vertiefung des Themas und Adaption (alle, 60 min)
  - Zu den einzelnen Themen können Texte (2 Seiten aus dem Horizon Report) vorbereitet, ausgedruckt und an die Gruppe abgegeben werden.
  - Welche Bedeutung hat dieser Trend/diese Technologie oder Herausforderung für die Bibliothek?
    - Aus Sicht der Kundinnen und Kunden?
    - Aus interner Sicht?
  - Welche Produkte/Dienstleistungen sind davon betroffen?
  - Welches sind die Risiken und Chancen (bei Anwendung oder Nicht-Anwendung)?
  - Was kann die Bibliothek tun, um die Chancen zu nutzen, bzw. die Risiken zu vermeiden?
  - Gibt es Best Practice-Beispiele, die der Bibliothek als Vorbild dienen könnten?
  - Die Ergebnisse werden auf Flipchart festgehalten
- Präsentation der Ergebnisse im Plenum (5 min pro Gruppe)
- Abschließende Diskussion: Zusammenfassung der Ergebnisse (Innovationsmanager, 15 min)
- Abschluss und Ausblick (Bibliotheksleitung, 5 min)

Benötigte Infrastruktur:

- Seminarraum für alle Teilnehmenden
- Gruppenarbeitsplätze oder –bereiche (pro Gruppe)
- Flipcharts und Schreibmaterial für jede Gruppe
- farbige Punkte zum Kleben
- PC, Beamer, Leinwand
- Ausdrucke der Ausführungen zu den Themen des Horizon Reports für jeweils 5-8 Personen (Gruppengröße)

Wichtig sind die Dokumentation des Workshops mit einem für alle Teilnehmenden zugänglichen Bericht sowie die Weiterverarbeitung der Ergebnisse.

5.2.4 Übersicht über laufende Entwicklungen: Technologieradar

Technologieradar ist eine Methode für das Monitoring aktueller Technologien in Unternehmen.

Der Technologieradar ist eine Methode, die zur Früherkennung relevanter Technologien in Unternehmen eingesetzt wird. Ein erster Beleg stammt von der Deutschen Telekom (Rohrbeck/Heuer/Arnold, 2006). Dabei geht es darum, dass die für das Unternehmen, bzw. die Organisation relevanten Technologiefelder definiert werden. Diese Felder bilden Segmente des Radars. Anschließend werden die Themen bestimmt, die für die Organisation wichtig sein könnten, die man also sprichwörtlich auf dem Radar haben möchte. Nun wird für jedes Thema ein sog. „Gatekeeper" bestimmt, eine Person, die verantwortlich dafür ist, diese Technologie zu beobachten und die Person, die die relevante Informationen zusammenstellt und an das ganze System weiterleitet. Somit wird das in der Regel sehr weite Feld segmentiert und die Verantwortung auf verschiedene Stellen verteilt. In der Visualisierung des Radars wird noch berücksichtigt, wie aktuell die jeweiligen Technologien sind – im Zentrum bedeutet sehr aktuell, weiter am Rand bedeutet noch weiter entfernt in der Zukunft (Darstellung in Mumenthaler, 2010).

Die Methode Technologieradar bedingt eine sehr große Organisation mit viel Know-how im Hintergrund, wenn man bedenkt, dass für alle Themen Verantwortliche gefunden werden müssen. Denkbar wäre es, dieses System für die ganze Branche in Kooperation aufzubauen. Dies war in einem Projekt der Zukunftswerkstatt angedacht, das 2010 vorgestellt wurde (vgl. https://zukunftswerkstatt.wordpress.com/2010/11/24/neues-vom-technologieradar/). Nach ersten Vorarbeiten erwiesen sich der Aufbau und die Pflege des Netzwerks jedoch als zu aufwändig, und das Projekt wurde nicht weitergeführt.

Diese Methodik wurde von den Bücherhallen Hamburg aufgenommen und ihrem Innovationsradar umgesetzt.

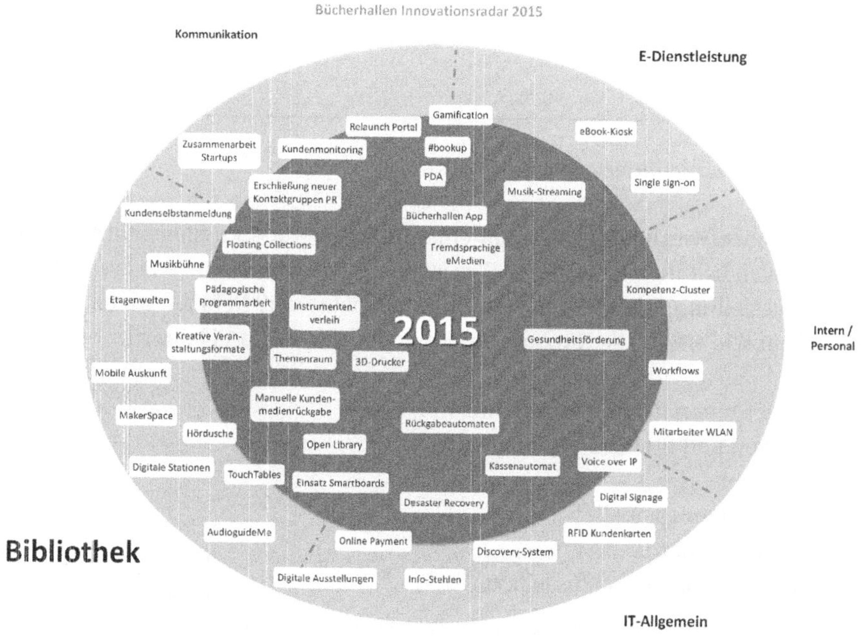

Abbildung 34: Innovationsradar der Bücherhallen Hamburg (© Bücherhallen).

Die Szenariotechnik ist ein aufwändiges Verfahren, um die Auswirkungen der Entwicklung wichtiger Einflussfaktoren und von Störfällen auf die Zukunft z. B. von Bibliotheken zu beschreiben.

5.2.5 Zukunftsforschung mit der Szenariotechnik

Die Szenariotechnik wurde ursprünglich für militärische Zwecke entwickelt, wird aber seit Jahrzehnten auch in Politik und Wirtschaft eingesetzt. Im Wissen um die Unsicherheit von Trends werden dabei auch nicht lineare Entwicklungen berücksichtigt. Szenarien können in Form einer Studie von Einzelpersonen entwickelt werden, sinnvoller ist jedoch die Erarbeitung in Teams. Dadurch wird allerdings der Aufwand deutlich größer. Die korrekte Anwendung der Methode bedeutet denn auch einigen Zeit- und Personalaufwand (vgl. dazu Geschka/von Reibnitz, 1997).

Allgemein bekannt sind die sog. Best-Case- und Worst-Case-Szenarien. Ausgehend von der aktuellen Situation wird zunächst ein Trendszenario entwickelt, bei dem stabile Umweltfaktoren angenommen werden. Indem wichtige Faktoren verändert werden, entstehen die beiden Extremszenarien.

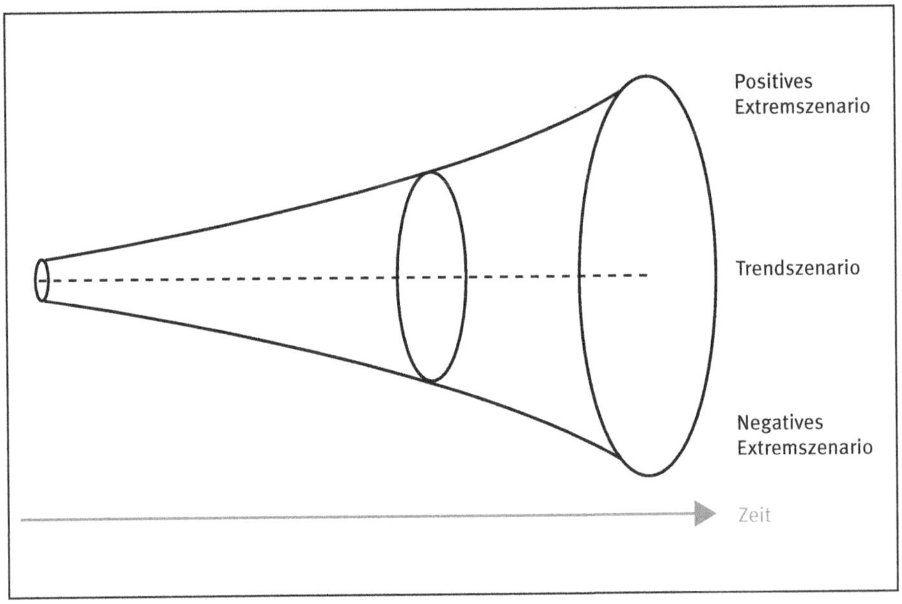

Abbildung 35: Szenario-Trichter (Bernhard Schloss).

Die Szenarioentwicklung beginnt mit einer Aufgaben- und Problemanalyse: Welche Fragen sollen beantwortet werden? Was ist das Ziel der Arbeiten? Wie lautet die konkrete Fragestellung? Wie stellt sich die Situation heute dar? Nehmen wir an, die Frage soll lauten: Wie erfolgt die Nutzung des Bibliotheksraums in 15 Jahren?

Die Szenariotechnik folgt bestimmten Schritten von der Analyse der Einflussfaktoren über deren Wirkung auf die Institution. Schließlich werden alternative Bilder der Zukunft entworfen, welche die Grundlage für die Maßnahmenplanung sind.

Phasen der Szenariotechnik (nach Pillkahn, 2007):
- Aufgaben und Problembeschreibung
- Einflussanalyse
  - Vernetzungstabelle
  - Einflussmatrix
  - Ermittlung der Schlüsselfaktoren
  - Störfaktoren
- Trendprojektionen und Ermittlung von Szenarien
  - Ausprägungen der einzelnen Faktoren
  - Kombination und Bündelung zu Szenarien
  - Beschreibung der Szenarien

- Bewertung und Interpretation
  - Bewertung und Gegenüberstellung
  - Handlungsoptionen und Maßnahmen

Danach werden die Faktoren ermittelt, welche auf diese Thematik einen Einfluss haben können. Im angenommenen Fallbeispiel könnten dies Faktoren sein, wie digitales Medienangebot, Zahl der Studierenden einer Hochschule, Unterrichtsmethoden im Studium, Mobilität, finanzielle Entwicklung der Hochschule und der Bibliothek, Nutzerverhalten etc. Die gesammelten Faktoren werden anschließend gruppiert und gebündelt. Bei einer seriösen und gründlichen Szenarioentwicklung müssen nun diese Faktoren im Einzelnen analysiert werden.

Es gilt zu klären, welchen Einfluss sie auf die gewählte Fragestellung haben. Hier können Publikationen und Studien sowie die oben erwähnten Trendreports beigezogen werden, die zu bestimmten Themen Aussagen beinhalten. Diese Arbeit kann von einer einzelnen Person oder von kleineren Teams übernommen werden. Die Ergebnisse werden dann in einer größeren Runde diskutiert, bevor in einem nächsten Schritt die Einflussfaktoren gewichtet werden. Wobei 0 für keinen, 1 für leichten und 2 für starken Einfluss steht. Dies kann mit Hilfe einer Einflussmatrix erfolgen (http://www.degruyter.com/view/product/212678).

Einflussfaktoren	A	B	C	D	E	F	G	H	I	J	Aktivsumme
A Freizeitnutzung		2	1	0	1	0	0	2	1	0	7
B Dienstleistungen	1		1	0	0	0	0	0	0	0	2
C Infrastruktur	1	2		0	0	0	0	1	1	0	5
D Studierendenzahl	0	1	2		1	1	1	2	0	0	8
E Medienangebot	1	1	0	0		1	0	0	0	0	3
F Finanzierung	0	2	2	0	2		0	0	0	0	6
G Studiensystem	1	1	1	1	0	0		0	0	0	4
H Raumangebot Campus	1	1	1	0	0	0	0		1	0	4
I Arbeitsinstrumente	2	1	1	0	0	0	0	1		1	6
J alternative Informationsangebote	1	1	0	0	2	0	0	0	1		5
Passivsumme	8	12	9	1	6	2	1	6	4	1	5

Abbildung 36: Beispiel für Einflussmatrix (eigene Darstellung).

Nun wird ersichtlich, welche Faktoren einen großen aktiven Einfluss ausüben (hohe Aktivsumme) und welche stark von anderen Faktoren beeinflusst werden (hohe Passivsumme). Für die Entwicklung der Extremszenarien wählt man nun diese stärksten passiven und aktiven Faktoren aus. Auf dieser Grundlage werden nun die Projektionen (wie sieht das Umfeld in 5, 10 und 15 Jahren aus?) erstellt. Im gewählten Beispiel wäre das Element Studierendenzahl besonders stark. Es gilt nun, für dieses und weitere Elemente die aktuelle und künftige Entwicklung zu beschreiben.

Nachdem die wichtigsten Entwicklungstendenzen zusammengetragen wurden, werden sie zu konsistenten Annahmen gebündelt. Als Methode für diesen Bearbeitungsschritt kann der Morphologische Kasten eingesetzt werden. Aus mehreren Alternativen werden die wahrscheinlichsten und einander verstärkenden Projektionen ausgewählt und neu zu Annahmen gebündelt (Süess, 2014).

		Alternative 1	Alternative 2	Alternative 3	Alternative 4
Bibliotheksnutzung	2020	Lern- und Arbeitsort	Treffpunkt und Aufenthalt	Gut genutzte Lernzone	Kaum Nutzung von Dienstleistungen
	2025	Bibliothek als Partner der Akademiker, virtueller u. physischer Ort	Beratung statt Bestand	Bibliothek als Lernraum zu teuer	Virtuelle Bibliothek vernachlässigt
	2030	Bibliothek als erweiterter Forschungs- und Vorlesungsraum	Erste Anlaufstelle für wissensch. Arbeiten	Lernräume statt Bibliothek	Dienstleistungen werden von Instituten übernommen
Medienangebot	2020	Print und E-Books	Patron Driven Acquisition	E-Books für Bibliotheken ungeeignet	E-Books-Only
	2025	Interaktive E-Books	Open Access Journals und E-Books		Einseitige Themensauswahl
	2030	Vielfältige Medienauswahl in nutzerfreundlichen Formaten			Verlage bestimmen wissenschaftliches Publikationsangebot

Abbildung 37: Morphologischer Kasten (Süess, 2014, S.84).

Die Alternative 1 zeigt im obigen Beispiel Elemente für das positive, die Alternative 4 für das negative Extremszenario. Auf der Grundlage dieser Elemente werden nun Umfeld-Szenarien für jeweils fünf Jahresschritte formuliert. Diese Szenarien werden plastisch und plausibel geschildert.

Noch fehlen die sogenannten Trendbruchereignisse. Es werden wiederum mögliche und denkbare Ereignisse gesammelt, die trendmäßig nicht vorhersehbar sind. Diese Störfälle können mit Hilfe von Kreativitätstechniken (z. B. Brainstorming) ermittelt werden. Anschließend werden die wahrscheinlichsten ausgewählt und mit ihren möglichen Auswirkungen auf die Umfeld-Szenarien dargestellt.

Zum Abschluss werden auf der Grundlage der Umfeld-Szenarien und der Störfallanalyse Szenarien für die eingangs gestellte Fragestellung ausgearbeitet. Diese Szenarien werden im Präsens formuliert und sollen veranschaulichen, wie der Alltag der Bibliothek unter den gewählten Annahmen aussehen wird. Schließlich dienen die ausformulierten Szenarien dazu, Maßnahmen zu planen. Zum einen, um das Worst-Case-Szenario zu vermeiden und zum andern, um die Chancen des Best-Case-Szenario frühzeitig nutzen zu können.

Szenarien eignen sich für eine anschauliche Darstellung künftiger Entwicklungen. Sie versuchen mehr zu bieten als bloße Vorstellungen der Zukunft, indem sie auf der Analyse von Einflussfaktoren und von Störfällen plausible mögliche Entwicklungen beschreiben.

Wie eingangs erwähnt, ist die Szenariotechnik mit großem Aufwand verbunden, wenn man sie korrekt anwenden will. In den einzelnen Themenfeldern können auch noch quantitative Analysen vorgenommen werden, wie es gerade bei wirtschaftlichen Fragestellungen durchaus üblich ist. Und doch resultiert zum Schluss keine verbindliche Aussage über die Zukunft.

Um Mitarbeitende in die Überlegungen zur künftigen Entwicklung einzubeziehen und ihr Problembewusstsein zu stärken, kann auch eine einfache Szenarioübung durchgeführt werden. Dazu werden die einzelnen Schritte gemeinsam in einem halbtägigen Workshop durchgespielt und die „Analysen" in Form von Diskussionen durchgeführt. Als Hilfsmittel können Kärtchen eingesetzt werden, auf denen Einflussfaktoren notiert werden und die anschließend gruppiert werden. Die Bewertung der Einflussfaktoren wird gemeinsam (Wandtafel, Flipchart) vorgenommen. Mit den ermittelten wichtigsten Faktoren werden dann alternative Szenarien in verschiedenen kleineren Gruppen entwickelt. Diese werden zum Abschluss des Workshops im Plenum präsentiert. Die auf diese Weise grob skizzierten Szenarien können anschließend vom Innovationsmanager noch überarbeitet und ausformuliert werden. Auch hier sind die Sensibilisierung und der aktive Einbezug von Mitarbeitenden ein wichtiger Effekt, mögen die Ergebnisse auch nicht unbedingt wissenschaftlichen Kriterien entsprechen.

Eine weitere Methode der Zukunftsforschung ist die Delphi-Methode, bei der Expertinnen und Experten systematisch nach ihrer Einschätzung der Zukunft befragt werden (vgl. Witten, Mathes, Mencke; 2007, S. 146 f). Der Horizon Report basiert auf einer angepassten Delphi-Methode: rund 50 Expertinnen und Experten diskutieren zunächst mögliche Themen, kommentieren Berichte und fügen selbst Texte und Hintergrundinformationen ins dafür eingerichtete Wiki ein (http://library.wiki.nmc.org). Anschließend beantworten die Expertinnen und Experten die Forschungsfragen nach Technologien, Trends und Herausforderungen. Nach dieser virtuell geführten Diskussion findet eine Abstimmungsrunde statt, bei der eine bestimmte Anzahl Punkte vergeben werden kann. Nach einer Auswertung der ersten Abstimmung erhalten die Expertinnen und Experten noch die Möglichkeit, aus den jeweils vier am höchsten bewerteten Themen pro Zeithorizont und Fragestellung das aus ihrer Sicht unwichtigste abzuwählen. Auf dieser Grundlage erstellt das Redaktionsteam die Liste der jeweils zwei wichtigsten Themen, die dann im Report auf der Grundlage der im Wiki geführten Diskussionen beschrieben werden.

Dies ist nur ein Beispiel für eine Delphi-Studie, die in der Regel auf einem mehrstufigen Verfahren basiert, in dem sich Expertinnen und Experten äußern können. Es liegt auf der Hand, dass dieses Verfahren sehr aufwändig ist und kaum von einer einzelnen Bibliothek geleistet werden kann. Es gibt jedoch auch die Möglichkeit, in einem Workshop eine Art Delphi-Methode durchzuspielen, die als „Mini-Delphi" bekannt ist (Mumenthaler, 2015).

Auch bei einem Mini-Delphi geht es darum, dass die Teilnehmerinnen und Teilnehmer als Experten fungieren, die in mehreren Durchgängen eine vorgegebene Fragestellung diskutieren und zu einem gemeinsamen Ergebnis kommen. Grundlage für die Diskussion kann wiederum ein Trendbericht sein, wie zum Beispiel der Horizon Report. Denkbar sind auch mehr Inputs durch schriftliche Quellen oder ein Impulsreferat. In einem nächsten Schritt werden aus diesen Inputs gewonnene Themen offen diskutiert. Im Fokus steht dabei die Grundsatzfrage, weshalb das Thema für die eigene Bibliothek wichtig sei. Diese Grundsatzdiskussion stellt die erste Runde im Delphi-Prozess dar.

In einem nächsten Schritt kann eine erste Gewichtung der Themen erfolgen. Die Themen werden auf einem Flipchart festgehalten, anschließend werden Punkte geklebt: Alle Teilnehmerinnen und Teilnehmer erhalten eine bestimmte Anzahl farbiger Punkte, mit denen sie nun die aus ihrer Sicht wichtigsten Themen kennzeichnen.

Die wichtigsten Themen – wobei die Anzahl von der Größe der Gruppe abhängig ist – werden nun an einzelnen Tischen in einem World-Café diskutiert. Dabei geht es um Fragen wie:
- Welche Konsequenzen hat dieses Thema für unsere Bibliothek?
- Weshalb ist es wichtig für unsere Bibliothek?

- Was geschieht, wenn wir das Thema nicht beachten? Welche Risiken bestehen?
- Wie können wir dieses Thema in der Bibliothek aufnehmen? Wie können wir es umsetzen? Sollten wir es umsetzen?

Die Ergebnisse der Diskussion können auf Kärtchen, auf Flipchart oder auf beschreibbaren Tischtüchern festgehalten werden. Nach 30 Minuten Diskussion wechseln die Teilnehmerinnen und Teilnehmer zu einem anderen Tisch ihrer Wahl. Dies wird – je nach Zeitbudget – mehrfach wiederholt. Wenn möglich, wird dabei für jeden Tisch ein Vorsitzender bestimmt, der die Diskussion koordiniert. In diesen Diskussionen finden eine vertiefte Auseinandersetzung mit den Themen sowie ein Meinungsbildungsprozess statt.

Nach diesen Diskussionsrunden werden die Ergebnisse der einzelnen Tische im Plenum durch die jeweiligen Vorsitzenden kurz vorgestellt. Noch einmal können die Teilnehmenden ihre Meinung überdenken. Zum Abschluss kann die Abstimmung über die wichtigsten Themen noch einmal durchgeführt werden. Diesmal werden nur die zuvor ausgewählten und diskutierten Themen in Betracht gezogen. Als Ergebnis resultiert eine Liste der für die eigene Bibliothek relevantesten Themen.

5.3 Ideen finden

Sie wissen, in welchem Bereich Sie nach Ideen bzw. Lösungen für Herausforderungen suchen wollen. Nun ist es Zeit für den nächsten Schritt. Aber starten Sie nicht einfach drauflos, sondern bereiten Sie sich zunächst gut vor. Nehmen Sie sich Zeit, um das Problem genau zu definieren und die Frage klar zu formulieren, bevor Sie die Ideenfindung, z. B. im Rahmen eines Workshops, beginnen.

„Nehmen Sie sich für die Phase „Definieren" ausreichend Zeit. Das Problem auf den Punkt zu bringen und die Frage klar zu formulieren sind die beiden schwierigsten und entscheidendsten Schritte des Ideenprozesses. Ist Ihnen oder den Teilnehmenden eines Workshops nicht klar, wo das Problem liegt oder wo nach Lösungen gesucht werden soll, so wird das Ergebnis nicht zufriedenstellend ausfallen." (Scherer, 2007, S. 15).

Es lohnt sich, hier am Anfang Zeit zu investieren, da nur dann, wenn die Fragestellung klar ist, gut und effizient geeignete Ideen gefunden werden können.

Ein häufiger Fehler ist zudem, dass sich keine Gedanken darüber gemacht werden, wie ein Innovations- bzw. Ideenfindungsprozess gut gestaltet werden kann. Es wird unterstellt, dass alle wüssten, worum es geht und dass darüber nicht gesprochen werden müsste, obwohl oft das Gegenteil der Fall ist. Das Resultat: Ineffizientes Brainstorming, Unklarheit bezüglich der Aufgabenstellung, kein Wissen darüber, vor welchen Problemen bzw. Herausforderungen Nutzerinnen und Nutzer in Wirklichkeit stehen. Dadurch bringt man sich um die Chance, wirklich gute, hilfreiche Innovationen zu kreieren. Die Achtsamkeit für den Prozess macht sich also doppelt bezahlt!

In seinem gut in der Praxis anwendbaren Buch „Kreativitätstechniken" beschreibt Scherer ebenfalls einen Ideenprozess, in dem viel Wert auf die Analyse und Definition des Themas gelegt wird (vgl. Scherer, 2007). Darin gibt er u. a. Anregungen für das Formulieren der Fragestellung. Eine Möglichkeit besteht darin, die Fragestellung als Bild zu visualisieren. Dadurch lässt sie sich besser klären und neue Aspekte lassen sich entdecken (vgl. Scherer, 2007, S. 35 ff).

Beginnen Sie also damit, umfangreiche Informationen zu ihrem Thema zu sammeln. Dies können beispielsweise auch Grafiken oder Videos sein. Überlegen Sie, welche Informationsquellen dazu geeignet sein könnten und wählen Sie diese möglichst vielfältig aus.

Erwägen Sie neben
- Publikationen und Internetrecherchen etwa
- Reisen,
- eine Einkaufstour,
- Expertengespräche,
- eine Analyse von konkurrierenden Angeboten.

Zur Strukturierung und Visualisierung Ihres Themas können Sie eine MindMap einsetzen (vgl. Scherer, 2007, S. 27).

Sie können die verschiedenen Aspekte eines Themas auch mithilfe eines Gedankenfeldes organisieren (vgl. Scherer, 2007, S. 25 f).

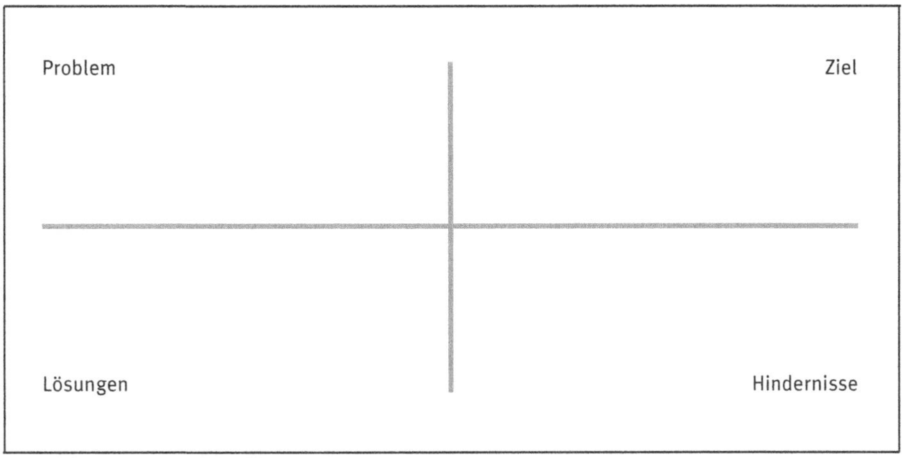

Abbildung 38: Gedankenfeld (vgl. Scherer, 2007, S. 25 f).

Auch gut geeignet, um sich einen schnellen Überblick über ein Innovationsthema zu verschaffen, ist die „4Cs“-Methode (vgl. Gray et al, 2010, S. 138 ff). Eine andere hilfreiche Option ist die Erstellung einer Context Map. Auch sie unterstützt dabei, einen ganzheitlichen Blick auf die zu einem Thema zugehörige Landschaft zu werfen. Bei ihr werden beispielsweise große Flipcharts an die Wand gehängt und nacheinander von den Teilnehmenden mit Inhalten zum Thema gefüllt. Dabei werden folgende Aspekte rund um die Organisation und das Thema untersucht: Politische Faktoren, ökonomisches Klima, Technologische Faktoren, Kundenbedürfnisse, Unsicherheiten und vor allem Trends. Ausführlich erläutert, inklusive Möglichkeiten zur Darstellung, wird dies in dem Buch Gamestorming (Gray et al, S. 84 ff).

Besonders wichtig für erfolgreiche Innovation: Orientieren Sie sich an echten Herausforderungen. Gehen Sie Challenge-driven vor (siehe Abschnitt 3.5). Sie fangen also nicht einfach an, „wild“ nach Ideen zu suchen, sondern definieren genau das Ziel der Ideenfindung. Fragen Sie sich: Worin besteht die wirkliche Herausforderung, die auf Lösungsideen wartet? Formulieren sie genau die Fragestellung.

Beantworten Sie vor der Ausarbeitung von Ideen folgende Punkte:
- Wer ist Challenge-Owner? Wem „gehört“ die Herausforderung?
- Wie lautet die Challenge bzw. Problemstellung genau? Es ist zentral für den Erfolg der Innovation, dass herausgearbeitet wird, was die wirkliche Challenge ist.
- Wie lautet das Ziel der Innovation?
- Welcher zeitliche Rahmen steht zur Lösung der Challenge zur Verfügung?
- Welche Ressourcen sind verfügbar bzw. werden zur Lösung der Challenge zur Verfügung gestellt?
- Welches sind die Bewertungskriterien, die es erlauben, zu erkennen, ob eine Lösung erfolgreich die Challenge lösen kann?
- Wer sollten die Evaluatoren potentieller Lösungen sein?
- Wer soll bei der Lösung der Challenge beteiligt sein?

Dementsprechend sollten Sie auch klären, welche Bedürfnisse die Kundinnen und Kunden haben. Um letzterem auf die Spur zu kommen, eignen sich

- die Befragung und -beobachtung von Kundinnen und Kunden, insbesondere Extreme Users oder Lead Users können hier interessante Aspekte beisteuern,
- die Erstellung einer Customer Journey Map (Beschreibung siehe: http://www.servicedesigntools.org/tools/8),
- die Analyse von Informationen aus dem Beschwerdemanagement,
- die Erstellung von und Arbeit mit Personas (Beschreibung siehe: http://www.servicedesigntools.org/tools/40),
- die Ausarbeitung einer Empathiekarte.

Eine Empathiekarte ist ein übersichtliches Werkzeug, um sich in die Nutzerperspektive hineinzuversetzen. So kann aufgedeckt werden, in welchen Bereichen es Potential für Innovationen gibt. Nachdem man festgelegt hat, welche Person bzw. Personengruppe und welches Thema betrachtet werden soll, nimmt man die Perspektive der Person ein. Dazu fragt man sich nacheinander,

- was die Person zu dem Thema bereits gesagt oder
- getan hat,
- was sie zu dem Thema bereits gesehen,
- gehört hat und
- was sie darüber bzw. über die aktuelle Situation denkt und wie ihre Gefühle zu dem Thema sind.
- Außerdem werden Aspekte, die die Person nerven, und Ansatzpunkte, die der Person das Leben erleichtern gesammelt (vgl. Eppler et al, 2014, S. 149 ff).

Dieses Werkzeug findet sich unter dem Titel „Empathy Map" auch in dem Buch „Gamestorming" (Gray et al, 2010, S. 65 f).

Haben Sie die Herausforderung genau definiert und die Kundenbedürfnisse betrachtet, ist der Suchfokus für Ideen klar abgesteckt. Nun können Sie mit der Entwicklung von Ideen bzw. neuen Lösungen starten. Dabei ist es wichtig, dass Sie darauf achten, dass Sie und alle Beteiligten im Kreativmodus sind (wie Sie Ihre Kreativität fördern können: siehe Abschnitt 3.1.3). Bevor Sie sich an das Finden der eigentlichen Ideen machen, brauchen Sie einen freien Kopf und eine entspannte, spielerische von einem weiten Blick gekennzeichnete Verfassung, damit Sie, fokussiert auf Ihre Fragestellung, kreativ sein können. Denn in dieser Phase ist divergentes Verhalten gefordert; es geht darum, den Möglichkeitsraum zu öffnen.

Hilfreich sind einige Lockerungsübungen, die Sie an den Beginn dieser Phase stellen. Einige solcher Methoden zum Aktivieren finden sich bei Scherer (vgl. Scherer, 2007, S. 48 f). Eine Aufwärmmethode ist beispielsweise „Verwendungszwecke", bei der Sie in der Gruppe zu verschiedenen Gegenständen mögliche Verwendungszwecke sammeln. Setzen Sie sich das Ziel innerhalb von zwei Minuten pro Gegenstand 20 – 30 unterschiedliche Verwendungszwecke zu finden und schreiben Sie sie auf ein Flipchart. Anschließend bestimmen Sie, welches die originellsten sind, bevor Sie aufschreiben, wofür beispielsweise eine Büroklammer nicht eingesetzt werden kann. Es gibt auch eine Reihe von Büchern, in denen Workshopspiele beschrieben werden, die sich zu diesem Zeitpunkt gut einsetzen lassen.

Sobald Sie loslegen, ist es wichtig, dass Sie sich keine Schranken im Kopf setzen. Lassen sie die Kreativität frei fließen und alle Ideen heraus. Daher ist es bei der Ideenfindung am wichtigsten, dass Sie, ohne zu bewerten, erst einmal so viele Ideen wie möglich produzieren. Je mehr Ideen Sie produzieren, umso höher ist die Wahrscheinlichkeit, dass sich darunter eine gute Idee befindet. Außerdem würde ein vorzeitiges Bewerten von Ideen automatisch Ihre Kreativität einschränken.

Kreativregeln verdeutlichen die wichtige Trennung von Ideenfindung und -bewertung und sorgen dafür, dass auch andere Faktoren nicht die Kreativität einschränken.

Die Kreativregeln lauten:
- Quantität geht vor Qualität.
- „Spinnereien" sind erwünscht.
- Einfälle werden zunächst nicht diskutiert.
- Sowohl verbale als auch nonverbale Kritik ist nicht erlaubt.
- Jede Idee muss protokolliert werden.

Achten Sie unbedingt darauf, die Ideenfindung von der Ideenbewertung zu trennen! Ein hilfreicher Trick dafür kann es sein, dass Sie sich unter Zeitdruck setzen. Denn damit haben Sie gar keine Zeit, jede Idee gleich zu hinterfragen.

Nutzen Sie beispielsweise die Methode der Bildstimulation, um Ihren Ideenfluss in Gang zu bringen. Nehmen Sie dafür einzelne Fotos oder Zeitschriften zur Hilfe. Wählen Sie daraus drei bis fünf zufällige Bilder aus. Lassen Sie diese ein bis zwei Minuten auf sich wirken und versuchen Sie dann Verbindungen von ihnen zu Ihrer Fragestellung herzustellen (vgl. Scherer; 2007, S. 57 f). Dies ist als Reizbildmethode auch beschrieben unter http://www.ideenfindung.de/reizbilder.html. Ähnlich ist auch die Methode der „Bildmappen", um sich durch Bilder zu neuen Ideen inspirieren zu lassen (vgl. Eppler et al, 2014, S. 144 ff). Mit Wörtern analog zur Reizbildmethode funktioniert die Reizwortanalyse (vgl. Scherer, 2007, S. 61 f oder http://www.ideenfindung.de/Reizworttechnik-Kreativitätstechnik-Brainstorming-Ideenfindung.html).

Auch Bücher und Zeitschriften lassen sich gut einsetzen, um externes Know-how einzubinden und neue Ideen zu generieren. Osterwalder et al (Osterwalder et al, 2015, S. 92 f) schlagen vor, dies in Form eines fünfstufigen Workshops durchzuführen:
1. Bücher auswählen: Auf einem großen Tisch liegen eine Reihe an Büchern und Zeitschriften bereit, in denen es um einen Trend, eine interessante Idee oder ein spannendes Thema geht. Jede Workshop-Teilnehmerin bzw. jeder –Teilnehmer sucht sich ein Buch bzw. eine Zeitschrift aus.
2. Jede Person blättert ihre Publikation durch und erstellt ein Exzerpt der besten Ideen auf Haftnotizzetteln. Dafür sollte sich 45 min Zeit genommen werden.
3. In Gruppen von 4–5 Personen tauschen sich alle Teilnehmenden 20 min zu ihren Schwerpunktthemen aus und notieren die Ergebnisse, z. B. auf einem Flipchart.
4. Auf der Basis des Diskutierten entwickelt jede Gruppe innerhalb von 30 min drei neue Ideen für Wertangebote.
5. Jede Gruppe präsentiert den anderen ihre neu erdachten Wertangebote (vgl. Osterwalder et al, 2015, S. 92 f).

Eine Methode, bei der die Ideenfindung und ihre Bewertung aufeinander aufbauend mit einem Tool stattfinden, wird als „Idea Rating Sheets" bezeichnet. Dabei schreiben alle Teilnehmenden Ideen auf Vorlagen auf, eine Idee pro Idea Rating Sheet. Anschließend findet eine schriftliche Diskussion von Stärken und Chancen versus Schwächen und Risiken auf den Idea Rating Sheets statt, sowie eine Punktbewertung der Zustimmung zu der jeweiligen Idee. Möglich ist es, diese Methode über einen längeren Zeitraum von einigen Tagen oder wenigen Wochen anzuwenden, so dass immer noch Anmerkungen ergänzt werden können. Eine Erläuterung der Methode inklusive Download der Vorlage gibt es unter http://www.idearatingsheets.org/

Weitere Methoden, die Sie anwenden könnten, sind beispielsweise

- Brainstorming (vgl. Seifert, 2002, S. 134 f oder Scherer, 2007, S. 67 f oder http://www.ideenfindung.de/Reizworttechnik-Kreativitätstechnik-Brainstorming-Ideenfindung.html; http://www.kreativ-sein.org/images/downloads/kreatechniken/Steckbrief_Brainstorming.pdf): Holen Sie viel aus dem „Klassiker" für sich heraus, indem Sie folgendes beachten: Meistens ist es so, dass nach einer ersten, sehr produktiven Phase kaum noch neue Ideen genannt werden. Auch wenn die Teilnehmenden hier i.d.R. abbrechen möchten, sollte über den „toten Punkt" hinaus weitergemacht werden. Denn erst danach werden die wirklich innovativen, neuen Ideen genannt, die nicht „obenauf" lagen. Am besten sollte sogar noch über einen zweiten, sich später einstellenden, toten Punkt hinaus das Brainstorming fortgeführt werden. Falls Sie ein Brainstorming online durchführen möchten, ermöglicht beispielsweise die App „Brainstormer" (http://apps.facebook.com/brainstormer-app/de/), andere Personen über Facebook zu einem Brainstorming einzuladen.
- Brainwriting: Das Brainwriting lässt sich auch gut einsetzen, um mit über verschiedene Standorte verteilten Mitarbeiterinnen und Mitarbeitern in virtuellen Teams Ideen zu generieren (vgl. Scherer, 2007, S. 65 f oder Witten, Mathes, Mencke; 2007, S. 137 ff oder http://www.ideenfindung.de/Brainwriting-Pool-Kreativitätstechnik-Brainstorming-Ideenfindung.html oder Gray et al, 2010, S. 82 f).
- Mindmapping: Ein weiterer „Klassiker", der u. a. bei Seifert und Scherer beschrieben ist (vgl. Seifert, 2002, S. 128 f, Scherer, 2007, S. 27 f). Mindmapping lässt sich auch digital unterstützt bzw. online in Gruppen durchführen. Zu den möglichen Tools gehören http://www.mindjet.com/ und http://www.inspiration.com/.
- Morphologischer Kasten: Bei dieser Methode werden neue Ideen systematisch durch neue Kombinationen von Teilaspekten erarbeitet (vgl. Scherer, 2007, S. 59 f oder http://www.ideenfindung.de/morphologischer-kasten.html).
- Semantische Intuition: Hier werden Begriffe aus dem zu bearbeitenden Themenfeld gesammelt und anschließend nach dem Zufallsprinzip jeweils zwei davon zu einem neuen Wort kombiniert. Zu jedem Kunstwort wird in der Gruppe überlegt, was sich dahinter verbergen könnte, wie es aussehen könnte und welchen Nutzen es haben könnte (vgl. Scherer 2007, S. 63).
- Kopfstand: Die Kopfstand-Technik arbeitet mit einer Umkehrung der eigentlichen Fragestellung als Ausgangspunkt für die Ideenfindung. Beispielsweise könnte eine solche Fragestellung lauten: Wie können wir unseren Kundinnen und Kunden die Nutzung unserer Angebote möglichst schwer machen? Die Antworten werden gesammelt und im Anschluss jeweils in positiv formulierte Ideen umgewandelt. Die Kopfstand-Technik ist ausführlich beschrieben bei Witten, Mathes, Mencke; 2007, S. 148 ff sowie Scherer, 2007, S. 71 f und http://www.ideenfindung.de/Reizworttechnik-Kreativitätstechnik-Brainstorming-Ideenfindung.html
- Kundennutzen-Matrix: Mithilfe der Kundennutzen-Matrix fällt es leicht, sich in die Lage von Kundinnen und Kunden zu versetzen. Zunächst wird jeder Kundenschritt, der mit dem eigenen Produkt bzw. der Dienstleistung zu tun hat, in einer Matrix aufgezeichnet. Im nächsten Schritt werden die jeweiligen Verbesserungspotentiale identifiziert, bevor Ideen zu jedem der Punkte generiert werden (vgl. Scherer, 2007, S. 69 f).
- Methode der Identifikation: Auch diese Methode unterstützt den Perspektivwechsel. Es wird gedanklich in die Rolle einer anderen Person, z. B. eines Kunden, geschlüpft oder in die Rolle eines Produkts (vgl. Witten, Mathes, Mencke; 2007, S. 151 ff).

- 6-3-5-Methode: Mithilfe eines vorbereiteten Arbeitsblattes erarbeiten sechs Teilnehmende jeweils drei Ideen und geben diese aus den Arbeitsblättern fünf Mal an ihre Nachbarn weiter, die diese ergänzen bzw. weiterentwickeln (vgl. Witten, Mathes, Mencke; 2007, S. 140 ff oder http://www.ideenfindung.de/6-3-5-Methode-Kreativitätstechnik-Brainstorming-Ideenfindung.html inkl. Download eines Arbeitsblattes).
- Collective Notebook: Mit einem gemeinsam genutzten Notizbuch werden bei dieser Methode zeitversetzt neue Ideen erarbeitet (vgl. Witten, Mathes, Mencke; 2007, S. 144 f oder http://www.ideenfindung.de/kollektives-notizbuch.html).

Selbstverständlich muss die Ideenfindung nicht auf einen kleinen Kreis von Personen beschränkt sein. Sie können ebenso zum Ansatz der Open Innovation (siehe oben) greifen und beispielweise einen Ideenwettbewerb starten.

Zudem kann das Ideensammeln nicht nur punktuell, sondern auch über einen längeren Zeitraum durchgeführt werden. Eine Möglichkeit dafür ist es, eine Ideenwand einzurichten. An einer Ideenwand werden gemeinsam Ideen gesammelt. Gut geeignet für das Aufstellen einer Ideenwand sind Orte, an denen die Mitarbeiterinnen und Mitarbeiter oft vorbeikommen, beispielsweise bei der Kaffeemaschine, einem Aufzug oder in einem Projektraum. Dies kann themenoffen oder fokussiert auf ein bestimmtes Thema bzw. eine Fragestellung geschehen. Genauso kann die Ideenwand unstrukturiert eingesetzt werden oder mit verschiedenen Möglichkeiten wie Klebeband oder Strichen in unterschiedliche Zonen eingeteilt werden. Wann sich eine Ideenwand eignet und das genaue Vorgehen zur Einrichtung wird bei Eppler et al beschrieben (vgl. Eppler et al, 2014, S. 212 ff). Dies geht prinzipiell auch virtuell, z. B. mittels Azendoo (www.azendoo.com) oder Pinterest (www.pinterest.com). Auch Plattformen wie Mural.ly (http://mural.ly/) ermöglichen ein gemeinsames Online-Brainstorming.

Es gibt eine scheinbar unendliche Vielfalt an Kreativitätstechniken, die Sie zur Ideenfindung einsetzen können. Kombinieren Sie ruhig mehrere Methoden miteinander. Weitere Kreativitätstechniken finden Sie bei:
- Scherer, 2007, S. 55 ff
- Gray et al, 2010
- Deutsche Gesellschaft für Kreativität e.V.: http://www.kreativ-sein.org/kreativitaet/kreativitaetstechniken
- Atelier für Ideen: Kreativitätstechniken: http://www.ideenfindung.de/Übersicht-Liste-Kreativitaetstechniken-Ideenfindung.html
- Apps zur Förderung von Kreativität könnten ebenfalls hilfreich sein. Eine Auswahl ist beschrieben unter http://www.zbw-mediatalk.eu/2015/09/kreativitaets-apps-ideen-auf-knopfdruck/.

Welche Methode Sie auch immer einsetzen: Hören Sie nicht zu schnell mit der Ideensuche auf! Es geht erst einmal um Masse; darum, möglichst viele Ideen zu produzieren, damit Sie aus der Vielzahl wirklich gute Ideen auswählen können. Geben Sie sich nicht vorschnell mit der erstbesten Lösung zufrieden!

5.4 Ideen bewerten und auswählen

In der nun folgenden Phase ist konvergentes Verhalten gefragt. Der Blick wird also wieder enger gestellt; der Möglichkeitsraum verengt, um herauszufinden, welche aus der Vielzahl an generierten Ideen einer näheren Betrachtung wert sind.

„Stellen Sie sicher, dass die Phase „Öffnen“ und die Phase „Identifizieren“ getrennt sind. Zuerst Ideen finden und erst dann bewerten.“ (Scherer, 2007, S. 17)

Die Auswahl von Ideen muss nicht direkt im Anschluss an deren Produktion geschehen, sondern kann auch an einem Folgetag oder später geschehen. Dies kann sogar von Vorteil sein. Denn wichtig ist in jedem Fall, dass die Bewertung und Auswahl explizit vom Generieren der Ideen getrennt stattfindet.

Vielfach wird man für die Bewertung und Auswahl von Ideen zu einem mehrstufigen Vorgehen greifen. Zunächst findet eine Grobbewertung von Ideen statt, später eine detailliertere Feinbewertung. Nur die vielversprechenden Ideen aus der Grobbewertung werden einer Feinbewertung unterzogen. Zudem ist oft eine Clusterung von Ideen und eine detailliertere Ausarbeitung und Beschreibung von Ideen notwendig, um sie sinnvoll bewerten zu können.

Bei der weiteren Ideenbewertung und -auswahl ist es gut, den Challenge-driven Innovation-Ansatz (vgl. Abschnitt 3.5) wieder heranzuziehen. Ein Kriterium, damit eine Idee in die engere Auswahl kommt, sollte es sein, dass sich die Idee auf eine wirklich vorhandene Herausforderung bezieht, zu der sich jemand sehnlich eine Lösung wünscht. So wird verhindert, dass es sich um eine Pseudo-Herausforderung handelt oder eine Idee im „luftleeren Raum“ entsteht und bearbeitet wird, deren Lösung niemandem besonders wichtig ist – und die entsprechend wenig Motivation für ihre Lösung mit sich bringt. Wie in Abschnitt 5.3 beschrieben, sollten daher die zuvor definierten Bewertungskriterien für das Erkennen einer erfolgreichen Lösung der Challenge in dieser Phase für die Ideenbewertung herangezogen werden.

Die Frage, ob es sich um eine Challenge-getriebene Idee handelt, kann als Teil eines standardisierten Bewertungsschemas mit Leitfragen bzw. als Teil von Checklisten mit Top-, OK- und K.O.-Kriterien für die Grobauswahl von Ideen eingesetzt werden. Weitere Leitfragen könnten beispielsweise die Passung mit dem Auftrag bzw. der Strategie der Bibliothek sein oder eine grobe Einschätzung der Machbarkeit und Kosten, sowie der Chancen, Risiken und des Kundennutzen.

In eine ähnliche Richtung geht auch der NUF-Test (vgl. Gray et al, 2010, S.244 f). Er lässt sich einsetzen, um mit einer Liste an Ideen, die beispielsweise in einem Brainstorming generiert wurden, einen schnellen „Realitätscheck“ durchzuführen. Dafür werden die Ideen nach drei Kriterien bewertet: Sind die Ideen

- New/neu,
- Useful/nützlich und
- Feasible/machbar?

Dafür wird jede Idee für jedes einzelne Kriterium mit einer Punktzahl zwischen 1 und 10 bewertet. Die Bewertung wird schnell, nach dem Bauchgefühl, vorgenommen. So können Unsicherheiten in Bezug auf eine Idee zu Tage gefördert werden, beispielsweise ob es Bedenken hinsichtlich ihrer Umsetzbarkeit gibt. Treten Bedenken auf, so kann man diese als Anlass nehmen, um sich beispielsweise zu fragen, ob es Möglichkeiten gibt, die Idee anders umzusetzen, sicherer oder mit weniger Ressourcen. Die Intention ist dabei nicht, gute Ideen zu killen, sondern vielmehr, Verbesserungspotentiale zu identifizieren.

Auch PPBÜ (Pluspunkte, Potenziale, Bedenken und Überwindung) ist ein Werkzeug, das dazu anregt, sich die verschiedenen Aspekte einer Idee genau anzusehen, anstatt sofort aus dem Bauch „hopp“ oder „top“ zu entscheiden. So lädt es auch dazu ein, die vielversprechenden Aspekte von Ideen zu erkennen und weiterzuentwickeln. Es hilft beim Umgang mit skeptischen oder ablehnenden Reaktionen auf Ideen.

1. Als erstes werden bei PPBÜ die Pluspunkte einer Idee identifiziert.
2. Im zweiten Schritt werden die Potenziale, die zukünftigen Vorteile der Idee erfasst.

3. Der dritte Schritt umfasst die Formulierung von Bedenken in Form von offenen Fragen.
4. Im vierten Schritt geht es um das Überwinden: Welche Ideen kommen Ihnen, wie Sie Ihre größten Bedenken überwinden könnten?

Darüber hinaus kann es sinnvoll sein, die vorliegenden Ideen mithilfe einer Mindmap (siehe u. a. vgl. Seifert, 2002, S. 128 f) zu strukturieren oder eine Clusterung beispielsweise von Post-Its oder Metaplankarten vorzunehmen, bevor es an die Bewertung und weitere Bearbeitung geht. Da man Äpfel nicht mit Birnen vergleichen kann, sollte in diesem Zuge entschieden werden, ob sehr andersartige Ideen getrennt nach Themenbereichen, Neuigkeitsgrad oder anderen Aspekten einer Bewertung unterzogen werden. Insbesondere kann es angeraten sein, revolutionäre Ideen mit einem hohen Neuheitswert zunächst auszusortieren, bevor Sie sich ans Auswählen machen, damit sie nicht in der Vielzahl an Ideen untergehen. Befestigen Sie sie dafür beispielsweise an einer eigenen Metaplanwand oder auf einem eigenen Stück Packpapier.

Eine Möglichkeit der Darstellung der erarbeiteten Ideen ist im Rahmen einer Poster-Session. Gemäß dem Ausspruch „ein Bild sagt mehr als tausend Worte" stellen die Teilnehmenden dabei ihre Lieblingsideen in Form von Postern dar und vor (vgl. Gray et al, 2010, S. 114 ff). Eine Poster-Session kann zudem eine gute Grundlage für eine Punktbewertung darstellen. Dies lässt sich sowohl für die Grob- als auch für die Feinauswahl von Ideen einsetzen. Bei sehr vielen Ideen müsste überlegt werden, ob dies im Rahmen einer Grobauswahl sinnvoll ist oder zu aufwändig wird.

Weitere Methoden, die sich für eine Grobbewertung eignen, sind z. B.:

- Nutzwertanalyse: Hierbei werden die Ideen anhand von sieben Fragen mit Punkten bewertet (vgl. Scherer, 2007, S. 105 f). Diese lauten u. a.:
  1. „Kann ich die Idee kurz und klar formulieren?
  2. Interessiert mich diese Idee?
  3. Wie groß ist der Markt für diese Idee?
  4. Wie gut ist der Zeitpunkt für diese Idee?
  5. Habe ich die Fähigkeiten, diese Idee umzusetzen?
  6. Kann ich meine Stärken einbringen?
  7. Hat diese Idee einzigartige Verkaufsargumente (Unique Selling Propositions)?" (Scherer, 2007, S. 105 f).
- Punktbewertung: Bei dem Klassiker verteilt jede teilnehmende Person eine bestimmte Anzahl an Punkten auf die vorhandenen Ideen. Zuvor muss man sich darüber verständigen, nach welchen Kriterien dies geschieht. Als Kriterien können beispielsweise die oben benannten Leitfragen, u. a. zur Challenge-driven Innovation und zur strategischen Passung, herangezogen werden. Drei Punkte pro Person reichen dabei oft aus. Sechs sollten es maximal sein. Zudem muss man sich darüber verständigen, ob bei einer Idee mehrere Punkte vergeben werden dürfen. Es sollten maximal zwei Punkte von einer Person bei einer Idee vergeben werden dürfen. Anschließend werden die Punkte gezählt und es wird geschaut, welches die Top-Ideen sind, die weiterverfolgt werden sollen. Dafür sind ca. 30 min einzuplanen. Die Punktbewertung wird unter der Bezeichnung „Dot Voting" auch bei Gray et al beschrieben (vgl. Gray et al, 2010, S. 63 f).

Nachdem eine erste grobe Auswahl der Ideen erfolgt ist und feststeht, welche Ideen zunächst weiterverfolgt werden sollen, ist eine detaillierte Dokumentation der ausgewählten Ideen sinnvoll. Aber auch die Ideen, die nicht ausgewählt wurden, sollten dokumentiert werden, um nicht verloren zu gehen. Sie könnten später einmal noch wertvoll sein. Zur Dokumentation eignen sich in diesem Fall Fotos, etwa von den

Wänden, an denen die Ideen festgehalten wurden. Den Ideensteckbrief als Dokumentationsmethode haben wir weiter oben in Kapitel 4.4 beschrieben.

Nach der Grobbewertung liegt noch eine Vielzahl an Ideen vor, die im weiteren Verlauf einer weitergehenden Bewertung unterzogen werden sollten. So wird die Auswahl auf die vielsprechenden Ideen verengt, zu denen ein ausführliches Konzept erarbeitet werden soll. Gleichzeitig ist darauf zu achten, dass interessante Ideen nicht aufgrund von auftauchenden Schwierigkeiten vorschnell „beerdigt" werden. Bei der Feinbewertung können weitere Personen aus der Bibliothek, insbesondere ist hier an die Leitung zu denken, sehr gerne auch Kundinnen und Kunden, einbezogen werden.

Bevor es an die Umsetzung von Ideen geht, ist a) noch einmal zu prüfen, ob wirklich alle bislang entwickelten Ideen umgesetzt werden sollen und b) eine Priorisierung vorzunehmen. Das Ziel: Festzulegen, welche Ideen so herausragend sind, dass sie sofort umgesetzt werden sollen, welche gut sind und daher mittelfristig umgesetzt werden sollen, welche mit Fragezeichen behaftet sind und daher später oder eventuell gar nicht umgesetzt werden sollen.

Während bei einer nur grob formulierten Idee im Prinzip nur qualitative Bewertungskriterien eingesetzt werden, können später im Prozess, wenn eine detailliertere Ausarbeitung erfolgt ist, prinzipiell mehr und mehr auch quantitative Bewertungsmethoden zum Einsatz kommen.

Ein sehr einfach einzusetzendes Bewertungsschema ist Plus-Minus-Interessant.

Plus +	Minus –	Interessant
• Positive Punkte • Stärken • USPs	• Negative Punkte • Schwächen • Risiken	• Weder Plus noch Minus • Gut zu wissen

Abbildung 39: Plus – Minus – Interessant (vgl. Scherer/Brügger, 2008, S. 67).

Die Durchführung von Plus – Minus – Interessant erfolgt folgendermaßen:
- Erster Schritt: Die Spalte Plus wird in fünf Minuten ausgefüllt.
- Zweiter Schritt: Die Spalte Minus wird in fünf Minuten ausgefüllt.
- Dritter Schritt: Alle anderen Punkte, die interessant sind, sich aber nicht dem Plus oder Minus zuordnen lassen, werden in der Spalte „Interessant" aufgelistet.

Durch diese voneinander getrennten Bewertungsschritte wird eine Fokussierung des Denkens gefördert. Somit entsteht eine bessere Bewertungsqualität (vgl. Scherer/Brügger, 2008, S. 67).

Eine weitere Methode, die gut geeignet ist, um die Bewertung von Ideen zu organisieren und zu einem umfassenden Ergebnis zu kommen, ist die 6-Hüte-Methode. Diese Methode dient ebenfalls der Fokussierung des Denkens und hilft durch Kanalisierung der Diskussion zu vermeiden, dass Ideen vorschnell zerredet und „platt" gemacht werden, wie dies ohne einen strukturierten Bewertungsprozess leider meistens passiert.

Bei der 6-Hüte-Methode ist einerseits denkbar, dass die sechs Hüte auf sechs Teilnehmer verteilt werden und jeder eine andere, die dem Hut entsprechende, Sichtweise in den Prozess einbringt. Noch gewinnbringender dürfte das Ergebnis allerdings ausfallen, wenn die gesamte Gruppe nach und nach, Phase für Phase gemeinsam einen bestimmten Hut aufsetzt. Mit jedem der sechs Denkhüte ist eine bestimmte Sichtweise verbunden. Sie werden in der folgenden Reihenfolge aufgesetzt:

- Weißer Hut: Dieser verkörpert Objektivität und Neutralität. Er dient dem sammeln von Fakten und Informationen. Die persönliche Meinung oder eine Bewertung gehören nicht in diese Phase.
- Roter Hut: Er steht für Emotionen, die hier ausgedrückt werden können.
- Schwarzer Hut: Negative Gesichtspunkte und Risiken werden in dieser Phase artikuliert.
- Gelber Hut: Alle positiven Aspekte, Chancen, Hoffnungen und Pro-Punkte werden gesammelt.
- Grüner Hut: Grün steht für Kreativität. Daher dürfen hier alle Punkte genannt werden, die zu neuen Ideen führen.
- Blauer Hut: Dieser Hut steht für die Organisation des Prozesses und sollte vom Moderator, von der Moderatorin während des gesamten Prozesses getragen werden. Zum blauen Hut gehört auch, Ergebnisse zusammenzufassen und zu entscheiden, ob es für den Prozess bzw. das Ergebnis sinnvoll wäre, einen der anderen Hüte erneut aufzusetzen. Am Ende des Prozesses sollte der blaue Hut von der gesamten Gruppe aufgesetzt werden (vgl. Scherer/Brügger, 2008, S. 68 ff oder vgl. Witten/Mathes/Mencke; 2007, S. 154 ff).

Eine Beschreibung und eine Vorlage 6-Hüte-Methode stehen zum Download bereit unter: http://www.denkmotor.com/download/tools/ oder unter http://www.kreativ-sein.org/images/downloads/kreatechniken/Steckbrief_Sechs_Farben_Denken.pdf

Zu den qualitativen Ideenbewertungsmethoden, die für die Bewertung eingesetzt werden können, zählen neben der oben genannten Plus-Minus-Interessant und der 6-Hüte-Methode folgende Verfahren:
- Paarvergleich (vgl. Scherer/Brügger, 2008, S. 71 f),
- Nutzwertanalyse (vgl. Scherer/Brügger, 2008, S. 72 f),
- Portfolioanalyse (vgl. Scherer/Brügger, 2008, S. 74 f).

Auch an dieser Stelle kann, wie oben beschrieben, eine Poster-Session durchgeführt und mit einer Punktbewertung verbunden werden. Zudem kann eine andere Form der Punktbewertung zur Feinbewertung anhand bestimmter Kriterien besonders relevanter Entscheidungskriterien stattfinden.

Um die – strategische – Relevanz der vorliegenden Ideen zu hinterfragen, bietet es sich an, fünf Mal Warum zu fragen: Warum sollten wir genau diese Idee umsetzen? Sich nicht einfach mit einer Idee zufrieden zu geben, sondern zu hinterfragen, warum und ob genau diese Idee die richtige ist, kann beispielsweise verdeutlichen, dass eine Idee gar kein wirkliches Nutzerbedürfnis adressiert (vgl. The 5 Whys in Gray et al, 2010, S 141 ff).

Von der „Weisheit der Massen" bzw. der eigenen Mitarbeiterinnen und Mitarbeiter zu profitieren erlauben besonders gut diese beiden Möglichkeiten:
- Die Auswahl von Ideen kann barcampmäßig geschehen: Es werden die Ideen ausgewählt, von deren Erfolg viele überzeugt sind, so überzeugt, dass sie bereit sind, ihre Arbeitskraft dafür zur Verfügung zu stellen. Es erfolgt eine Abstimmung mit den Füßen. Die Mitarbeiterinnen und Mitarbeitern ordnen sich räumlich der Idee zu, die sie am meisten überzeugt.
- Internes Crowdfunding: Mitarbeiterinnen und Mitarbeiter bekommen einen (virtuellen) Betrag zur Verfügung gestellt, den sie auf die vorgeschlagenen Projektideen verteilen können. Das Ergebnis zeigt, von welchen Ideen die Beteiligten am meisten überzeugt sind. Gleichzeitig kann so ihr Commitment für die Innovation gestärkt werden. Ein Beispiel dafür ist beschrieben bei: http://www.harvardbusinessmanager.de/blogs/internes-crowdfunding-wie-unternehmen-innovativer-werden-a-925579.html

Wenn Sie nun die weiter zu verfolgenden Ideen für den nächsten Schritt des Innovationsprozesses ausgewählt haben, ist noch eines wichtig: Auch Ideen, die zunächst nicht realisiert werden, sind wertvoll. Werfen Sie sie nicht weg! Richten Sie für sie einen Ideenparkplatz ein, um sie ggfs. später zu recyceln. Prüfen Sie in regelmäßigen Abständen, ob sich die früher entwickelten Ideen nun umsetzen lassen, sich mit anderen kombinieren lassen oder Ihnen als Steilvorlage für das Kreieren wieder neuer Ideen dienen können.

5.5 Konzepte entwickeln

Mit der Entwicklung eines Konzepts wird der Innovationsprozess weiter vorangetrieben. Nun geht es darum, die Ideen ausführlich auszuarbeiten und zu beschreiben. Außerdem ist zu prüfen, wie die Marktsituation aussieht und insbesondere, welche Anforderungen potentielle Nutzerinnen und Nutzer haben. Je nachdem, um welche Art von Innovation es sich handelt, können dies ganz unterschiedliche Personen sein. Neben den Bibliothekskundinnen und -kunden ist hier insbesondere an Mitarbeitende zu denken, wenn es sich beispielsweise um eine Prozess-innovation handelt. Mit der Sammlung von Informationen über die Machbarkeit der Innovation und ihre Kosten wird die Basis für ein umfassendes Konzept mit einer realistischen Einschätzung für eine Entscheidung hinsichtlich ihrer Umsetzung gelegt.

In dieser Phase ist zunächst also wieder divergentes Verhalten gefragt: Es gilt, den Raum der Möglichkeiten wieder aufzumachen und die Fantasie zu beleben, ehe wieder auf den „Boden der Tatsachen" zurückgekehrt wird. Die im Abschnitt über die Ideenfindung genannten Aufwärm- und Kreativmethoden können nun erneut eingesetzt werden.

Einen guten Einstieg in die Konzeptausarbeitung kann das Schreiben einer „Pressemitteilung" darstellen. Versetzen Sie sich dafür geistig in den Zeitpunkt, zu dem das Ergebnis ihres Innovationsprozesses vorliegen wird: Sie haben Ihren Innovationsprozess erfolgreich abgeschlossen; Ihre Innovation wird in den Markt eingeführt. Nun verfassen Sie eine Pressemitteilung, mit der die positiven Seiten Ihrer Innovation hervorgehoben werden. Beschreiben Sie eingehend, welchen Nutzen die Innovation aus Kundensicht stiftet. Tragen Sie dabei ruhig dick auf. Und lassen Sie sich inspirieren. Der Vorteil dieser Methode besteht darin, dass Sie sich für das Verfassen einer guten Pressemitteilung in die Lage der Leserinnen und Leser hineinversetzen müssen. Diese haben in der Regel vorab keinerlei Kenntnis von Ihrer Innovation oder Ihrem Entstehungsweg. Manche Informationen, die für Sie als Beteiligte wichtig sind, sind für Außenstehende wahrscheinlich irrelevant. Machen Sie sich dies zu Nutze, indem Sie herausarbeiten, welche Features und Funktionen der Innovation aus Kundensicht (besonders) relevant sind und welche Sie selbst vielleicht bislang vergessen oder ungenügend beachtet haben und stärker in den Fokus rücken sollten. Gleichzeitig verdeutlicht diese Methode eigene Träume und Visionen, die mit der Idee verknüpft sind.

Für die vertiefte Ausarbeitung einer Idee zu einem Konzept lässt sich beispielsweise die Disney-Methode gut einsetzen (vgl. Witten/Mathes/Mencke; 2007, S. 153 f), die auf Walt Disney zurückgeht. Bei dieser Methode schlüpfen die Teilnehmenden nacheinander in drei verschiedene Rollen: Die Rolle des Kritikers, die Rolle des Träumers, die Rolle des Realisten. Walt Disney hat diese Methode selbst angewendet, indem er dafür nacheinander speziell eingerichtete Räume aufsuchte, die jeweils so eingerichtet waren, dass sie die Verkörperung dieser Rollen unterstützten. Anstatt mehrere Räume zu nutzen, können aber ebenso verschiedene Stühle eingenommen oder verschiedene Ecken eines Raumes aufgesucht werden. Die Disney-Methode unterstützt es sehr gut, verschiedene Blickwinkel einzunehmen und die verschiedenen Aspekte und Perspektiven auf eine Idee systematisch zu beleuchten. Eine Beschreibung der Idee findet sich unter http://www.ideenfindung.de/Walt-Disney-Methode-Kreativitätstechnik-Brainstorming-Ideenfindung.html oder unter http://www.kreativ-sein.org/images/downloads/kreatechniken/Steckbrief_Walt_Disney_Methode.pdf

Um eine etwas ausgearbeitete Idee noch einmal aus Kundensicht weiter zu vertiefen und einem gewissen „Realitätscheck" zu unterziehen, bieten sich verschiedene weitere Ansätze an:

- Personas lassen sich gut einsetzen, um sich einige exemplarische Personen aus der Zielgruppe realitätsnah vorzustellen. Eine Persona beschreibt eine fiktive Person mit ihren Lebensumständen, Wünschen, Herausforderungen und Anforderungen. Sie steht stellvertretend für eine Person aus der Zielgruppe. Mit der Person können die im Ideenkonzept enthaltenen Features und Funktionen abgeglichen werden. So wird deutlich, ob wichtige Punkte ergänzt, vertieft, verändert oder doch entfernt werden sollten. Eine Beschreibung der Erstellung von Personas bietet http://www.servicedesigntools.org/tools/40.
- Auch eine Empathiekarte, deren Durchführung im Abschnitt über die Ideenfindung beschrieben wurde, kann hier eingesetzt werden. So kann man sich ebenfalls in die Perspektive potentieller Nutzerinnen und Nutzer, insbesondere in ihre Wahrnehmungs- und Gefühlswelt hineinversetzen. So werden deren Wahrnehmungen, Wünsche und Bedürfnisse für die Konzeption zugänglich (vgl. Eppler et al, 2014, S. 149 ff und Gray et al, 2010, S. 65 f).
- Auch die Pain-Gain Map ist gut geeignet, um die potentiellen Plus- und Minuspunkte einer Idee aus Kundensicht, aber auch aus der Sicht anderer Personen der Anspruchsgruppen darzustellen. So kann damit auch der Blickwinkel von Kolleginnen und Kollegen oder von Lieferanten oder Geldgebern übernommen werden. Die Pain-Gain-Map ist eine wenig aufwändige, in kurzem Zeitrahmen durchzuführende Methode. Dabei werden, beispielsweise auf einem Flipchart, auf der einen Seite die Mühen (Pain) und auf der anderen Seite der Nutzen (Gain) für die ausgewählte Person beschrieben (vgl. Gray et al, 2010, S. 190 f).

Für die Verbesserung und Veränderung vorhandener Ideen – genauso wie für die Verbesserung und Veränderung vorhandener Produkte und Dienstleistungen – eignen sich die Methoden, die Scherer 2007 im Kapitel „Differenzieren" auflistet. Dabei wird gedanklich damit gespielt, Bestandteile von Ideen, Produkten bzw. Dienstleistungen zu ersetzen, zu kombinieren, zu übertragen, zu vergrößern, zu verkleinern oder anders zu verwenden (vgl. Scherer, 2007, S. 73 ff).

Setzen Sie die Methode der „Abstraktion" ein, um den Kern der Idee herauszuarbeiten. Fragen Sie sich,
- worum geht es bei der Idee wirklich,
- worin besteht der Kern der Idee,
- worauf kommt es bei der Idee wirklich an?

Formulieren Sie den Kern der Idee schriftlich. Diese Beschreibung können Sie auch in Ihren Ideensteckbrief übernehmen. Von dieser Basis aus können Sie nun gut nach weiteren Ideen zur Anreicherung des Konzepts suchen (vgl. Scherer, 2007, S. 99 f).

Für die weitere Ausarbeitung einer Idee zu einem Konzept kann auch die SCAMPER-Methode angewendet werden. Dabei werden der Reihe nach Fragen zu der Idee, zum Produkt oder zur Dienstleistung, gestellt:

1. „Substitute: Ersetze – Komponenten, Materialien, Personen.
2. Combine: Kombiniere – vermische mit anderen Zusatzfunktionen oder Aggregaten, überschneide mit Service, integriere Funktionalität.
3. Adapt: Ändere ab, verändere Funktion, verwende ein Teil eines anderen Elements, einer Baugruppe eines Aggregats.
4. Modify: Steigere oder vermindere Größe, Maßstab, verändere Gestalt, variiere Attribute (Farbe, Haptik, Akustik...).
5. Put to another use: Finde weitere Verwendung(en), finde anderen Zusammenhang zur Nutzung, formuliere den Anwendungsbereich um.
6. Eliminate: Entferne Elemente, Komponenten, reduziere auf Kernfunktion, vereinfache so weit wie möglich.
7. Reverse: Kehre um, stülpe das Innere nach außen, stelle auf den Kopf, finde entgegengesetzte Nutzung." (Eppler et al, 2014, S. 123 ff).

Das detaillierte Vorgehen lässt sich nachlesen bei Eppler et al (vgl. Eppler et al, 2014, S. 123 ff) oder bei: http://www.ideenfindung.de/SCAMPER-Kreativitätstechnik-Brainstorming-Ideenfindung.html

Für eine vertiefte Beschäftigung damit, welche Probleme und Wünsche Kundinnen und Kunden haben und welches Wertangebot die eigene Organisation umfasst, sind die Tools in dem Buch „Value Proposition Design" (Osterwalder et al, 2015) gut geeignet. Dieses Buch setzt auf dem Buch „Business Model Generation" mit seinem Tool der Business Model Canvas auf. Auch die Entwicklung eines Geschäftsmodells als Teil der Konzeptentwicklung kann für die bearbeitete Idee sinnvoll sein. Ein Businessplan kann eine Option sein (vgl. Witten, Mathes, Mencke; 2007, S. 178 f). Besonders intuitiv und übersichtlich lässt sich ein Business Model aber mit der Business Model Canvas erarbeiten http://businessmodelgeneration.com/canvas/bmc?_ga=1.71672019.176485618.1436863084. Die Business Model Canvas ist auch in dem Buch „Gamestorming" (Gray et al, 2010, S. 153 ff) kurz beschrieben.

Beim Value Proposition Design handelt es im Wesentlichen um die Value (Proposition) Map und ein Kundenprofil. Die Value Proposition Canvas, die beides umfasst, kann hier heruntergeladen werden: http://businessmodelgeneration.com/canvas/vpc?_ga=1.71672019.176485618.1436863084. Auf der zum Buch zugehörigen Seite können weitere Arbeitsmaterialien heruntergeladen werden. Sie unterstützen unter anderem dabei, sich dank eines Katalogs an Fragen in die Position der Kundin bzw. des Kunden zu vertiefen. Für die Durchführung eines Value Proposition Design bzw. Business Model Design Workshop empfiehlt es sich, das gesamte Buch durchzuarbeiten (vgl. Osterwalder et al, 2015, S. 166 ff).

Sehr gut zur Konkretisierung von Ideen eignet sich auch der Bau von Prototypen bzw. deren Weiterentwicklung. Mit Hilfe von Prototypen wird eine Idee veranschaulicht. So kann gut das Feedback von potentiellen Kundinnen und Kunden bzw. anderen betroffenen Personen eingesammelt werden. Auch Visualisierungen oder bei Prozessinnovationen und Dienstleistungsinnovationen die bildliche oder räumlich skizzierte Darstellung eines Ablaufs gehören zu den Möglichkeiten, ein Konzept greifbarer zu machen. Auch die Verknüpfung von Personas mit Storytelling darüber, was der Persona bei der Nutzung der Innovation widerfährt, eignet sich gut, um mögliche Defizite oder andere Optimierungsmöglichkeiten zu identifizieren.

Der Ansatz des Service Design beschäftigt sich damit, Dienstleistungen kundenorientiert zu konzipieren. Dafür stellt das Service Design eine Reihe von Tools zur Verfügung. Das Tool „Customer Journey" veranschaulicht beispielsweise, welche Stationen es im Kundenkontakt mit der Dienstleistung gibt und wie das Erlebnis an den verschiedenen Stellen aussieht. Eine reichhaltige Auflistung von Tools aus dem Service Design enthält: http://www.servicedesigntools.org/

Auch interessant in diesem Zusammenhang: die Service Model Canvas unter http://www.uxforthemasses.com/service-model-canvas/.

Design Thinking ist ein Ansatz, bei dem Lösungen bzw. neue Ideen eng an den Bedürfnissen von Kundinnen und Kunden entwickelt werden. Beim Design Thinking handelt es sich nicht um einzelne Methoden oder Tools, sondern um einen umfassenden, strukturierten Ansatz. Charakteristisch sind unter anderem, dass zunächst das eigentliche Problem ganz genau definiert und möglichst verstanden wird, die frühe und immer wieder stattfindende Einbindung potentieller Nutzerinnen und Nutzer im Entwicklungsprozess und die Arbeit mit Prototypen, die auf Basis immer wieder eingeholten Feedbacks weiter verfeinert werden. Gerade in der starken Orientierung an Kundenproblemen liegt ein großer Pluspunkt des Design Thinking für das Innovationsmanagement. Dieser Ansatz passt sehr gut zu einem Challenge-driven Innovationsmanagement. Ein Einsatz von Design Thinking kann nur in einer entsprechenden Organisationskultur erfolgreich sein. Andererseits sind durch das gemeinsame Gestalten, das kreative Vorgehen, das alle Sinne anspricht, überraschende Ergebnisse möglich, die über das hinausgehen, was man durch Diskussionen erreichen kann. Dies kann zu einem stärkeren Wandel hin zu einer echten Innovationskultur beitragen.

Was genau Design Thinking ist, wird anschaulich unter http://www.gezeitenraum.com/methoden/was-ist-design-thinking/ erläutert. Möchten Sie Design Thinking näher kennenlernen, so bietet es sich an, auf der Basis des Gezeitenraum Micro MOOC einen eigenen Design Thinking Workshop durchzuführen. Der Micro MOOC ist der Praxisleitfaden dafür: http://www.gezeitenraum.com/angebot/gezeitenbox/ Für die Anwendung des Design Thinking auf ein eigenes komplettes Innovationsprojekt gibt es ein komplettes Design Thinking Toolkit speziell für Bibliotheken. Dieses umfangreiche Toolkit in englischer Sprache enthält detaillierte Beschreibungen der einzelnen Methoden und steht kostenlos zum Download unter http://designthinkingforlibraries.com/ bereit. Weitere Design Thinking-Methoden sind beispielsweise unter http://dschool.stanford.edu/use-our-methods/ beschrieben.

Auch wenn Sie den Design Thinking-Ansatz nicht anwenden, so sollte das Einholen von Feedback zu Ihrem Konzept ein elementarer Bestandteil dieser Phase des Innovationsprozesses sein. Auf der Basis des Feedbacks können Sie das Konzept weiter verfeinern und verbessern. Bitten Sie daher viele Kolleginnen und Kollegen, Kundinnen und Kunden Feedback zu der Idee zu geben. So kann sie noch besser werden, mögliche Schwächen werden sichtbar und können so bearbeitet werden. Gleichzeitig laufen Sie so nicht Gefahr, dass Ihnen wertvolles Potential in Form des Know-hows von anderen entgeht.

„LEGO Serious Play®" ist eine systematische Workshop-Methode, mit der sich gut Ideen entwickeln und Innovationsprojekte planen lassen. Ihr Vorteil liegt in der Visualisierung und der Nutzung von Metaphern, die das Bauen mit LEGO-Steinen möglich macht. Mit LEGO Serious Play®" können ganze „Ideenlandschaften" entstehen unter Einbezug aller relevanten Stakeholder und Übernahme ihrer Perspektive. Grundzüge dieser Workshop-Methode sind beschrieben unter http://www.lego.com/de-de/seriousplay/the-method.

Bei der Konzeptentwicklung ist es zudem hilfreich, systematisch zu prüfen, ob Ideen, die in der Phase der Ideenfindung ebenfalls generiert wurden, aber zunächst nicht in die engere Wahl gelangt sind, oder die aus einem anderen Zusammenhang bereits vorhanden sind, mit der ausgewählten Idee kombiniert werden könnten. So könnte die auszuarbeitende Idee noch eine wertvolle Anreicherung erfahren und die vormals aussortierte Idee dazu beitragen, dass ein gelungenes Ideenpaket geschnürt wird.

Prüfen Sie zum Ende der Konzeptphase eingehend die Vor- und Nachteile einer Idee. Arbeiten Sie ihre Vorteile möglichst genau heraus. Widmen Sie sich auch den Nachteilen der Idee. Welche gibt es und wie könnten die Nachteile oder Schwächen der Idee überwunden werden?

Überprüfen Sie die einzelnen Aspekte aus dem Ideensteckbrief noch einmal. Hinterfragen Sie die folgenden Punkte:
- Wie passt das Produkt zu unserer Strategie?
- Worin besteht die Unique Selling Proposition?
- Warum können gerade wir das Produkt bzw. den Service anbieten?
- Warum jetzt?
- Welches sind die kritischen Erfolgsfaktoren?

Für neu zu schaffende Dienstleistungen bietet sich eine Anforderungsanalyse an, die Schritt für Schritt für jede Phase der zu erstellenden Dienstleistungen definiert, welche Anforderungen erfüllt werden müssen. Dabei kann zwischen Muss, Sollte und nice-to-have-Anforderungen unterschieden werden (vgl. Scherer/ Brügger, 2008, S. 78 ff).

Je nach Dimension des bevorstehenden Innovationsvorhabens macht eine erneute Bewertung und Auswahl der umzusetzenden Ideen Sinn. Zum Beispiel mittels:
- Konzepttest
- Machbarkeitsstudie
- Investitionsabschätzung
- Wirtschaftlichkeits- und Portfolioanalysen
- Auswirkungsanalyse.

Auch wenn Bibliotheken nicht auf einem kommerziellen Markt agieren, so macht eine Marktanalyse in dieser Phase für sie Sinn. Denn zum einen tummeln sie sich – mit dem neuen Angebot – möglicherweise auf dem gleichen Markt wie kommerzielle Anbieter. Es geht hier nicht um eine umfassende Marktanalyse, sondern um eine Sondierung des spezifischen Marktes, in dem das neue Produkt erfolgreich sein soll. Zum anderen ist es wichtig, dass sie ihr Marktumfeld gut kennen und dass sie spezifizieren, für welche Nutzerinnen und Nutzer das neue Angebot in Frage kommen könnte und wer potentielle Kooperationspartner sein können. Außerdem könnten so neue Anregungen gewonnen werden. Denkbar ist beispielsweise, einige Lead User zu einem Kurz-Workshop einzuladen und so ihre Wünsche und Anforderungen und ihre Sicht des Marktes kennenzulernen. Auch andere Open Innovation-Methoden lassen sich bei der Ausarbeitung des Ideenkonzepts einsetzen. So ist es möglich, potentiellen Nutzerinnen und Nutzern ein Open Innovation Toolkit zur Verfügung zu stellen, mit dem sie spezifizieren können, wie sie die Idee genau ausgestalten würden. Außerdem könnten sie gebeten werden, zu beschreiben, wie sie sich den Einsatz der Innovation in der Praxis vorstellen könnten. Andere Externe, zum Beispiel Fachexpertinnen und –experten, könnten im Zuge von Open Innovation ihr Know-how beisteuern. So könnten sie beispielsweise Lösungsideen für die technische Umsetzung beisteuern oder eine Bewertung der Machbarkeit oder des Ressourcenbedarfes unterstützen.

Es gibt so viele Optionen, wie eine Innovation gestaltet werden könnte. So vieles ist wünschenswert. Nicht alles ist machbar, zeitlich wie finanziell. Wie kann man nun zu einer sinnvollen Lösung kommen? Wie kann man fundiert entscheiden, welche Merkmale die Innovation schlussendlich aufweisen soll? Begrenzte Ressourcen sind hierbei beispielsweise ein hemmender Faktor. Um herauszufinden, welche Merkmale aus Kundensicht besonders wertvoll sind, lässt sich die Methode „ein Merkmal kaufen“ (vgl. Osterwalder et al, 2015, S. 235) einsetzen. Online könnten potentielle Kundinnen und Kunden die Relevanz von denkbaren Features und Funktionen bewerten.

Eine weitere Option ist der $100 Test. Bei ihm werden der Gruppe der Teilnehmenden gemeinsam imaginäre $100 gegeben. Diese können sie über die Merkmale der Innovation so verteilen, wie sie sie als am wichtigsten empfinden. Dabei muss in der Gruppe argumentiert und begründet werden, warum welches Merkmal besonders wichtig ist und wie groß sein Wert in $ zu bemessen ist. Schließlich wird die Einigung innerhalb der Gruppe auf einem Flipchart dokumentiert, auf dem notiert wird, welches Merkmal welchen Geldbetrag bekommen soll. Der imaginäre Geldbetrag zieht die Aufmerksamkeit der Teilnehmenden besonders auf das Spiel und erzeugt eine gewisse Realitätsnähe. So wird spielerisch eine Prioritätenliste der wünschenswerten Merkmale erstellt, die als Basis für die Entscheidung eingesetzt werden kann. Diese Methode lässt sich vor allem auch gut mit den zukünftigen Nutzerinnen und Nutzern der Innovation (gemeinsam) einsetzen (vgl. Gray et al, 2010, S. 232 f).

5.6 Innovationen umsetzen: Projektmanagement

Sie haben bis hierhin eine Menge geleistet! Sie haben Ideen produziert, ausgewählt, weiter ausgearbeitet und möchten nun eine Idee umsetzen und als Innovation zum Leben erwecken. Damit liegt noch einmal ein großes, eventuell das größte Stück Arbeit vor Ihnen. Nun bedarf es Disziplin und Durchhaltevermögen einerseits, andererseits Kreativität, um unterwegs auftauchende Probleme zu lösen. Dafür können Sie wiederum Kreativitätstechniken einsetzen. Ansonsten ist in dieser Phase eher wieder konvergentes Verhalten gefragt: Diszipliniert umsetzen, statt nach neuen Ideen Ausschau halten, steht im Vordergrund.

Wie eine Idee umgesetzt wird, hängt natürlich vom Kontext und vom Inhalt der Idee ab. Es gibt Ideen, die lassen sich quasi aus dem Stand umsetzen. Wenn aber mehrere Personen für längere Zeit mit der Umsetzung beschäftigt sind, sollte dies in Projektform geschehen. Doch was ist eigentlich ein Projekt?[6]

„Ein Projekt ist ein Vorhaben, das im Wesentlichen durch die Einmaligkeit der Bedingungen in ihrer Gesamtheit gekennzeichnet ist." (DIN 69901)

In der Deutschen Industrie-Norm (DIN) 69901 wird der Begriff „Projekt" grundlegend definiert als „Vorhaben, das im Wesentlichen durch die Einmaligkeit der Bedingungen in ihrer Gesamtheit gekennzeichnet ist, wie z. B. Zielvorgabe, zeitliche, finanzielle, personelle und andere Begrenzungen; Abgrenzung gegenüber anderen Vorhaben; projektspezifische Organisation." (Diehm, 2013, S. 314).

Das Vorhaben ist ein Projekt, wenn es ...
- einmalig,
- bereichsübergreifend,
- zeitlich begrenzt,
- zielgerichtet,
- interdisziplinär,
- wichtig, kritisch, dringend, nicht in Linienorganisation bearbeitbar ist
- und wenn besondere organisatorische Vorkehrungen getroffen werden müssen.

Grundsätzlich gilt also, dass komplexere Vorhaben, welche von mehreren Personen koordiniert bearbeitet werden, einmalig und zeitlich begrenzt sind, als Projekt organisiert werden sollten. Dies ist zum Beispiel bei der Entwicklung neuer Lösungen oder

6 Die Ausführungen zu Projektmanagement in Bibliotheken erfolgen mit freundlicher Genehmigung der Autorin weitgehend auf Diehm, 2013 und Diehm, 2014.

bei der Einführung größerer neuer Dienstleistungen der Fall. In der Praxis begegnet man aber immer noch gerne Vorhaben, die von einer Person mehr oder weniger planmäßig verfolgt werden – dies sind nicht Projekte im eigentlichen Sinn. Ebenso wenig sind es Vorhaben, für die kein Abschluss geplant ist.

Projektmanagement wiederum umfasst die Führungsaufgaben, Projektorganisation, -techniken und -mittel zur erfolgreichen Abwicklung eines Projekts. (http://wirtschaftslexikon.gabler.de/Archiv/54978/projektmanagement-pm-v5.html) Und Mithilfe von Projektmanagement soll die Projektabwicklung zur Erreichung des Projektziels in der geforderten Qualität, geplanten Zeit, mit optimalem Einsatz von Personal- und Kapitalressourcen effizient gestaltet werden.

Wie schon an anderen Stellen angesprochen, stößt auch die Einführung der Methode Projektmanagement nicht überall auf einhellige Zustimmung. Mitarbeitende und Führungskräfte können dem skeptisch entgegenhalten, dass die formalen Aspekte (Antragstellung, Dokumentation) zu zeitaufwändig und kompliziert seien, dass es bisher ja auch ohne gegangen sei und dass eine Überreglementierung drohe.

Für die Bibliotheksleitung ist es zum Teil gewöhnungsbedürftig, wenn Aufträge nicht mehr spontan vergeben werden sollen, sondern ein Projektantrag eingereicht werden soll. Auch an der ETH-Bibliothek war zu Beginn bei einigen Beteiligten eine gewisse Skepsis vorhanden. Die Promotoren des Projektmanagements führten denn auch sehr vorsichtig einzelne Elemente ein. Kernelement war der standardisierte Projektantrag, der die wichtigsten Attribute eines Projekts enthielt. Nachdem dies breit akzeptiert war und sich eine entsprechende Projektkultur entwickelt hatte, wurde ein umfassendes Projektmanagement eingeführt. Dieses diente wiederum bei der Gestaltung des Innovationsmanagements als Vorbild. Eine schrittweise Einführung und eine Orientierung an bestehenden Methoden scheinen also sinnvoll.

5.6.1 Projektmanagement in Bibliotheken

Bibliotheken benötigen kein spezifisches Projektmanagement, aber – wie Veronika Diehm richtig bemerkt – sie brauchen ein umfassendes und vielseitiges Projektmanagement, da sehr unterschiedliche Projektformen vorkommen. Der Bedarf wird durch die zunehmende Bedeutung von Drittmittelfinanzierung auf Projektbasis immer größer. Förderinstitutionen – seien es die DFG, der Schweizerische Nationalfonds oder Förderprogramme – verlangen ein Projektmanagement. Wobei die Form, die Methodik und der Umfang des Projektmanagements sehr unterschiedlich sein können. An dieser Stelle kann keine umfassende Einführung ins Projektmanagement gegeben werden. Es wird nur so weit erläutert, wie es für das Innovationsmanagement und speziell für die Umsetzung neuer Ideen nötig ist. Wie im Kapitel zu Change Management erläutert wurde, kommt das Projektmanagement bei größeren Vorhaben zum Einsatz. Bei der Neuorganisation der ZB MED war es ein entscheidender Erfolgsfaktor, dass die verschiedenen Vorhaben zu einem Gesamtprojekt zusammengefasst wurden. Die umfassende Betrachtung und die Gesamtplanung als ein übergreifendes Projekt waren die Grundlage für die erfolgreiche Umsetzung (Roesner, 2014).

Für ein systematisches Projektmanagement bei der Umsetzung von Innovationsideen sprechen die erhöhte Flexibilität in der Organisationsstruktur, die Transparenz und geregelte Kommunikation, die Klärung des Ressourcenbedarfs und die Planbarkeit des Ressourceneinsatzes, die Verminderung von Risiken und die Klärung von Verantwortlichkeiten, Rollen und Zuständigkeiten. Ein strukturiertes Projektmanagement definiert die Prozesse und sorgt dafür, dass Kosten und Termine im Auge behalten werden können.

Wie bei allen beschriebenen Managementmethoden gibt es keine Patentlösung für alle Bibliotheken. In welcher Form das Projektmanagement eingeführt und angewendet wird, hängt von verschiedenen Faktoren ab. Den Autoren scheint es sinnvoll, von der Komplexität der Aufgaben und von den verfügbaren Ressourcen auszugehen. Ebenfalls bewährt hat sich die schrittweise Einführung des Projektmanagements. An der ETH-Bibliothek begann das Projektmanagement mit der Einführung eines einheitlichen Projektantrags, der von der Direktion genehmigt werden musste. Allein mit diesem Mittel konnte erreicht werden, dass für jedes Projekt ein Anfang und ein Ende festgelegt wurden, dass die Ziele formuliert wurden und dass die Projektorganisation (Personen und Rollen) definiert wurden. Später wurde dann eine spezifische Methodik eingeführt, ein Projektbüro eingerichtet, das die Projektleitenden bei ihrer Arbeit unterstützte und ein generelles Controlling übernahm. Die einzelnen Formulare wurden schließlich durch eine Plattform abgelöst (basierend auf der schon vorhandenen Lösung SharePoint).

Denkbar ist auch der Einsatz kommerzieller Projektmanagement-Software, von „traditionellen" Tools wie MS Project bis zu neuartigen, webbasierten Anwendungen wie Azendoo (http://www.azendoo.com/), Basecamp (http://basecamp.com/) oder Trello (http://trello.com/). Die Autoren dieses Buches finden den Ansatz von Veronika Diehm sinnvoll, einige Vorlagen für die verschiedenen Projektphasen anzubieten, die für den Einsatz in Bibliotheken geeignet sind. Sie stellt diese Vorlagen unter einer CC-0-Lizenz online zur Verfügung.

5.6.2 Die Projektphasen

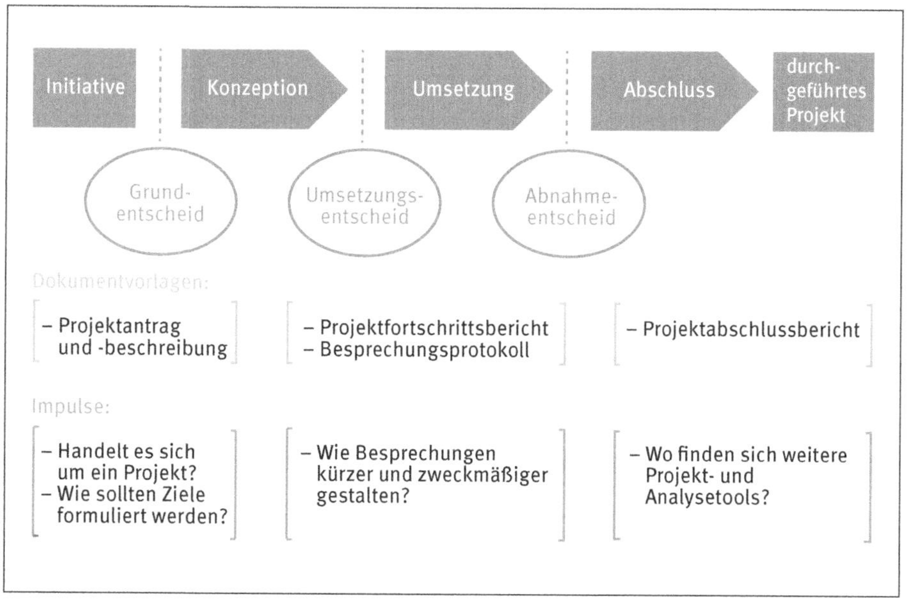

Abbildung 40: Projektphasen, Entscheidungen und Dokumente (Diehm 2014).

Phase 1: Initiative

In der ersten Phase – diese kann sehr wohl im Rahmen des Ideen- und Innovationsmanagements geschehen – wird die Idee für ein Projekt formuliert. Der in der Grafik aufgeführte Grundsatzentscheid würde dann der Genehmigung einer Idee durch die Geschäftsleitung entsprechen. Im Vorfeld sollte abgeklärt werden, ob die Idee der Strategie der Bibliothek entspricht, ob dafür ein Bedürfnis besteht, welcher Mehrwert für Nutzerinnen und Nutzer damit geschaffen werden etc. Es wird auch der Grundsatzentscheid gefällt, ob diese Idee im Rahmen eines Projekts umgesetzt werden soll. Dies wäre also die Schnittstelle zwischen Innovations- und Projektmanagement.

Phase 2: Konzeption

Das wichtigste Ergebnis der Konzeptionsphase ist ein Projektantrag, der die Eckpunkte für die Planung und Durchführung des Projekts enthält. Wie ausführlich und wie detailliert dieser Projektantrag ausgearbeitet werden soll, hängt von verschiedenen Faktoren ab. Denkbar ist die Unterscheidung zwischen unterschiedlichen Projektgrößen (kleines, mittleres, großes Projekt), Projektarten (IT-Projekt, Verwaltungsprojekt, Entwicklungsprojekt) mit entsprechend angepassten auszufüllenden Rubriken.

Phase 3: Umsetzung

In dieser Phase findet die eigentliche Arbeit für die Umsetzung des Innovationsvorhabens statt. Wichtig ist insbesondere die Kommunikation im Projektteam und zum Auftraggeber. Der Informationsaustausch erfolgt in regelmäßigen Meetings und/oder per schriftliche Kommunikation, zum Beispiel Sitzungsprotokolle und Projektfortschrittsberichte.

Phase 4: Abschluss

Beim Projektabschluss geht es in erster Linie darum, die Projektergebnisse abzunehmen und zu dokumentieren. Im Kontext Innovationsmanagement bedeutet dies, dass nun eine Idee umgesetzt worden ist und das neue Produkt auf den Markt gebracht wird, bzw. die Dienstleistung in den regulären Betrieb übergeht. Formal werden also die Projektergebnisse dem Auftraggeber präsentiert, der dann entscheidet, ob die Ziele erreicht worden sind. Wenn es um die Entwicklung einer Dienstleistung ging, wird entschieden, ob diese nun den Nutzerinnen und Nutzern zugänglich gemacht wird. Entsprechend sind weitere Kommunikationsmaßnahmen angesagt, um die Dienstleistung bekannt zu machen (vgl. dazu den Abschnitt Innovationskommunikation).

Nicht unterschätzt werden darf die Übergabe eines neuen Service in den Betrieb. Der Wechsel von der Projektorganisation in die Linienorganisation muss gut vorbereitet sein und darf nicht erst in der Abschlussphase ein Thema sein. Bei komplexeren neuen Services benötigen die Mitarbeitenden, die den Service betreiben oder betreuen sollen, oftmals eine Einführung oder Schulung. Auch müssen die nötigen Ressourcen zuvor eingeplant und genehmigt werden. Der erfolgreiche Abschluss eines Projekts ist übrigens ein guter Grund zum Feiern.

5.6.3 Methoden und Elemente in den verschiedenen Projektphasen

Projektantrag

Der Projektantrag soll mindestens folgende Rubriken enthalten:
- Projekttitel – dieser ist für das interne und externe Marketing nicht unwichtig
- Ausgangslage – worin besteht das Bedürfnis? Welches ist die Grundidee des Projekts?
- Projektziel – was wird mit dem Projekt bezweckt? Welche (messbaren) Ziele sollen erreicht werden?
- Lösungsweg – wie soll das Projekt umgesetzt werden?
- Ressourcen – welche Personalressourcen werden benötigt? Welche Sachmittel werden benötigt? Aufwandschätzung und Budget

- Projektorganisation – wer ist in welcher Rolle am Projekt beteiligt? Bzw. welche Kompetenzen werden im Projekt benötigt? Welche externen Partner sind dabei?
- Laufzeit/Termine – wie sieht ein provisorischer Zeitplan aus? Welche externen Faktoren müssen berücksichtigt werden?
- Risiken – Welche Risiken müssen berücksichtigt werden? Wie können sie vermieden werden?

Der Projektantrag wird vom designierten Projektleiter und – im Falle der Genehmigung – von der Bibliotheksleitung unterschrieben. Dies schafft eine gegenseitige Verbindlichkeit. Der Antrag wird mit der Genehmigung zum Projektauftrag. Einige Förderorganisationen verfügen über eigene Formulare, die bei der Antragsstellung ausgefüllt werden müssen. Größere Organisationen (DFG, Schweizerischer Nationalfonds) setzen digitale Plattformen ein.

Im Prinzip kann der Projektantrag alle notwendigen Angaben zum Projekt enthalten und das einzige erforderliche offizielle Dokument sein. Gerade in kleineren Institutionen und bei kleineren Projekten kann dies genügen.

Im Falle größerer und komplexerer Projekte wird eine detailliertere Projektbeschreibung vorgeschlagen, welche die Feinplanung des Projekts enthält. In der Dokumentvorlage von Veronika Diehm findet sich ein Beispiel für eine Projektbeschreibung.

Projektorganisation

Die Wahl der Projektleitung ist ein entscheidender Erfolgsfaktor für das Projekt. Dabei ist zu beachten, dass die Projektleitung die operative Verantwortung für das Projekt trägt – mit anderen Worten: die Projektleitung arbeitet real und erhält die für die Umsetzung des Projekts notwendigen Kompetenzen übertragen. Es liegt im Wesen des Projektmanagements, dass hier die Linienorganisation der Institution aufgelöst oder zumindest aufgeweicht wird. Idealerweise erhält die Projektleitung auch die finanziellen Kompetenzen im Rahmen des Projektplans.

Bei komplexen Projekten mit unterschiedlichen internen und externen Stakeholdern bietet sich die Bildung eines Steuerungsgremiums (Steering Committee, Steuerungs- oder Lenkungsausschuss) an. Dabei werden Entscheidungsträger, wichtige Kundinnen und Kunden und Sachverständige ins Projekt eingebunden. Wichtige Entscheidungen (Abnahme von Zwischenergebnissen, Endabnahme des Projekts) können diesem Gremium übertragen werden. Projektleitung und Steuerungsgremium sind gegenüber einem Auftraggeber verpflichtet, der das Projekt in Auftrag gibt und schließlich das Projektergebnis abnimmt. In der Regel handelt es sich dabei um die Bibliotheksleitung.

Schließlich wird die konkrete Arbeit im Projekt vom Projektteam ausgeführt, das aus Mitarbeitenden unterschiedlicher Abteilungen bzw. Bereiche zusammengesetzt sein kann. Das Projektteam kann in unterschiedlichen Rollen in verschiedenen Arbeitspaketen (dazu weiter unten) eingesetzt werden. Denkbar sind auch mehrere Projektgruppen, die für unterschiedliche Arbeitspakete zuständig sind.

Eine einfache Projektorganisation kann demnach folgendermaßen aussehen:

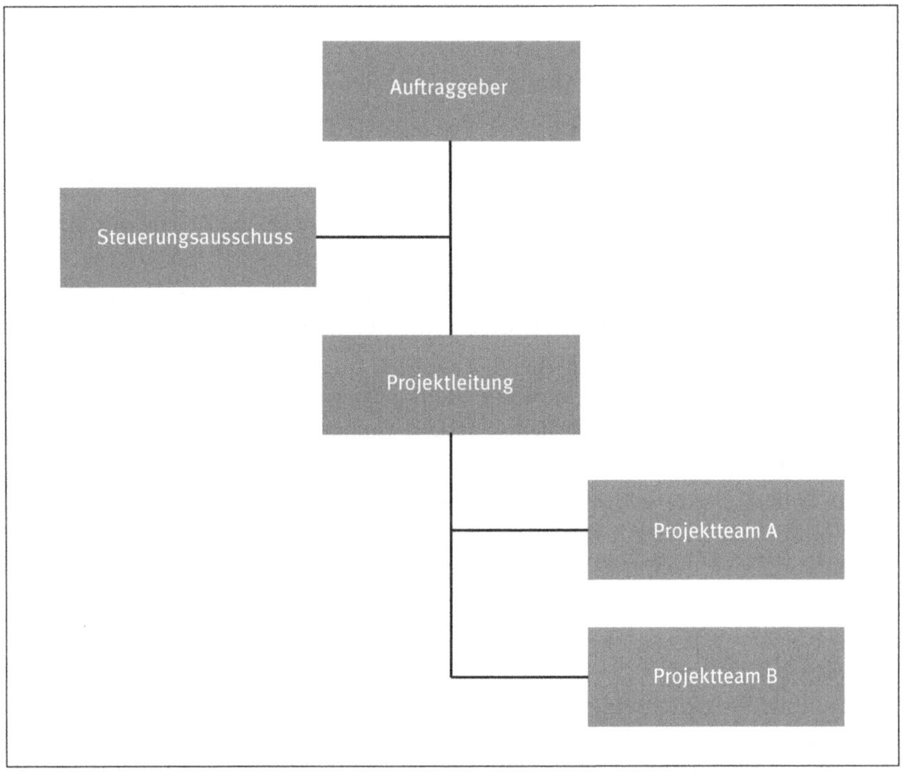

Abbildung 41: Projektorganisation (eigene Darstellung).

Arbeitspakete

Erstellen Sie einen Maßnahmenplan. (vgl. Scherer, 2007, S. 125 f und vgl. Seifert, 2002, S. 136 f sowie http://www.ideenfindung.de/massnahmenplan-brainstorming-kreativitätstechniken-ideenfindung.html) In komplexeren Projekten hat sich die Aufteilung der verschiedenen Aufgaben in Arbeitspakete bewährt. Diese werden so strukturiert, dass sie überschaubar und in sich abgeschlossen sind. Zu beachten sind hier insbesondere die Schnittstellen, bzw. die Abhängigkeiten der Arbeitspakete untereinander. Wenn diese klar definiert sind, können bei einer Verzögerung in einem Arbeitspaket die Folgen auf andere Arbeitspakete und auf das Gesamtprojekt erkannt werden.

Die Vorlage für eine Arbeitspaketbeschreibung finden Sie auf der Website http://www.degruyter.com/view/product/212678:

Projektname:	
Arbeitspaket-Name:	
Ziele:	
Erwartete Ergebnisse:	
Qualitätsanforderungen:	
Aufgaben:	
Voraussetzungen:	
Schnittstellen:	
Ressourcen:	
Kosten:	
Bemerkungen:	
Verantwortlich:	
Beginn am:	
Fertig am:	

Abbildung 42: Arbeitspaketbeschreibung.

Prüfen Sie auch, ob Sie Ressourcen außerhalb Ihres designierten Projektteams bzw. Ihrer Bibliothek einsetzen können, um die Umsetzung des Innovationsprojekts zu unterstützen. Mögliche Alternativen könnten beispielsweise sein:

- Falls es Ihnen an finanziellen Mitteln für die Umsetzung fehlt: Käme eine alternative Finanzierung durch Crowdfunding in Frage, z. B. über die Crowdfunding-Plattform sciencestarter.de in Frage?
- Falls Sie Unterstützung bei arbeitsintensiven Aufgaben benötigen, die sich in viele winzig kleine Arbeitspakete aufteilen lassen, wie z. B. die Datenerfassung: Könnten Citizen Science oder Crowdsourcing Entlastung bringen? Beispiele sind das Projekt „Many Hands" der australischen Nationalbibliothek (http://www.nla.gov.au/ndp/project_details/documents/ANDP_ManyHands.pdf) oder Crowdsourcing-Plattformen wie clickworker.com,
- Benötigen Sie Unterstützung bei Design-Aufgaben, so können Sie diese schnell und kostengünstig über Crowdsourcing-Design-Plattformen wie z. B. http://99designs.de/ bekommen.

Zeitplan

Beim Zeitplan sind externe Vorgaben zu beachten. Häufig setzen sich Projektleitungen durch selbstgewählte kurzfristige Termine selber unter Druck. Die Planung sollte die verfügbaren Ressourcen und zum Beispiel ferienbedingte Abwesenheiten mit berücksichtigen. Auch die Fristen, die für die Genehmigung von Projektergebnissen nötig sind, müssen beachtet werden.

Als Einheit für die Planung bieten sich die Arbeitspakete an, die in sich überschaubar sein sollten. Die Abhängigkeiten werden durch eine übersichtliche Darstellung sichtbar gemacht.

Meilensteine gliedern das Projekt in Zwischenschritte. Hier soll der Projektfortschritt kritisch überprüft werden. Meilensteine bedeuten auch, dass zu diesem Zeitpunkt das Projekt abgebrochen werden kann. Es sind also Sollbruchstellen, die verhindern, dass zusätzliche Ressourcen in ein Projekt investiert werden, dessen Ziele nicht erreicht werden können. Gerade bei Innovationsprojekten mit hohem Risiko sind diese Meilensteine wichtig. Zur Erstellung eines Meilensteinplans siehe auch: http://www.ideenfindung.de/Meilensteinplan-Brainstorming-Kreativitätstechnik-Ideenfindung.html

Arbeitspaket	Januar				Februar				März			
Kalenderwoche	01	02	03	04	05	06	07	08	09	10	11	12
AP-1 Umfrage		■	■	■								
AP-2 Auswertung					■	■	■					
AP-3 Design								■	■	■	■	
Abnahme Design												■

Abbildung 43: Beispiel für einen Zeitplan.

Erstellen Sie daher eine Projektplanung, die auch alle Stakeholder und mögliche Risiken beinhaltet, damit Sie sich auf diese vorbereiten können. Eine Vorlage zur Stakeholder-Analyse finden Sie zum Download unter: http://www.denkmotor.com/download/tools/

Beschrieben ist die Stakeholder-Analyse auch bei Gray et al. (Gray et al, 2010, S. 124 ff).

Um Risiken eines Projekts zu identifizieren eignet sich die Pre-Mortem-Methode. Bei ihr wird mit der Frage gearbeitet „Was wird schief gehen". Dadurch können Risiken und Bedenken, die die Projektbeteiligten oft mit sich tragen, frühzeitig sicht- und nutzbar gemacht werden, anstatt wie viel zu oft gar nicht oder viel zu spät. (vgl. Gray et al, 2010, S. 117 f).

Finanzplan

Beim Finanzplan dürfte der Spielraum für das einzelne Projekt oder die Bibliothek deutlich enger sein. In erster Linie müssen hier die Vorgaben der vorstehenden Träger beachtet werden. Die Bibliothek kann aber dafür sorgen, dass die einzelnen Projekte mit einem verbindlichen Budget ausgestattet werden. Bei Drittmittelprojekten dürfte dies unbestritten sein, da hier die Förderorganisationen in der Regel entsprechende Vorgaben machen. Bei den Projektanträgen wird jeweils ein Finanzplan gefordert, der zumindest zwischen Personalkosten, Sachmitteln und Spesen unterscheidet, die meist pro Jahr angegeben werden müssen. Gerade im wissenschaftlichen Bereich werden die Kosten oft auch auf einzelne Personen aufgeschlüsselt. Je nach Funktion muss mit anderen Stundenansätzen gerechnet werden. Innerhalb von Bibliotheken macht dies eher auf der Ebene einzelner Rollen Sinn.

Bei internen Projekten werden Personalkosten oft nicht ausgewiesen. Um die wirklichen Kosten eines Projekts berechnen zu können, sollte diese Rechnung gemacht werden, auch wenn dafür keine Geldsummen fließen. Wenn mehrere Personen monatelang an einem Projekt arbeiten, können die Kosten sehr hoch sein – auch wenn kaum Sachmittel benötigt werden. Aus Sicht der Transparenz und Kostenwahrheit sollten diese Kosten also berechnet und kommuniziert werden.

Die Kostenschätzungen sind deutlich präziser und verbindlicher, wenn sie auf den Arbeitspaketen basieren, die – wie oben beschrieben – eine überschaubare Einheit bilden sollten. In der Vorlage zur Beschreibung der Arbeitspakete sind entsprechend die Kosten aufgeführt.

Finanzplan Projekt XY

Jahr	Funktion	Name	Stunden	Ansatz	Kosten
2016	Projektleitung	NN	120	110	13200
	Projektmitarbeit	NN	200	85	17000
	Projektmitarbeit	NN	120	85	10200
	Hilfskraft	NN	120	22	2640
	Spesen				400
	Sachaufwand				2500
	Total				45940
2017	Projektleitung	NN	80	110	8800
	Projektmitarbeit	NN	100	85	8500
	Projektmitarbeit	NN	80	85	6800
	Hilfskraft	NN	100	22	2200
	Spesen				250
	Sachaufwand				1000
	Total				27550
	Zusammenfassung Kosten gesamte Projektdauer				
	Personalaufwand total				69340
	Personalspesen				650
	Sachaufwand total				3500
	Total exkl. MwSt.				73490

Abbildung 44: Beispiel für Finanzplan.

Eine seriöse Planung, die auf realistischen Annahmen basiert, ist eine wichtige Grundlage für ein erfolgreiches Projekt. Sie bildet jedoch nur den äußeren Rahmen. Inhaltlich steht in der Konzeptionsphase die Formulierung der Ziele im Vordergrund. Dabei ist entscheidend, dass innerhalb des Projektteams und mit dem Auftraggeber ein ausdrückliches gemeinsames Einverständnis (ein sog. Commitment) über diese Ziele besteht. Zudem müssen die Teammitglieder „wirklich" damit einverstanden sein, die veranschlagte Zeit für das Projekt einzusetzen. Und alle Projektbeteiligten müssen ihre Rolle und ihre Verantwortlichkeiten kennen – und jene der anderen akzeptieren.

Kickoff-Meeting

Die Umsetzungsphase beginnt für alle Projektbeteiligten sichtbar mit einem „Kickoff“. Dieser gemeinsame Anlass dient dazu, das oben geforderte Commitment einzuholen. Die Ziele werden vorgestellt, diskutiert und modifiziert. Mit dem „Anstoß“ wird ein sichtbares Zeichen gesetzt, dass nun die operative Arbeit am Projekt beginnt. Der Auftraggeber unterstreicht mit seiner Anwesenheit die Bedeutung des Projekts für die gesamte Bibliothek. Die Projektleitung verdeutlicht, dass sie die Verantwortung für das Projekt innehat und gewillt ist, diese wahrzunehmen.

Agenda für ein Kick-off-Meeting:
- Begrüßung
- Grundidee des Projekts (worum geht es eigentlich?)
- Vorstellung der Teammitglieder
- Projektziele (konkrete Ziele)
- Zeitplan
- Projektorganisation
- Rollen und Verantwortlichkeiten (Entscheidungswege)
- Kommunikation (Rhythmus, Informationsplattform)
- Erste Aufgaben/Arbeitspakete
- offene Fragen
- Abschluss, nächste Sitzung

Projektkommunikation

Die Planung der Kommunikation gehört (natürlich) schon in die Konzeptphase des Projekts. Systematische Kommunikation innerhalb des Teams und auch mit dem Auftraggeber, dem Steuerungsgremium und nach außen ist eine wichtige Aufgabe in der Umsetzungsphase. Im Vorfeld kann ein Kommunikationskonzept erstellt werden, was bei komplexen Projekten mit vielen Beteiligten und Stakeholdern zu empfehlen ist. Aus dem Kommunikationskonzept geht hervor, welche Zielgruppe Sie zu welchem Zeitpunkt wie mit welchen Inhalten ansprechen möchten (vgl. Scherer, 2007, S. 127 f). Ansonsten müssen vor allem das Kommunikationsmedium und der Rhythmus definiert werden, in dem formal über das Projekt berichtet wird. Auch hier macht es Sinn, wenn eine Bibliothek sich für eine Lösung für alle Projekte entscheidet.

Kommunikation geht dann direkt über ins Projektcontrolling, in dem der Projektfortschritt regelmäßig von allen Projekten erhoben und zentral ausgewertet wird. Dies kann über eine Projektplattform abgewickelt werden, die mit dem Intranet verknüpft ist, bzw. ein Teil davon ist.

Man kann unterscheiden zwischen Dokumenten, die nur dem Projektteam zugänglich sind und solchen, die von allen Mitarbeitenden gelesen werden können. Zu letzteren gehören die regelmäßigen Projektfortschrittsberichte, der Projektantrag und –auftrag sowie der Abschlussbericht.

Sitzungen

Sitzungen stehen im Ruf, die ineffizienteste Art des Informationsaustauschs zu sein. Dem kann mit einer guten Vorbereitung und straffen Leitung Abhilfe geschaffen werden. Ebenso sorgt eine saubere Dokumentation der Sitzungsergebnisse dafür, dass Probleme nicht immer wieder erneut diskutiert werden. Wenn es wirklich ungeklärte Fragen gibt, sollten diese aber möglichst zeitnah ausdiskutiert werden. Und mit einer expliziten Entscheidung – je nach Kultur durch die Projektleitung oder durch das Team – wird die Diskussion abgeschlossen.

Zu einer guten Projektsitzung gehört also eine Einladung mit Tagesordnung, aus der die Ziele der Sitzung hervorgehen und mit der relevante Dokumente im Vorfeld verschickt werden. Zudem sollen die Sitzungen protokolliert werden, um Entscheidungen auch später nachvollziehbar zu machen. Die Projektleitung leitet die Sitzung, während das Protokoll (abwechselnd) an ein Teammitglied delegiert werden kann.

"If you have created a process map, revisit it every meeting, plotting the team's progress and reminding everyone of the kind of thinking and action needed in the current phase." (Owens, 2012, S. 86)

Projektdokumentation

Die Dokumentation muss für alle Projekte durch die Bibliothek geregelt werden. Dafür bieten sich einfache Lösungen wie eine zentrale und strukturierte Fileablage auf einem gemeinsamen Server oder komplexere Lösungen wie Dokumentenmanagementsysteme an. Dies wurde weiter oben im Kapitel zum Wissensmanagement im Kontext Ideenmanagement beschrieben. Als Grundsatz gilt, dass die Projektergebnisse und die Kommunikation transparent und konsequent so abgelegt werden, dass sie von den berechtigten Mitarbeitenden schnell und zuverlässig gefunden werden, und zwar in der aktuell gültigen Version.

Entsprechend gehört zu einer sauberen Projektdokumentation, dass die Dokumente mit Metadaten versehen werden, wie Name des Autors, Versionsnummer, Datum der letzten Änderung etc. Dies kann durch eine sinnvolle Benennung der Dokumente oder eine standardisierte Dokumentstruktur erfolgen.

Für eine Bibliothek, in der viele Projekte bearbeitet werden, lohnt es sich, die entsprechenden Vorlagen zu entwickeln und allen Projektleitenden zur Verfügung zu stellen. Wie schon mehrfach betont, wie und in welchem Umfang dies geleistet wird, hängt stark von den Rahmenbedingungen ab.

Projektfortschrittsbericht

Die Projektfortschrittsberichte dienen dem Controlling der Projekte innerhalb der Bibliothek. Sinnvollerweise werden diese regelmäßig (z. B. halb- oder vierteljährlich) durch die Projektleitenden verfasst und dann zentral eingereicht, wo sie ausgewertet werden. Wer das Projektcontrolling übernimmt, ist wie alle Organisationsstrukturen von verschiedenen Rahmenbedingungen abhängig. Dies kann eine Stabsmitarbeiterin, die Bibliotheksleitung selbst oder ein Projektcontroller sein.

Der Projektfortschrittsbericht (Vorlage auf der Website) dient dazu, die Bibliotheksleitung über den Gang des Projekts und über allfällige Verzögerungen oder Schwierigkeiten zu informieren. Wobei es bei größeren Problemen ratsam ist, diese gleich anzusprechen und nicht bis zum nächsten Bericht zu warten.

Projektfortschrittsbericht	
Projekttitel	
Projektleitung	
Projektantrag und -beschreibung	Link zur Projektbeschreibung/-plattform
Status	☐ planmäßig ☐ abweichend ☐ problematisch
Berichtszeitraum	1. Welchen Zeitraum beschreibt der folgende Bericht? 2. Wer berichtet?
Fortschritt	1. An welchen Punkten kam es zu Verzögerungen und warum? 2. Welche Zwischenziele/Meilensteine wurden im Berichtszeitraum erreicht?
Zeitplan	1. Konnte alles in der geplanten Zeit umgesetzt werden? 2. In welchen Arbeitspaketen war dies weshalb nicht möglich? 3. Welche Konsequenzen ergeben sich daraus?
Personal- und Sachaufwand	1. Konnte der geplante Personal- und Sachaufwand eingehalten werden? 2. In welchen Arbeitspaketen war dies weshalb nicht möglich? 3. Welche Konsequenzen ergeben sich daraus?
Veränderungen	1. Hat sich darüber hinaus etwas verändert, das Auswirkungen auf das Projekt und dessen Fortschritt hat? 2. Wie wurde dem begegnet?
Ausblick	1. Was werden die nächsten Schritte sein? 2. Wie schätzen Sie die weitere Planung ein? 3. Wann ist der nächste Projektfortschrittsbericht fällig?

Abbildung 45 Projektfortschrittsbericht (Vorlage nach Veronika Diehm).

Multiprojektmanagement kann sehr aufwändig und umfassend umgesetzt werden. Wobei in Bibliotheken in der Regel eine etwas einfachere Form ist. An der ETH-Bibliothek werden die Projektfortschrittsberichte halbjährlich von den Projektleitenden ans Projektbüro geschickt, das die wichtigsten Informationen zusammenfasst und für die Sitzung der Geschäftsleitung aufbereitet. Ein einfaches Ampelsystem mit Kurzinformationen zum Projektstand (z. B. dem Grund für Verzögerungen) hat sich hier durchaus bewährt.

Projektabschlussbericht

Der Projektabschlussbericht dient vor allem dem internen Wissensmanagement. In diesem Bericht sollen die Erfahrungen bei der Projektarbeit kritisch reflektiert werden und „lessons learnt" ermittelt werden. Die Bibliothek kann davon nur dann profitieren, wenn auch Fehler, Umwege und Sackgassen beschrieben werden. Entscheidend ist im Abschlussbericht also die Rubrik zum Thema was man besser machen könnte oder im Rückblick anders machen würde. Die Community würde es natürlich freuen, wenn solche selbstkritischen Erfahrungen auch in Vorträgen und Publikationen über die Projekte geäußert würden, doch schrecken die meisten davor zurück, dies öffentlich zu tun. Der interne Projektabschlussbericht (Vorlage auf Website) enthält auch eine Aufstellung über den effektiven Zeitplan und die Kosten und erläutert aufgetretene Abweichungen gegenüber dem Projektantrag.

5.6.4 Agiles Projektmanagement (Ausblick)

Die hier beschriebenen Methoden des Projektmanagements sind eher traditionell, und es ist sinnvoll, wenn Sie damit beginnen. Gerade im Bereich der Innovation, also bei der Entwicklung grundlegend neuer Dienstleistungen und Produkte, werden heute agile Methoden eingesetzt. Anstelle einer zu Beginn durchstrukturierten Projektplanung treten kleinere Pakete und flexible Strukturen, wie zum Beispiel im Framework Scrum (http://de.wikipedia.org/wiki/scrum) oder bei KANBAN (http://www.projektmagazin.de/glossarterm/kanban). Dabei geht man davon aus, dass zu Beginn des Projekts der Lösungsweg noch nicht bekannt ist, sondern im Verlauf des Projekts erarbeitet wird. In kleinen Einheiten werden Entwürfe und/oder Prototypen entwickelt, dann getestet und entweder verworfen oder weiterverfolgt.

Weiterführende Literatur:
- Rolf Däther, Holger Koschek und Carsten Sahling: Scrum – kurz & gut. O'Reilly 2013.
- Boris Gloger: Scrum-Produkte zuverlässig und schnell entwickeln. 3. Auflage. Hanser Verlag 2011.
- Oder der offizielle Scrum-Guide: http://www.scrumguides.org

Projektmanagement spielt beim Innovationsmanagement an der TU Hamburg-Harburg eine zentrale Rolle.

Fallbeispiel: Die Universitätsbibliothek – auch als Testlabor?

Von Inken Feldsien-Sudhaus und Beate Rajski, Universitätsbibliothek der Technischen Universität Hamburg-Harburg (http://www.tub.tuhh.de)

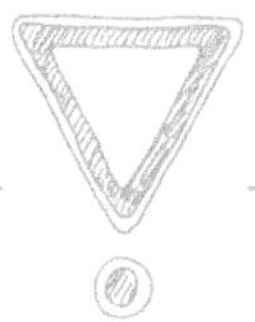

Eine AG Innovationssteuerung mit Mitarbeitenden aus unterschiedlichen Bereichen und vor allem Early Adopters leitete einen Change Prozess ein. Die Parallelstruktur sorgte für einige Unruhe.

Unser Ziel ist es, neue Entwicklungen in Forschung und Lehre an der TUHH, aber auch im Bibliothekswesen und der IT-Welt aufzugreifen, um daraus für unsere Nutzerschaft passende Services zu entwickeln. Im Grunde lässt sich sagen: Wir, die Bibliothek, passen gut zu unserer Technischen Universität. In bestimmten Bereichen ähneln wir einem Testlabor. Wir prüfen innovative Ideen auf ihre Umsetzbarkeit, vieles bleibt dann im Regelbetrieb bestehen, wie z. B. die Suchmaschine TUBfind, manchmal verklappen wir aber auch diese Ideen. Für einzelne Personen können dabei Veränderungen, z. B. neue Aufgabenfelder oder die bei uns 2010 intern angebotene Weiterbildung „Die 13 Dinge des WEB: ein Online-Angebot der TUB"[7], schon eine Innovation darstellen. Es ist eine spannende Aufgabe, die unterschiedlichen Ansprüche, Kompetenzen und Erfahrungen zu bündeln, damit das Ergebnis die bedarfsgerechte TU-Bibliothek ist.
Die Bibliotheksleitung hat von 2011 bis Ende 2012 gezielt Bibliotheksentwicklung durch eine AG Innovationssteuerung gefördert, in der insbesondere auch Early Adopters ohne direkte Personalverantwortung vertreten waren. Neben regelmäßigen Sitzungen wurde zum Austausch auch ein internes Blog für die Gruppe eingerichtet. Damit wurde zeitweise eine in sich geschlossene Parallelstruktur zu den Abteilungsleitungen aufgebaut, was natürlich nicht ganz ohne Konflikte blieb. Der darauffolgende Generationenwechsel brachte es mit sich, dass diese Early Adopters heute selber Personal- und Fachverantwortung haben, so dass die AG aufgelöst wurde. Im Rückblick stellt sich die kritische Frage, ob wir nicht zu viel Unruhe in das Haus durch diese Parallelstrukturen gebracht haben und in unseren alten Strukturen mit etwas mehr Geduld zu ähnlichen Ergebnissen gekommen wären. Ein sehr positives Arbeitsergebnis der AG war ein Zukunftskonzept für die Bibliotheksentwicklung,

7 2008 starteten Herr Stabenau und Herr Hauschke diese Initiative, http://log.netbib.de/archives/2008/10/07/13-dinge-sind-am-start/. Für die TUB TUHH wurde der Kurs 2010 für alle MitarbeiterInnen in angepasster Form angeboten, die Betreuung der TeilnehmerInnen erfolgte durch Beate Rajski und Edlef Stabenau.

das dem Präsidenten der TUHH im März 2012 vorgelegt werden konnte. Das war extrem hilfreich als Grundlage zum Generationenwechsel bei der Besetzung von z.T. umgewidmeten Stellen in den Jahren 2012/2013.
Änderungen bergen Chancen, aber auch Risiken. „Radikale Innovationen", wie z. B. das Discovery System TUBfind, passieren eher an den Rändern. Sie können nicht gleich messbare Erfolge liefern, sondern benötigen Zeit zum Wachsen, Kompetenz und ein gutes Projektmanagement. Wir erstellen einmal jährlich Projektarbeitspläne. Nach unserer internen Abstimmung wird dieser Plan dem Bibliotheksausschuss vorgelegt. Damit wird intern deutlich, für welche Entwicklungen personelle und finanzielle Ressourcen benötigt werden bzw. eingesetzt werden sollen.
Neue Aufgaben werden fast immer von den regulär beschäftigten Mitarbeiterinnen mit unterschiedlich festzulegenden Zeitanteilen zusätzlich zu den Routineaufgaben erledigt. Abteilungsübergreifende Arbeitsgruppen sowie die Chance, Dinge einfach mal praktisch auszutesten, bilden hierfür unsere Grundlage. Manchmal gibt es auch aktuelle Entwicklungen, die eine termingerechte Umsetzung einzelner Projekte verhindern. Dann wird geprüft, wie sich die zeitliche Verschiebung auswirkt und ob wir zu anderen Lösungen kommen müssen. In der Mehrzahl der Projekte waren wir mit diesem etwas „hemdsärmeligen" Ansatz sehr erfolgreich. Das hält unseren Overhead niedrig, aber die Organisation Bibliothek kalkuliert je nach Besetzung der verfügbaren Stellen zeitweise zwischen 5 bis zu 10 Prozent des Personals für diese Projekte.
Natürlich kann es dabei auch mal zu Schwierigkeiten kommen, die wir unter Einsatz von Aufwand vielleicht hätten vermeiden können. So fanden wir es sinnvoll, dass das Open Source Lokalsystem Koha bei den laufenden Diskussionen um die Zukunft der Lokalsysteme mit einbezogen werden sollte. Es gab daraufhin Absprachen, z. B. innerhalb des GBV[8], dass wir diesen Test durchführen würden. Nachdem personelle Engpässe das Projekt immer weiter hinaus verzögerten, wurde die Entscheidung getroffen, den Test einfach kurzfristig durchzuführen. Mit langfristiger Planung und zusätzlicher Projektförderung wären sicherlich einige Test-Klippen umschifft worden. Aus der Sicht der Bibliotheksleitung zeigte dieser Test aber, dass der Umstieg auf dieses Lokalsystem für die Bibliothek prinzipiell möglich wäre, wenn z.T. die internen Arbeitsabläufe verändert würden und vor allem die Betreuung des Lokalsystems durch veränderte Strukturen der Verbünde möglich wäre. Der Schritt in die Cloud muss also nicht zwangsläufig zu einem (semi-)kommerziellen Anbieter erfolgen.

5.7 Innovationen testen und verbessern

Testen und Verbessern kann sowohl in der Entwicklung (also in der Projektphase) wie nach der Veröffentlichung zur Optimierung des Angebots eine wichtige Rolle spielen.

Bei grundlegend neuen Dienstleistungen können frühe Entwicklungsstadien als Beta-Version öffentlich oder ausgewählten Nutzerinnen und Nutzern zugänglich gemacht werden. Hier gehört dann das Testen und Verbessern noch in die Produktentwicklung und ist Teil des entsprechenden Entwicklungsprojekts. Gerade im erwähnten Scrum-Verfahren werden in kurzen Entwicklungssequenzen (sog. Sprints) Prototypen geschaffen, die jeweils getestet und dann verworfen oder optimiert werden. Das Testen der Innovation iterativ in mehreren Schleifen bis ein zufriedenstellendes Ergebnis erreicht wird, bietet sich an.

Zum Testen von Innovationen – auch von Prototypen – können Ansätze aus der Nutzerforschung (Beobachtung, Interviews, Fokus-Gruppen etc.) oder Usability-Methoden eingesetzt werden.

Zum Thema Nutzerforschung verweisen wir an dieser Stelle auf die kürzlich erschienene Publikation Doreen Siegfried, Sebastian Johannes Nix: Nutzerbezogene Marktforschung für Bibliotheken: eine Praxiseinführung. Berlin: De Gruyter Saur, 2014. Hier nur einige Vorschläge, welche Methoden in welchem Kontext angewandt werden können.

8 Gemeinsamer Bibliotheksverbund, Göttingen

Nutzerbeobachtung ist eine aufschlussreiche Methode, die sich zum Beispiel eignet, wenn die Nutzung von Räumen untersucht werden soll. Das reicht von einfachen Zählungen, um zum Beispiel die Nutzung von erweiterten Öffnungszeiten zu überprüfen, bis zu langfristigen strukturierten Beobachtungen, um herauszufinden, welche Bibliotheksdienstleistungen von welchen Zielgruppen auf welche Weise genutzt werden.

Kundeninterviews und Fokus-Gruppen können auch schon bei der Ideenfindung und der Entwicklung von Produkten eingesetzt werden, um mit interessierten Nutzerinnen und Nutzern unterschiedliche Aspekte eines Themas zu beleuchten. Prototypen von neuen Angeboten können vorgestellt und kritisch begutachtet werden. Bei Fokus-Gruppen ist die gegenseitige Beeinflussung Teil der Methode. Wenn man diese Beeinflussung vermeiden will, lässt man die Nutzerinnen und Nutzer einzeln die Prototypen testen. Denkbar wäre als Open Innovation-Variante auch eine Online-Bewertung von Prototypen.

Für elektronische Dienstleistungen bietet sich schon in der Entwicklung an, die Usability zu testen. Im Bereich Usability-Engineering haben sich mittlerweile verschiedene Methoden etabliert, die je nach Kontext und Inhalt des zu evaluierenden Produkts ausgewählt oder kombiniert werden können. Dazu gehören verschiedene Formen von Workshops, bei denen die Nutzererfahrung diskutiert werden oder auch Interviews mit einzelnen Testpersonen. Prototypen, Beta-Versionen oder auch fertige Lösungen können durch Nutzerinnen nach einem vorgegebenen Testszenario oder mit identischen Aufgaben getestet werden. Dabei wird dokumentiert, wie sich der Nutzer bewegt, was er in welcher Reihenfolge tut. Zusätzlich können die Kommentare des Nutzers, in denen er seine Aktionen erklärt, aufgezeichnet und ausgewertet werden. Schließlich können auch die Augenbewegungen mittels Eye-Tracker aufgezeichnet und ausgewertet werden. So lässt sich ermitteln, welche Elemente einer Webseite beachtet oder übersehen werden und in welcher Reihenfolge die Elemente betrachtet werden.

Möglich sind zudem Tests der Innovation durch externe Expertinnen und Experten. Bei Software-/Webentwicklungsprojekten bietet sich z. B. die Einbeziehung fachkundiger Tester per Crowdsourcing an. Dies lässt sich über Plattformen wie utest.com organisieren.

An der HTW Chur wurde der spezifisch auf Online-Bibliotheksangebote zugeschnittener Leitfaden BibEval entwickelt (http://www.cheval-lab.ch). Mit diesem Online-Tool können Bibliotheken ihre Webangebote in einem Selbstcheck auf ihre Nutzerfreundlichkeit hin überprüfen. Eine Herausforderung stellt hier die nötige Selbstkritik dar, wobei der Fragebogen auch von Drittpersonen ausgefüllt werden kann.

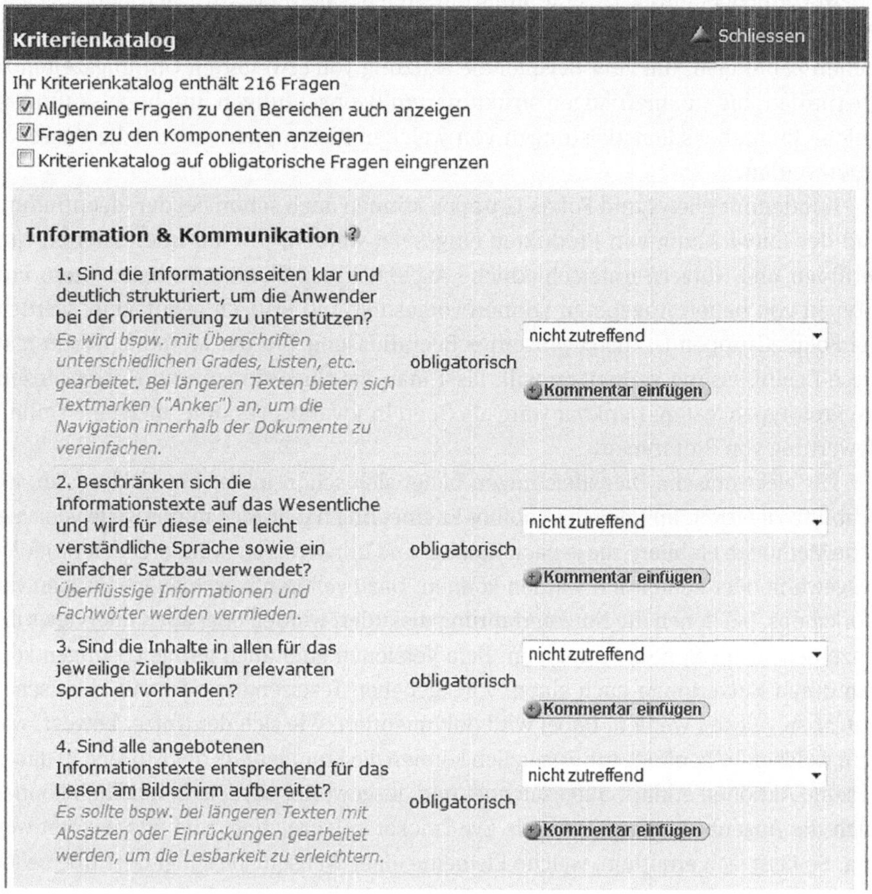

Abbildung 46: Screenshot des Fragebogens von BibEval (www.cheval-lab.ch).

5.8 Markteinführung

Sie haben es geschafft! Die Innovation ist umgesetzt, nun geht es darum, sie auch erfolgreich in den Markt einzuführen. Auch hier können noch Stolperfallen lauern. Prüfen Sie daher zunächst noch einmal gut, ob Ihre Innovation wirklich reif für die Markteinführung ist. Mit einer nicht marktreifen Innovation auf den Markt zu gehen, könnte sonst eine desaströse Wirkung für Ihr Image haben.

Stellen Sie auch sicher, dass Ihre Innovation für einen ersten Kundenansturm gerüstet ist. Ist dies nicht der Fall, sollten Sie vielleicht besser eine schleichende Markteinführung mit einer Beta-Phase planen, bei der Sie zunächst einige Beta-Kundinnen und Kunden gewinnen. Bitten Sie sie unbedingt um Feedback, falls es bei der Nutzung der Innovation Probleme gibt. Vielleicht sind ja auch noch Nachbesserungen erforderlich.

Greifen Sie jedoch zu Maßnahmen, die eine größere Öffentlichkeit erreichen, so muss sichergestellt sein, dass die Innovation unter der „Last" vieler Kundinnen und Kunden nicht gleich „in die Knie" geht. Ein Webservice muss also beispielsweise auf einem leistungsstarken Server gehostet sein oder eine Dienstleistung mit genügend Mitarbeiterinnen und Mitarbeitern ausgestattet sein. Seien Sie vorbereitet für den Fall, dass die Nachfrage nach Ihrer Innovation plötzlich viel stärker ausfällt als gedacht. Sonst könnte dies eine ansonsten erfolgreiche Innovation doch noch zum Scheitern bringen.

Bevor Sie starten, stellen Sie auch sicher, dass potentielle Kundinnen und Kunden leicht alle relevanten Informationen, die sie für eine Nutzung der Innovation brauchen, bekommen können.

Nun ist es auch an der Zeit, das zuvor bereits erarbeitete Kommunikationskonzept intensiv mit Leben zu füllen. Prüfen Sie, ob Ihre ursprünglichen Planungen noch aktuell sind und passen oder ob Sie Anpassungen vornehmen sollten.

Maßnahmen, die Sie nun ergreifen könnten, um Ihre Innovation in Ihrem Markt bekannt zu machen, hängen natürlich von der Zielgruppe ab. Wenn es sich dabei um einen internen Prozess hinter den Kulissen handelt, der lediglich noch Lieferanten betrifft, von dem Kundinnen und Kunden aber nichts merken, so ist die Zielgruppe eine andere, als wenn Sie sich mit einem neuen Service direkt an Kundinnen und Kunden wenden möchten.

Mögliche Kommunikationsmaßnahmen stammen aus den Bereichen
- Klassische Öffentlichkeitsarbeit, zum Beispiel durch Pressekontakte oder eine Veranstaltung,
- Werbemaßnahmen, indem Sie beispielsweise Werbeanzeigen schalten,
- Soziale Medien, wenn Sie Ihre Innovation über Kanäle wie Facebook und Twitter bekannt machen,
- Förderung von „Word of mouth" oder viralem Marketing, indem Sie es Ihren Kolleginnen und Kollegen oder Kundinnen und Kunden möglichst einfach und attraktiv machen, die Neuigkeit über die Innovation zu verbreiten.

Wenn Sie nun Ihre ersten Kundinnen und Kunden gewinnen, sollten Sie noch einmal gezielt Lead-User ansprechen – vielleicht haben Sie sowieso im Rahmen der Ideenfindung bereits Lead-User hinzugezogen? Spätestens jetzt sollten Sie sie wieder kontaktieren. Ebenso andere Personen, die Sie im Rahmen von Open Innovation-Maßnahmen eingebunden haben, wie die Teilnehmenden eines Ideenwettbewerbs. Es liegt in der Natur der Sache, dass diese ihre ersten Ansprechpersonen sein sollten; sie werden quasi automatisch und gerne zu Botschaftern der Innovation, wenn sie sich im Rahmen der Open Innovation fair behandelt gefühlt haben.

Wenn Sie nun Ihren Kommunikationsplan in die Tat umsetzen bzw. einzelne Maßnahmen planen, so beantworten Sie die folgenden Punkte:
- Für welche Zielgruppe ist die Innovation konzipiert? Wie kann diese Zielgruppe mit Kommunikationsmaßnahmen erreicht werden?
- Welche Multiplikatoren oder Stakeholder sollten Sie außerdem ansprechen, um einen hohen Bekanntheitsgrad für die Innovation zu erreichen?
- Wie könnten Sie Ihre Kolleginnen und Kollegen bei der Kommunikation einbinden? Es bietet sich an, vor allem auf sie zu setzen. Sind sie von der Innovation überzeugt – wozu ihre frühzeitige Einbindung im Innovationsprozess beigetragen haben kann – so können sie zu den wertvollsten Botschafterinnen und Botschaftern für die Innovation werden. Sind sie hingegen nicht von der Innovation überzeugt, haben Sie möglicherweise ein handfestes Problem, mindestens in kommunikativer Hinsicht. Was tun Sie in Ihrer Bibliothek dafür, dass ihre Mitarbeiterinnen und Mitarbeiter gute Markenbotschafter sein können? Wie unterstützen Sie sie dabei?
- Könnten Sie Referenzkunden gewinnen und um die Abgabe von Testimonials bitten? Diese Zitate bezüglich deren Erfahrungen mit der Innovation können – besonders bei einem sehr innovativen Angebot – sehr hilfreich sein, um eventuelle Schwellenängste anderer potentieller Kundinnen zu überwinden.
- Bei einem sehr innovativen Angebot sollten Sie zudem vermutlich gezielt die Early-adopters ansprechen. Personen, die Innovationen frühzeitig anwenden,

weil sie zum Beispiel besonders technologieaffin sind. Wie können Sie diese erreichen; mit welchen Maßnahmen für die Nutzung der Innovation gewinnen? Ist der Bann einmal gebrochen und Early-adopters setzen Ihre Innovation ein, wird es einfacher, weitere Anwenderinnen und Anwender zu gewinnen.
- Welches Image soll Ihre Innovation haben? Wie können Sie das angestrebte Image in der Praxis erreichen? Welche Tonalität sollten Sie dafür bei Kommunikationsmaßnahmen anwenden? Welche Medien sind geeignet, um das angestrebte Image zu transportieren?
- Wie können Sie einen hohen Bekanntheitsgrad für Ihre Innovation erreichen?

Für die Ausgestaltung der Kommunikationsmaßnahmen kann die AIDA-Formel, ein Marketingklassiker, angewendet werden:
- A(ttention): Wie kann die Aufmerksamkeit der Zielgruppe erlangt werden?
- I(nterest): Wie kann das Interesse der Zielgruppe geweckt werden?
- D(esire): Wie wird der Wunsch, die Innovation einzusetzen, geweckt?
- A(ction): Wie erfolgt der „Call to action"? Wie werden die Zielpersonen aktiviert, dass sie tatsächlich die Innovation einsetzen? Wie werden eventuelle Hürden, die einer Nutzung im Wege stehen könnten, aus dem Weg geräumt, so dass die Nutzung möglichst reibungslos möglich ist?

Auch in der Markteinführungsphase ist die Value Proposition Canvas ein hervorragendes Werkzeug. Es lässt sich für die Abstimmung der Kommunikationsmaßnahmen im Zuge der Markteinführung nutzen. Beispielsweise können das Marketing aber auch alle Mitarbeiterinnen und Mitarbeiter Kundenbotschaften auf der Grundlage dieses Tools entwerfen (vgl. Osterwalder et al, 2015, S. 260 f).

Wenn Sie während der Konzeptphase eine „Pressemitteilung" entworfen haben, in der sie ihr zukünftig fertiggestelltes Innovationsprojekt geschildert haben, so ist nun ein geeigneter Zeitpunkt, um damit weiter zu arbeiten. Schließlich geht es nun erneut darum, den Nutzen Ihrer Innovation aus Kundensicht so darzustellen, dass Ihre Kundinnen und Kunden ihn auf Anhieb verstehen. Überprüfen Sie, inwiefern die Beschreibung in der damaligen „Pressemitteilung" mit dem übereinstimmt, was nun das Ergebnis Ihres Innovationsprozesses ist. Können Sie diese „Pressemitteilung" nachnutzen, um darauf basierend eine nun zu veröffentlichende Pressemitteilung zu entwerfen? Ließe sich Ihre Vorarbeit auch für andere Kommunikationsmaßnahmen nachnutzen?

Neben dem Versand einer Pressemitteilung können Sie beispielsweise eine Pressekonferenz durchführen, wenn Sie klassische Pressearbeit als geeignet für die Bekanntmachung Ihrer Innovation erachten. Weitere Maßnahmen, die der klassischen Öffentlichkeitsarbeit zuzurechnen sind, sind die Teilnahme an Messen und Konferenzen. Hier kann es beispielsweise Demonstrationen der Innovation an einem Stand geben oder Give-Aways für Standbesucherinnen und -besucher. Vorträge zu der Innovation oder ihrer Entstehungsgeschichte können genauso wie Einführungs- und Schulungsveranstaltungen durchgeführt werden. Denkbar ist auch die Organisation einer größeren Festveranstaltung, um die Innovation feierlich zu präsentieren, oder die Nutzung einer sowieso geplanten Festveranstaltung, um den Startschuss für die Markteinführung der Innovation zu geben. Eine weitere Option besteht darin, begleitend zur Markteinführung eine Aktion zu starten, etwa ein Gewinnspiel.

Es bietet sich an, bestehende Kundinnen und Kunden über die Innovation zu informieren. Beispielsweise mit Hilfe von Aufstellern, Aushängen oder durch eine E-Mail, im Rahmen eines Newsletters oder über Social Media-Kanäle.

Da heutzutage ein breites Spektrum an Social Media-Kanälen zur Verfügung steht, ist zu fragen, welche Maßnahmen zielführend sind. Sollten Sie einem Blog, Twitter, WhatsApp, XING oder Instagram den Vorzug geben – oder alle diese Netzwerke und noch einige mehr einsetzen? Bevor Sie loslegen, überlegen Sie:
- Welche sozialen Netzwerke werden von Ihrer Zielgruppe überhaupt genutzt?
- Welche passen zu dem angestrebten Image Ihrer Innovation?
- Welche eignen sich überhaupt, Ihre Botschaft zu transportieren?
- Haben Sie bereits eine etablierte Community in einem oder mehreren Social Media-Netzwerken?
- Haben Sie Verbindungen zu Meinungsführern bzw. Multiplikatoren, auf die Sie setzen könnten, z. B. Blogger?
- Nutzen Sie soziale Medien sowieso systematisch, um beispielsweise mit Kundinnen und Kunden zu kommunizieren und haben hierfür eh feststehende Routinen?
- Oder ist dies für Sie die erste größere Anwendung von sozialen Medien und Sie müssen vielleicht noch alles Mögliche, wie beispielsweise die zuständigen Personen, organisieren?

In jedem Fall ist ein gut orchestriertes Set an miteinander abgestimmten Maßnahmen wichtig – auch die Abstimmung mit eventuellen Werbemaßnahmen oder Maßnahmen aus der klassischen Öffentlichkeitsarbeit. Erstellen Sie einen gut durchgeplanten Zeitplan, aus dem ersichtlich ist, welche Maßnahmen in welcher Reihenfolge stattfinden sollen.

Seien Sie vorbereitet, um auf eventuelles negatives Feedback in den sozialen Netzwerken reagieren zu können. Wie sieht Ihr Notfallplan aus? Wie können Sie eine Reaktionsfähigkeit rund um die Uhr gewährleisten?

Wenn die Feinplanung der Kommunikationsmaßnahmen steht, kann die Umsetzung beginnen. Viel Erfolg bei der Markteinführung Ihrer Innovation!

Schlussbetrachtungen

Innovationsmanagement ist ein weites Feld, auf dem sich zentrale Aspekte einer Organisation ausbreiten. Es geht dabei letztlich darum, aus einer Bibliothek das volle Potential auszuschöpfen – aus der Organisation, aber in erster Linie aus ihren Mitarbeiterinnen und Mitarbeitern. Wenn wir erfolgreich Ideen generieren, die vielversprechenden weiterverfolgen und zu attraktiven Produkten entwickeln wollen, dann müssen zum einen gewisse Strukturen vorhanden sein und die Prozesse effizient und effektiv gestaltet sein. Doch hauptsächlich braucht es eine entsprechende Innovationskultur, die es Mitarbeiterinnen und Kunden ermöglicht, ihre Wünsche und ihre Fähigkeiten in diese Entwicklung einzubringen. Innovation bedingt ein ausgewogenes Verhältnis unterschiedlicher Kräfte. Wir haben im Buch das Modell des Innovationskleeblatts der Co-Autorin verwendet, das die unterschiedlichen Aspekte beinhaltet, die für ein erfolgreiches Innovationsmanagement relevant sind.

Im Rahmen eines bei Redaktionsschluss noch laufenden Forschungsprojekts hat der Co-Autor diese Elemente in einem leicht unterschiedlichen Modell festgehalten, das noch stärker die äußere Ebene mit den Produkten und Geschäftsfeldern beinhaltet. Es sei hier in einem ersten Entwurf vorgestellt.

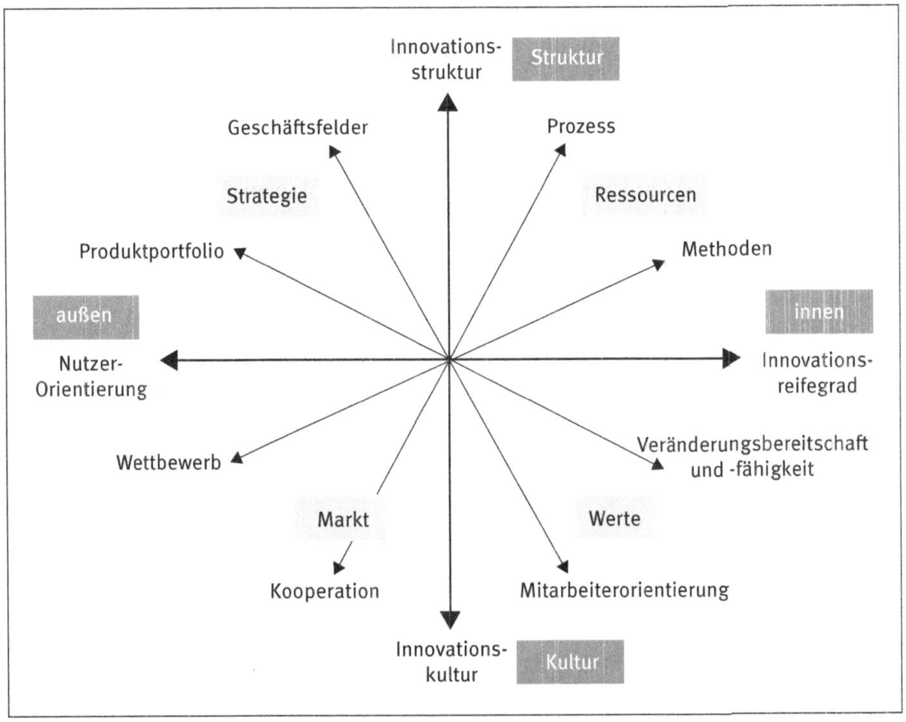

Abbildung 47: Innovationsmodell (eigene Darstellung).

Das Modell geht von den Gegenpolen innen und außen (horizontal) sowie Struktur und Kultur (vertikal) aus. Bei der Analyse von Schweizer Hochschulbibliotheken hat sich gezeigt, dass die einzelnen Aspekte unterschiedlich ausgeprägt sind und es verschiedene Typen von Bibliotheken in Bezug auf das Innovationsmanagement gibt. Bei den einen ist eher die Struktur im Vordergrund (Prozesse, Methoden wie Ideenmanagement, Organisationseinheit oder Verantwortliche für Innovationsmanagement), bei den anderen eher die Nutzerorientierung (Nutzerstudien, Befragungen, Workshops mit Kunden etc.). Kooperationen und Wettbewerb werden sehr unterschiedlich betrachtet, und manchmal entsteht durch die Zusammenarbeit oder durch die Nutzerinnen und Nutzer etwas, das so gar nicht geplant war – die sog. nicht beabsichtigte Strategie (not intended strategy). Und die deckt sich manchmal nicht mit der gewollten Strategie – Produkte werden anders genutzt als geplant, Geschäftsfelder (Aufgabengebiete) werden nicht so wahrgenommen, wie sich das die Bibliothek vorstellt. Es gehört zu den Aufgaben eines Innovationsmanagements, diese Widersprüche zu registrieren und Anpassungen in der Strategie oder bei den Produkten vorzunehmen. Bei der Innovationskultur besteht – auch das hat die erwähnte Untersuchung gezeigt – in der Regel noch am meisten Handlungsbedarf. Auch die Bibliotheken mit hoher Innovationsfähigkeit und solche die öfters als Vorbilder von anderen Bibliotheken genannt werden, betrachten dies als ihre wichtigste Aufgabe in naher Zukunft. Wir haben die vorhandenen Ressourcen nicht als entscheidendes Kriterium in dieses Modell aufgenommen, sondern eher als Rahmenbedingung. Große Bibliotheken mit mehr Finanz- und Personalressourcen benötigen andere Strukturen, haben gewiss mehr Potential für die Entwicklung innovativer Dienstleistungen. Dafür sind kleinere Bibliotheken oft näher an den Nutzerinnen und ihren Bedürfnissen und können leichter die Kultur verändern. Das Modell dient zunächst der Analyse des IST-Zustands, kann aber auch dafür genutzt werden, um Handlungsbedarf zu erkennen und Ziele für die weitere Entwicklung zu benennen.

Wie die Prioritäten gesetzt werden, welche Ziele man sich setzt und wie man sie erreichen kann, muss jede Bibliothek für sich selbst herausfinden. Dabei bieten die in diesem Buch vorgestellten Methoden und Techniken hoffentlich eine sinnvolle Unterstützung.

Die Autorin und der Autor freuen sich über Rückmeldungen und Kommentare zu ihrem Werk!

Literaturverzeichnis

ACRL Research Planning and Review Committee (2012); 2012 top ten trends in academic libraries. In: College & Research Libraries News, Band 73, Ausgabe 6, 1.6.2012, S. 311–320

ACRL Research Planning and Review Committee (2014); Top trends in academic libraries. In: College & Research Libraries News, Band 75, Ausgabe 6, 2014, S. 294–302

Albers, Sönke; Gassmann, Oliver (Hrsg.); Handbuch Technologie- und Innovationsmanagement; 2. Auflage, Gabler, Wiesbaden, 2011

Apel, Jochen; Change Management an Bibliotheken. In: Perspektive Bibliothek, Band 1, Ausgabe 1, 2012, S. 169–195, URL: http://archiv.ub.uni-heidelberg.de/ojs/index.php/bibliothek/article/view/9402

Appelo, Jurgen; How to change the world: Change Management 3.0; Jojo Ventures, Rotterdam, 2012

Birkenmeier, Harald Brodbeck Beat; Wunderwaffe Innovation. Orell Fuessli Verlag, Zürich, 2010

Bleicher, Knut; Das Konzept Integriertes Management: Visionen - Missionen - Programme. Campus Frankfurt am Main, 2011

Bodell, Lisa; Kill the Company – 12 Killer Tools für die Wiedergeburt Ihres Unternehmens; Campus, Frankfurt am Main, 2013

Chesbrough, Henry W.; Open Innovation – The New Imperative for Creating and Profiting from Technology; Harvard Business School Press, Boston, 2003

Christensen, Clayton M.; Matzler, Kurt, Stephan Friedrich von den Eichen; The Innovator's Dilemma – Warum etablierte Unternehmen den Wettbewerb um bahnbrechende Innovationen verlieren; Vahlen, München, 2011 (engl. Titel:1997)

Cooper, Robert G.; Top oder Flop in der Produktentwicklung: Erfolgsstrategien: Von der Idee zum Launch. Wiley, Weinheim, 2002

Dark Horse Innovation; Thank God It's Monday; Econ, Berlin, 2014

Dewey, Barbara I.; In Transition: The Special Nature of Leadership Change. In: Journal of Library Administration, Band 52, Ausgabe 1, 1.2012, S. 133–144

Diehm, Veronika; Projektmanagement in der bibliothekarischen Praxis. In: B.I.T.online 16 (2013) No.4, S. 314–316

Diehm, Veronika; Projektmanagement – Basics für Jedermann. Vortrag gehalten auf dem Deutschen Bibliothekartag 2014 in Bremen http://opus4.kobv.de/opus4-bib-info/files/1514/diem_projektmanagement_dbt_2014.pdf

Doppler, Klaus; Der Change Manager – Sich selbst und andere verändern; Campus, Frankfurt am Main, 2. Auflage, 2011

Dudli, Matthias; Open Innovation in Bibliotheken. Eine Konzeptstudie zuhanden der ETH-Bibliothek Zürich. HTW Chur, 2014 URL: http://www.htwchur.ch/uploads/media/CSI_65_Dudli.pdf

Eppler, Martin J.; Hoffmann, Friederike; Pfister, Roland A.; Creability – Gemeinsam kreativ – innovative Methoden für die Ideenentwicklung in Teams; Schäffer-Poeschel, Stuttgart, 2014

Fidelman, Mark; Socialized! How the most successful businesses harness the power of social; Bibliomotion, Brookline, 2013

Fingerle, Birgit; Innovation zum Mitmachen: Die Open Innovation-Kampagnen der ZBW. Mit Open Innovation gemeinsam mit Kundinnen und Kunden Neuerungen in Bibliotheken fördern; In: BFP – Bibliothek Forschung und Praxis, 36 (2012) 3, S. 346–352

Fingerle, Birgit Inken; Sich und andere führen – Wandel in Bibliotheken aktiv gestalten; DeGruyter Saur, München, Berlin, 2013

Franken, Rolf; Franken, Swetlana; Integriertes Wissens- und Innovationsmanagement. Gabler, Wiesbaden, 2011.

Gray, Dave; Brown, Sunni; Macanufo, James; Game storming; O'Reilly, Sebastopol, 2010

Gassmann, Oliver; Innovation: Zufall oder Management?, S. 16, in: Oliver Gassmann, Philipp Sutter; Praxiswissen Innovationsmanagement – Von der Idee zum Markterfolg; Hanser, München, 2011

Georgy, Ursula (2010); Erfolg durch Innovation: Strategisches Innovationsmanagement in Bibliotheken und öffentlichen Informationseinrichtungen. Dinges & Frick, Wiesbaden, 2010

Georgy, Ursula; Mumenthaler, Rudolf; Praxis Innovationsmanagement. In: Georgy, Ursula; Schade, Frauke (Hrsg.): Praxishandbuch Bibliotheks- und Informationsmarketing. DeGruyter Saur, München, 2012, S. 319–340

Geschka, H.; von Reibnitz, U.; Die Szenario-Technik – ein Instrument der Zukunftsanalyse und der strategischen Planung. In: Töpfer, A. (Hg.): Praxis der strategischen Unternehmensplanung. (2. Aufl.) Poller, Stuttgart, 1987, S. 125–170

Geschka, Horst; Schwarz-Geschka, Martina; Einführung in die Szenariotechnik. Darmstadt, 2012

Groh, Lutz; Die dunkle Seite der Innovation – „Warum manche Innovationen beim besten Willen nicht gelingen", in: Harland, Peter E.; Schwarz-Geschka, Martina (Hrsg.); Immer eine Idee voraus – Wie innovative Unternehmen Kreativität systematisch nutzen; Harland Media, Lichtenberg, 2010

Habermacher, Barbara; Innovationsmanagement an Schweizer Hochschulbibliotheken. HTW Chur, 2013 (unpublizierte Master-Arbeit)

Habicht, Hagen; Möslein, Kathrin M.; Reichwald, Ralf; Open Innovation: Grundlagen, Werkzeuge, Kompetenzentwicklung, in: Information Management und Consulting 26 (2011) 1, S. 44–51

Hamel, Gary; mit Breen, Bill; Das Ende des Managements – Unternehmensführung im 21. Jahrhundert; Econ, Berlin, 2008

Hamel, Gary; Worauf es jetzt ankommt! Erfolgreich in Zeiten kompromisslosen Wandels, brutalen Wettbewerbs und unaufhaltsamer Innovation; Wiley, Weinheim, 2013

Hauschildt, Jürgen; Salomo, Sören; Innovationsmanagement; 5. Auflage, Vahlen, München, 2011

Hauschildt, Jürgen; Gemünden, Hans Georg; Dimensionen der Innovation, in: Albers, Sönke; Gassmann, Oliver (Hrsg.); Handbuch Technologie- und Innovationsmanagement; 2. Auflage, Gabler, Wiesbaden, 2011

Heinold, Ehrhardt F.; Markt- und Zielgruppenstudie Gap-Analyse und Empfehlungen für die ZB MED – Endbericht Markt- und Zielgruppenstudie Gap-Analyse und Empfehlungen für die ZB MED – Endbericht. Köln 2014

Hennecke, Joachim; Innovationsmanagement in Bibliotheken. Bericht über eine Fortbildungsveranstaltung. In: Bibliothekforum Bayern, Band 5, Ausgabe 2, 2011, S. 82–86

Hilgers, Dennis, Burkhart, Tina, Piller, Frank, Wuhrmann, Juan Carlos; Strategisches Controlling für Open Innovation. Konzeptioneller Rahmen am Fallbeispiel Henkel; Controlling – Zeitschrift für Erfolgsorientierte Unternehmenssteuerung, 23. Jahrgang 2011, Heft 2, 84-90

Jantz, Ronald C.; Innovation in academic libraries: An analysis of university librarians' perspectives. In: Library & Information Science Research, Band 34, Ausgabe 1, 1.2012, S. 3–12

Johnson, Larry; Adams Becker, Samantha; Estrada, V.; Freeman, A.; Horizon Report > 2014 Library Edition. Austin/Texas, URL: http://www.nmc.org/publications/2014-horizon-report-library

Katzengruber, Werner; Mythos Führungskraft - Konzepte, Tugenden, Erfolgsgeheimnisse; Wiley, Weinheim, 2010

Koltze, Karl; Souchkov, Valeri; Systematische Innovation – TRIZ-Anwendung in der Produkt- und Prozessentwicklung; Hanser, München, 2011

Korwitz, Ulrich; Gail, Fabian; Markt und Strategie . Die Marktstudie von ZB MED und ihre Ergebnisse. In: GMS Medizin - Bibliothek - Information, Band 14, Ausgabe 3, 2014, S. 1–21

Künzli, Benjamin; SWOT-Analyse – Klassisches Instrument der Strategieentwicklung mit viel ungenutztem Potential; in: zfo – Zeitschrift Führung und Organisation; 2/2012 (81. Jahrgang), Schaeffer-Poeschel, S. 126–129

Li, Charlene; Open Leadership – How social technology can transform the way you lead; Jossey-Bass, San Francisco, 2010

Lindegaard, Stefan; The open innovation revolution: essentials, roadblocks, and leadership skills; John Wiley & Sons, Hoboken, New Jersey, 2010

Littau, Lisa; Mumenthaler, Rudolf; Reorganisation der ETH-Bibliothek 2010 : Abschlussbericht. ETH-Bibliothek, 2011. URL: http://e-collection.library.ethz.ch/view/eth:2733

Marketingbaukasten: http://www.bibliotheksportal.de/themen/marketing.html (besucht 5.10.2015)

Mehlhorn, Jörg; Jeder Mensch ist kreativ! in: Peter E. Harland, Martina Schwarz-Geschka (Hrsg.); Immer eine Idee voraus – Wie innovative Unternehmen Kreativität systematisch nutzen; Harland media, 2010

Mumenthaler, Rudolf; Innovationsmanagement an Hochschulbibliotheken am Beispiel der ETH-Bibliothek Zürich. In: Hohoff, U. und Schmiedeknecht, S. (Hg.): Ein neuer Blick auf Bibliotheken. Hildesheim 2010, S. 134–148

Mumenthaler, Rudolf (2011a); Produkt- und Innovationsmanagement. Praxisbeispiel aus der ETH-Bibliothek Zürich. In: Degkwitz, Andreas; Klapper, Franz (Hrsg.): Prozessorientierte Hochschule. Allgemeine Aspekte und Praxisbeispiele. Bock + Herchen, Bad Honnef, S. 167–180, URL: http://www.dini.de/fileadmin/docs/Prozessorientierte_Hochschule_2011.pdf

Mumenthaler, Rudolf (2011b); Innovationsmanagement an der ETH-Bibliothek Innovation Management at ETH-Bibliothek. In: GMS Medizin — Bibliothek — Information, Band 11, Ausgabe 3, 2011, S. 1–5, URL: http://www.egms.de/dynamic/de/journals/mbi/2011-11/mbi000233.shtml

Mumenthaler, Rudolf (2014a); Innovation nicht nur in großen Bibliotheken. In: Bibliotheksdienst, Band 48, Ausgabe 5, 30.1.2014, S. 345–349

Mumenthaler, Rudolf (2014b); Innovationsmanagement und Steuerung des Reformprozesses. In: Söllner, Konstanze; Sühl-Strohmenger, Wilfried (Hrsg.): Handbuch Hochschulbibliothekssysteme. Leistungsfähige Informationsinfrastrukturen für Wissenschaft und Studium. DeGruyter Saur, Berlin/Boston, S. 59–71

Mumenthaler, Rudolf (2014c); Mit Expertenwissen zu Aussagen über künftige Entwicklungen — der Horizon Report Higher Education - LIBREAS. Library Ideas. In: LIBREAS. Library Ideas, Ausgabe 24, 2014, URL: http://libreas.eu/ausgabe24/03mumenthaler/

Mumenthaler, Rudolf (2015); Der Horizon Report 2014 – Edition Bibliotheken als Bonusmaterial für b.i.t.online Leser. In: B.I.T.online, Band 18, Ausgabe 1, 2015, S. 11–13

Mumenthaler, Rudolf; van den Brekel, Guus; Delphi technique: the methods behind the Horizon Report. In: Journal of EAHIL, Band 11, Ausgabe 3, 2015, S. 20–21

Neubauer, Wolfram; Fortschritt lebt von Veränderung: Die Reorganisation einer Grossbibliothek am Beispiel der ETH Zürich. In: Personal- und Organisationsentwicklung in Bibliotheken. Hrsg. Von Andreas Degkwitz. De Gruyter Saur, Berlin/Boston, 2012, S. 63–80.

Osterwalder, Alexander; Pigneur, Yves; Bernarda, Greg; Smith, Alan; Value Proposition Design – Entwickeln Sie Produkte und Services, die Ihre Kunden wollen; Campus, Frankfurt am Main, 2015

Ott, Lisa; Regner, Franziska: Innovationsmanagement an der ETH-Bibliothek. In: Vernetztes Wissen. Online. Die Bibliothek als Managementaufgabe. Festschrift für Wolfram Neubauer zum 65. Geburtstag. Hg. Von Rafael Ball und Stefan Wiederkehr. De Gruyter Saur, Berlin/Boston, 2015, S. 223–232

Owens, David A.; Creative People Must Be Stopped – Six Ways We Kill Innovation (Without Even Trying); Jossey-Bass, San Francisco, 2012

Pfeffer, Jeffrey; Sutton, Robert I.; Wie aus Wissen Taten werden: so schließen die besten Unternehmen die Umsetzungslücke; Campus, Frankfurt/Main, 2001

Pfläging, Niels; Die 12 neuen Gesetze der Führung – Der Kodex: Warum Management verzichtbar ist; Campus, Frankfurt/New York, 2009

Pfläging, Niels; Organisation für Komplexität – Wie Arbeit wieder lebendig wird – und Höchstleistung entsteht; Redline Verlag, München, 2014

Pillkahn, Ulf; Trends und Szenarien als Werkzeuge zur Strategieentwicklung. Publicis, Erlangen, 2007

Pillkahn, Ulf; Innovationen zwischen Planung und Zufall: Bausteine einer Theorie der bewussten Irritation. BoD – Books on Demand, 2012

Pink, Daniel H.; Drive – The surprising truth about what motivates us; Riverhead Books, New York, 2009

Reichwald, Ralf; Piller, Frank: Interaktive Wertschöpfung – Open Innovation, Individualisierung und neue Formen der Arbeitsteilung, Gabler, Wiesbaden, 2. Auflage, 2009

Reinbacher, Paul; SWOT-Analyse – Der Klassiker für Fortgeschrittene; in: OrganisationsEntwicklung Nr. 3, 2009, S. 72–76

Roberts, Sue; Rowley, Jennifer E.; Leadership: the challenge for the information profession. Facet Publishing, London, 2008

Rogers, E. M.; Diffusion of innovations (5th edition). Free Press, New York, 2003

Roesner, E.; Strategieentwicklung und Neuorganisation ZB MED oder Was Shakespeare mit dem Leibniz-Informationszentrum Lebenswissenschaften verbindet. In: Bibliotheksdienst 2014; 48 (12), S. 985–999

Rohrbeck, R.; Heuer, J.; Arnold, H.; The Technology Radar – an Instrument of Technology Intelligence and Innovation Strategy. In: Management and Innovation of Technology, 2006 IEEE International Conference, p.978-983. DOI: 10.1109/ICMIT.2006.262368

Rowley, Jennifer (2011a); Being an Information Innovator. Facet Publishing, London, 2011

Rowley, Jennifer (2011b); Innovation for Survival: From Cooperation to Collaboration - Librarianship in Times of Crisis. , S. 207–224

Rowley, Jennifer (2011c); Should your library have an innovation strategy?. In: Library Management, Band 32, 2011, S. 251–265

Scherer, Jiri; Brügger, Chris; Innovationsmanagement für Dienstleistungsunternehmen – Ein praxisorientierter Leitfaden, Books on Demand, Norderstedt, 2008

Scherer, Jiri; Kreativitätstechniken – In 10 Schritten Ideen finden, bewerten, umsetzen; GABAL, Offenbach, 2007

Schneider, Johann; Supervidieren & beraten lernen: Praxiserfahrene Modelle zur Gestaltung von Beratungs- und Supervisionsprozessen; Junfermann, Paderborn, 2001

Schneider, Martin; Teflon, Post-it und Viagra – Große Entdeckungen durch kleine Zufälle, Wiley-VCH, Weinheim, 2002

Scupola, Ada; Nicolajsen, Hanne Westh; Service innovation in academic libraries: is there a place for the customers?. In: Library Management, Band 31, Ausgabe 4/5, 2010, S. 304–318

Seifert, Josef W.; Visualisieren – Präsentieren – Moderieren; GABAL, Offenbach, 19. Auflage, 2002

Senat der Leibniz-Gemeinschaft; Stellungnahme zur Deutschen Zentralbibliothek für Medizin (ZB MED) Köln / Bonn, http://www.leibnizgemeinschaft.de/fileadmin/user_upload/downloads/Evaluierung/Senatsstellungnahme-ZB-MED-2012.pdf

Shapiro, Stephen M.; Best practices are stupid – 40 ways to out-innovate the competition; Portfolio/Penguin, London, 2013

Shapiro, Stephen; Envisioning the Future of Innovation; in: Sloane, Paul; A Guide to Open Innovation and Crowdsourcing – Expert tips and advice; Kogan Page, London, First Edition, 2011

Singh, Jagtar; Leadership Competencies for Change Management in Libraries : Challenges and Opportunities. In: Harvard Business Review, 2009, S. 310–313

Spielkamp/Rammer; Erfolgsfaktoren im Innovationsmanagement kleiner und mittlerer Unternehmen, 2006, http://ftp.zew.de/pub/zew-docs/docus/dokumentation0604.pdf

Staehle, Wolfgang H; Conrad, Peter; Management : eine verhaltenswissenschaftliche Perspektive. Vahlen, München, 1999

Stöckli, Jonas; Strategien von Schweizer Hochschulbibliotheken. Unveröffentlichte Bachelor- Thesis HTW Chur, 2012

Stöger, Roman; Innovationsmanagement für die Praxis – Neues zum Markterfolg führen; Schäffer-Poeschel, Stuttgart, 2011

Süess, R.; Szenario-Technik: Entwickeln von Zukunftsszenarien am Beispiel einer Universitätsbibliothek. Masterthesis HTW Chur, 2014 (unveröffentlicht)

Sutton, Robert I.; Der Kreativität den Boden bereiten, in: Harvard Business Manager – Edition mit Fallstudie; Kreativität – Wege zu erfolgreicher Innovation; 2/2005

Terwiesch, Christian; Ulrich , Karl T.; Innovation Tournaments – Creating and Selecting exceptional opportunities. Harvard Business Press, Boston, 2009

van Aerssen, Benno; Revolutionäres Innovationsmanagement – Mit Innovationskultur und neuen Ideen zu nachhaltigem Markterfolg, mi-Wirtschaftsbuch, München, 2009

Vahs, Dietmar; Weiand, Achim; Workbook Change Management: Methoden und Techniken. Schäffer-Poeschel, Stuttgart, 2010

Wagner, Eike; Vom Umgang mit Widerstand in Veränderungsprozessen. In: Perspektive Blau, Juli 2010. URL: http://www.perspektive-blau.de/artikel/1007a/1007a.htm

Winckler-Ruß, Barbara; Kreativitätstechniken – ein Wegweiser durch den Dschungel, in: Peter E. Harland, Martina Schwarz-Geschka (Hrsg.); Immer eine Idee voraus – Wie innovative Unternehmen Kreativität systematisch nutzen; Harland media, 2010

Witten, Elmar; Mathes, Volker; Mencke, Marco; Betriebliches Innovationsmanagement – Wie Sie erfolgreich neue Produkte und Dienstleistungen entwickeln; Cornelsen, 2007

Wördenweber, Burkhard; Eggert, Marco; Schmitt, Markus; Verhaltensorientiertes Innovationsmanagement – Unternehmerisches Potential aktivieren; Springer, Berlin, 2012

Zerfaß, Ansgar; Kommunikation als konstitutives Element im Innovationsmanagement. Soziologische und kommunikationswissenschaftliche Grundlagen der Open Innovation. In: Zerfaß, Ansgar; Möslein, Kathrin M. (Hrsg.): Kommunikation als Erfolgsfaktor im Innovationsmanagement. Strategien im Zeitalter der Open Innovation. Gabler, Wiesbaden, S. 23–55

Index

Über die Autorin und den Autor

Birgit Fingerle arbeitet seit 2002 in der ZBW – Deutsche Zentralbibliothek für Wirtschaftswissenschaften in Kiel, in der sie die Stabsstelle Innovationsmanagement ausfüllt und im Bereich der Sozialen Medien arbeitet. Daneben ist sie freiberuflich als Autorin und Workshop-Moderatorin tätig. www.klarkreativ.de

Rudolf Mumenthaler leitete von 2009–2012 den Bereich Innovation & Marketing an der ETH-Bibliothek Zürich und ist seit 2012 Professor für Bibliothekswissenschaft an der Fachhochschule HTW Chur. Er ist unter anderem Redaktionsmitglied der Zeitschrift Informationspraxis und Co-Principal Investigator des Horizon Report Library Edition. www.ruedimumenthaler.ch

Printed and bound by CPI Group (UK) Ltd, Croydon, CR0 4YY
30/09/2026
14973054-0001